学ぶ人は、変えてゆく人だ。

目の前にある問題はもちろん、
人生の問いや、
社会の課題を自ら見つけ、
挑み続けるために、人は学ぶ。
「学び」で、
少しずつ世界は変えてゆける。
いつでも、どこでも、誰でも、
学ぶことができる世の中へ。

旺文社

化　学

［化学基礎・化学］

入門問題精講

四訂版

鎌田 真彰・橋爪 健作　共著

Introductory Exercises in Chemistry

旺文社

はじめに

入学試験は，すべての設問が十分な受験勉強をしていないと対応できないようなもので構成されているわけではありません。ごく初歩的な基礎知識を理解し記憶しているかどうかを問う設問が必ず出題されます。

本書はおもに化学を勉強し始めたばかりの人や化学が苦手な人に対して，まず最低限どこからどこまで，何を頭に入れればよいかを確認しながら，そのような設問に対応する力を身につけることを目的としています。

基本的な用語と知識の紹介，問題を解くために注意するポイントだけでなく，化学反応式の作り方や計算の途中過程も省略せずに解説で説明しています。パッと答えられた問題でも本当に自分が理解して解いたかどうかをチェックするために解説にじっくり目を通してください。そして解説文を通して文章を読むという行為そのものに慣れましょう。

早くもっと複雑で難しい問題を解けるようにならないとダメだと感じる方もいるかもしれませんが，千里の道も一歩から。まず本書に登場する内容を完全に理解するまで焦らないでください。すべてはここからです。

本書の問題をすべて即答できるレベルに達したと感じたら，姉妹書である「基礎問題精講」，「標準問題精講」に進んで演習量を積んでください。この本で学んだことが，より複雑な問題の中でどのように組み込まれているかがわかり，身につけた知識とその運用方法に理解が深まり，入試問題の攻略にもっと自信がつくことでしょう。

それでは，まずは本書に登場する142題を最初から最後までやりきってください。

鎌田真彰
橋爪健作

本書の特長と使い方

本書は，入試基礎～標準レベルの大学入試問題を分析し，必ず解けるようになりたい超基本レベルの問題を，丁寧に解説したものです。問題演習を通して，基礎の基礎を着実に理解していきます。本書をマスターすれば，より実戦的な問題を解くときにも大切な基礎力を，身につけることができます。

本書は，「化学基礎編」4章，「化学編」9章で構成されています。授業の進度に合わせて使え，また，どの項目からでも学習できるので，自分にあった学習計画を立て，効果的に活用してください。

問題 000

化学基礎と化学の分野から，安定した基礎力を身につけるために必要な問題を厳選しました。なお，問題は，より実力がつくように適宜改題しました。

解説

問題の下には，具体的な解き方を，思考の流れが分かるように丁寧に示しました。似たような問題に対して使える重要な解法なので，しっかり読んでおきましょう。解答は最後に示してあります。

Point

問題を解く上で必要不可欠な公式や知識をまとめました。解説の途中で出てくるので，各問題で特に重要なポイントが，ひと目で分かります。

●著者紹介●

鎌田　真彰（かまた・まさてる）

東進ハイスクール講師。明快な語り口と，日々の入試問題の研究で培われたツボをおさえた授業は，幅広い層の受験生から絶大な支持を得ている。著書に『問題精講シリーズ（化学：入門，基礎，標準）』（共著，旺文社），『大学受験Doシリーズ（理論化学，無機化学，有機化学）』，『医学部の化学（化学基礎・化学）』（以上，旺文社），『鎌田の化学基礎をはじめからていねいに』（東進ブックス）など多数ある。

橋爪　健作（はしづめ・けんさく）

東進ハイスクール講師・駿台予備学校講師。高校1年生から高卒クラスまで幅広く担当。その授業は基礎から応用まであらゆるレベルに対応。やさしい語り口と情報が体系的に整理された見やすくわかりやすい板書で，すべての受講生から圧倒的に高い支持を受けている。著書に『問題精講シリーズ（化学：入門，基礎，標準）』（共著，旺文社），『大学受験DoStartシリーズ 橋爪のゼロから劇的にわかる（理論化学，無機・有機化学）』（旺文社）など多数ある。

もくじ

化学基礎編

第1章 物質の構成

問題 001 元素記号

☑ 1回目 月 日
☑ 2回目 月 日

次の(1)，(2)の［　］にあてはまるものを㋑～㋭から1つ選び，また(3)に答えよ。

(1) 亜鉛の元素記号は［　］である。

㋑ Ag　㋺ Al　㋩ Pb　㋥ Sn　㋭ Zn

(2) 金の元素記号は［　］である。

㋑ Ag　㋺ Au　㋩ K　㋥ Pt　㋭ Ti

(3) 2004年に，わが国で，原子番号30の亜鉛と原子番号83のビスマスを高速で衝突させることにより，原子番号113の元素が合成され，発見された。

元素記号Nhで表される，この元素の名称を記せ。

((1)(2)神奈川大，(3)昭和大)

解説 物質(ぶっしつ)は原子(げんし)という**非常に小さな粒子(りゅうし)**の集まりである。原子を化学的な性質に注目して分類すると，約120種類に分けられる。物質を構成するこの120種類ほどの**基本成分**を元素(げんそ)という。

同じ元素に属する原子は**アルファベット1文字ないし2文字**で表し，これを元素記号(げんそきごう)という。次のPointの元素記号と元素名をまずは記憶(きおく)しよう。

Point 元素記号と(元素名)

※まず赤字のものから覚えましょう。

最初のアルファベット	元素記号(元素名)
A	Al(アルミニウム)　Ar(アルゴン)　Ag(銀(ぎん))　Au(金(きん))
B	Be(ベリリウム)　B(ホウ素(そ))　Br(臭素(しゅうそ))　Ba(バリウム)
C	C(炭素(たんそ))　Cl(塩素(えんそ))　Cr(クロム)　Co(コバルト)　Cu(銅(どう))
F	F(フッ素)　Fe(鉄(てつ))
G	Ga(ガリウム)
H	H(水素(すいそ))　He(ヘリウム)　Hg(水銀(すいぎん))
I	I(ヨウ素(そ))
K	K(カリウム)　Kr(クリプトン)

L	Li(リチウム)
M	Mg(マグネシウム)　Mn(マンガン)
N	N(窒素)　Ne(ネオン)　Na(ナトリウム)　Ni(ニッケル)　Nh(ニホニウム)
O	O(酸素)
P	P(リン)　Pt(白金)　Pb(鉛)
S	Si(ケイ素)　S(硫黄)　Sn(スズ)
T	Ti(チタン)
U	U(ウラン)
Z	Zn(亜鉛)

元素記号を用いて，物質の構成粒子を表したものを化学式という。例えば，水を構成する基本粒子である水分子は化学式でH_2Oと表される。

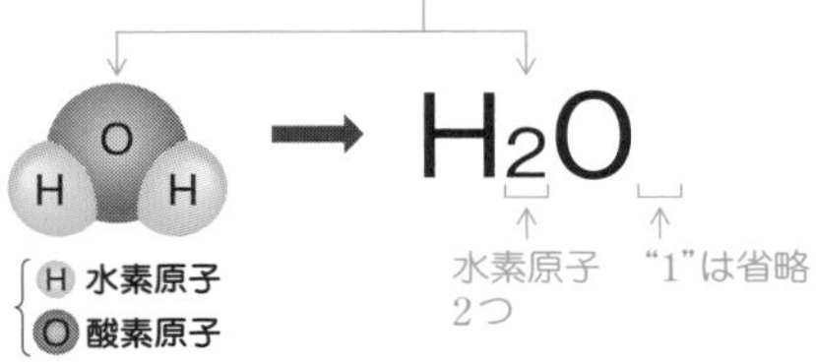

この式は，1つの水分子が水素原子2つと酸素原子1つからできていることを意味する。

(1) 亜鉛という名称は，色と形が鉛に似ていたことに由来する。鉛Pbとは異なる元素なので注意しよう。英語で亜鉛は zinc といい，元素記号はZnである。よって，解答は㋭である。

㋑は銀，㋺はアルミニウム，㋩は鉛，㋥はスズの元素記号である。

(2) 金は英語では gold であるが，元素記号ではAuと表す。ラテン語の「太陽の輝き(aurum)」が由来といわれている。解答は㋺である。

㋑は銀，㋩はカリウム，㋥は白金，㋭はチタンの元素記号である。なお，白金は英語では platinum といい，金とは異なる元素である。

(3) 日本発の新元素を記念して，「ニホニウム」(元素記号Nh)が提案され，2016年に国際的に承認された。

答 (1) ㋭　(2) ㋺　(3) ニホニウム

問題 002

物質の分類・同素体・炎色反応

☑ 1回目 月 日
☑ 2回目 月 日

自然界はさまざまな物質から成り立っている。空気や海水などのように2種類以上の物質が混じりあったものを混合物といい，これに対し混じりのない単一の物質を[(a)]という。[(a)]のうち，2種類以上の元素からできているものを化合物といい，1種類の元素からできていてそれ以上分けられないものを[(b)]という。また，同じ元素からできている[(b)]で性質の異なる物質を互いに[(c)]という。

(1) 文中の[(a)]～[(c)]に当てはまる最も適当な語句を記せ。

(2) [(c)]に該当する物質のうち，炭素でできた物質の例を1組記せ。

(3) 貝殻や卵の殻などの主成分である物質Aを炎の中に入れると橙赤色を示した。また，Aを加熱して発生した気体を石灰水に通じると白色沈殿が生じた。Aに含まれる元素を3種類，元素記号で記せ。（甲南大）

解説

(1) 物質は純物質（じゅんぶっしつ）と混合物（こんごうぶつ）に大別（たいべつ）できる。**純物質とは一定の組成（そせい）をもち，元素記号を用いて，1つの化学式で表すことができる物質**である。**混合物とはいくつかの純物質が混ざりあったもの**をいい，混ぜる割合は変えることができる。

Point 純物質と混合物

	例
純物質	水 H_2O
混合物	海水，空気

さらに，純物質は，**1種類の元素からなる**単体（たんたい）と**2種類以上の元素からなる**化合物（かごうぶつ）に分けられる。

Point 単体と化合物

	例
単体	酸素 O_2，窒素 N_2，オゾン O_3
化合物	水 H_2O，二酸化炭素 CO_2

(2) 同じ元素でできた単体に性質や構造の異なるものが存在する場合，これらは互いに同素体(どうそたい)という。次のPointにあるS(硫黄)，C(炭素)，O(酸素)，P(リン)の同素体が有名である。

(スコップ)と覚える

Point 同素体

元素記号	単体名
S	斜方硫黄(しゃほう)，単斜硫黄(たんしゃ)，ゴム状硫黄
C	ダイヤモンド，黒鉛(こくえん)，フラーレン，カーボンナノチューブ
O	酸素，オゾン
P	黄リン(おう)(白リン(はく))，赤リン(せき)

斜方硫黄と単斜硫黄は，S_8分子からなる固体物質で結晶構造が異なる。ゴム状硫黄は，S原子が連続してつながった巨大分子である

C_{60}というサッカーボール状分子が有名

黄(白)リンはP_4分子からなる。赤リンは多数のP原子が結びついた無定形高分子である

(3) 物質を炎の中に入れたとき，成分として含まれる元素に特有の色が見られる現象を炎色反応(えんしょくはんのう)という。

Point 炎色反応

含まれる元素	リアカー Li	無き Na	K村 K	動力 Cu	借りとう Ca	馬力に Ba	するべに Sr
炎の色	赤	黄	紫	青緑	橙赤	黄緑	紅

炎色反応が橙赤(とうせき)色を示すことから，AにはカルシウムCaが含まれている。石灰水である水酸化カルシウム水溶液が白濁したことから，二酸化炭素CO_2が発生したことがわかる。Aは貝殻や卵の殻などの主成分なので，大気中のO_2と反応して燃焼はしない。よって，Aは炭素(C)と酸素(O)も含む。

参考 Aは炭酸カルシウム$CaCO_3$で，加熱すると次のように分解する。

$$CaCO_3 \longrightarrow CaO + CO_2$$

石灰水に二酸化炭素を通じると，炭酸カルシウム$CaCO_3$の白色沈殿が生じ，白濁する。

$$Ca(OH)_2 + CO_2 \longrightarrow \underset{(白色沈殿)}{CaCO_3} + H_2O$$

答
(1) (a) 純物質　(b) 単体　(c) 同素体
(2) ダイヤモンドと黒鉛 (フラーレン，カーボンナノチューブなども可)
(3) Ca，C，O

問題 003

☑ 1回目 □月□日
☑ 2回目 □月□日

最初に覚えておきたい単体と化合物の化学式

次の単体および化合物の化学式を記せ。

(単体)

① 酸素　② 窒素　③ オゾン　④ 水素　⑤ ダイヤモンド

(化合物)

⑥ 水　⑦ 二酸化炭素　⑧ アンモニア　⑨ メタン
⑩ 硫化水素(りゅうかすいそ)　⑪ 塩化水素(えんかすいそ)　⑫ 硫酸(りゅうさん)　⑬ 硝酸(しょうさん)
⑭ 水酸化ナトリウム　⑮ 塩化ナトリウム　⑯ 過酸化水素(かさんかすいそ)
⑰ 酢酸(さくさん)

解説　化学をはじめて学習する人はまず，①～⑰の化学式を正確に記憶すること。これからの学習がだいぶ楽になる。

(単体)　①，②，④は二原子分子，③は三原子分子である。

⑤のダイヤモンドは多数の炭素原子からなる C_x(xは非常に大きな数)と表せる巨大な分子であるが，化学式では通常は単にCと書く。**最も簡単な元素組成で表した，このような化学式を組成式(そせいしき)という。**

(化合物)　⑥～⑰の名称はいずれも聞き覚えがあるだろう。化学式における元素記号の順序にとまどいを感じる人もいるかもしれない。細かい決まりはあるのだが，化学式をそのまま記憶して慣れたほうが早い。

⑰の酢酸は同じ分子式をもつ化合物が他に存在するため，特有の性質をもつ原子団を分けて〝CH_3COOH〟と表す。このような化学式を示性式(しせいしき)という。

なお，酢酸がもつ〝COOH〟という原子団はカルボキシ基とよばれ(p.172参照)，HがH^+として電離するので水溶液は酸性を示す。

答

① O_2　② N_2　③ O_3　④ H_2　⑤ C　⑥ H_2O
⑦ CO_2　⑧ NH_3　⑨ CH_4　⑩ H_2S　⑪ HCl　⑫ H_2SO_4
⑬ HNO_3　⑭ NaOH　⑮ NaCl　⑯ H_2O_2　⑰ CH_3COOH

☑ 1回目 □月□日
☑ 2回目 □月□日

問題 004 物質の三態と状態変化

右図は，−20℃の氷に大気圧1.013×10^5 Paの下での熱を加えたときの，加熱時間と温度の関係を示した概念図である。

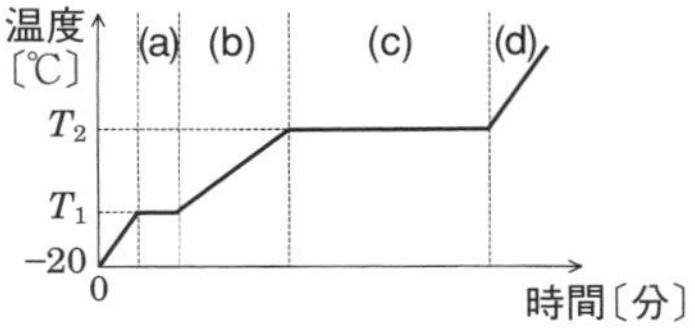

問1　図の(a)〜(d)の時間では，水分子はどのような状態で存在しているか。水，氷，水蒸気を組み合わせて答えよ。

問2　温度T_1およびT_2はそれぞれ何とよばれているか，答えよ。（金沢大）

解説　物質には**固体**，**液体**，**気体**の三態が存在し，物質の存在する環境の温度や圧力によって変化する。物質の**三態間の変化**を状態変化という。

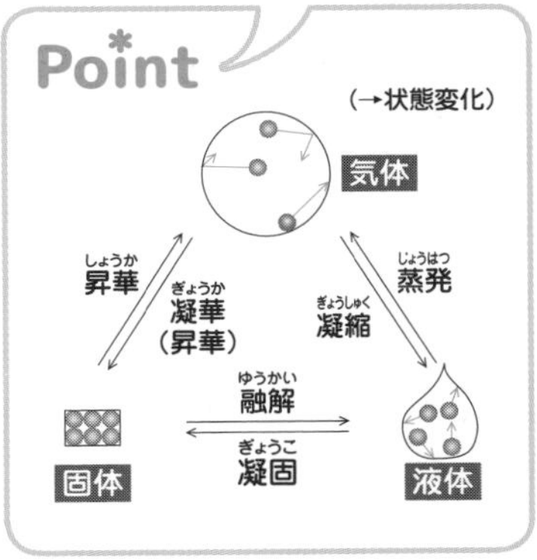

問1　一般に物質を加熱すると，**構成粒子の不規則な運動**（熱運動という）が激しくなる。氷の状態では，加熱によって水分子の振動や回転のような運動は激しくなってもその位置は変わらない。

標準大気圧下(1.013×10^5 Pa＝1013 hPa＝1気圧)で氷を加熱すると，0℃（図のT_1）で水分子が分子間の引力に逆らって動き出し，液体の水に変化する。このとき加えた熱は状態変化に利用されるため温度は変わらない。これが(a)で，氷と水が共存する。

すべて水になると，加熱によって(b)のように再び温度が上昇する。100℃（図のT_2）になると，水分子は分子間の引力に逆らってさらに分子間の距離を広げて液体の内部からも蒸発が起こる。このように**液体内部からも蒸発が起こる現象**を沸騰といい，これが(c)で，水と水蒸気が共存し，このときも温度は変わらず，すべて水蒸気になると，(d)のように再び温度が上昇する。

問2　**固体が融けて液体になる温度**を融点，**液体が固体になる温度**を凝固点といい，純物質の場合は同じ温度である。**液体が沸騰する温度**は沸点という。

答
問1　(a)　氷と水　(b)　水　(c)　水と水蒸気　(d)　水蒸気
問2　T_1：融点　T_2：沸点

問題 005

☑ 1回目 　月　日
☑ 2回目 　月　日

混合物の分離

次の記述のうち，その内容に**誤りを含むもの**を，下の①～⑤のうちから一つ選べ。

① 固体と液体の混合物から，ろ紙などを用いて固体を分離する操作をろ過という。

② 食塩水を加熱し，蒸発した気体を冷却すると，液体として水が分離できる。

③ ペーパークロマトグラフィーでは，ろ紙への吸着力が強い物質ほど移動しやすい。

④ 硝酸カリウムと少量の塩化ナトリウムの混合物から，再結晶を利用して硝酸カリウムを取り出すことができる。

⑤ 砂粒が混入したヨウ素から，昇華法によって純粋なヨウ素の結晶を取り出すことができる。

（防衛大）

解説 混合物からその構成成分である純物質を分離する方法には，次のようなものがある。

Point 混合物の代表的な分離法

ろ過（か）	液体から不溶な固体を分離する。
蒸留（じょうりゅう）	液体を加熱し，生じた蒸気を冷却し，再び液体として分離する。
再結晶（さいけっしょう）	不純物を含んだ結晶をできるだけ少量の溶媒に溶かし，冷却することで純度の高い結晶を得る。
昇華(法)（しょうか）	固体から直接気体になる性質を利用して分離する。
抽出（ちゅうしゅつ）	適当な液体を用いて，特定成分だけ溶かし出して分離する。
クロマトグラフィー	ろ紙やシリカゲルなどへの吸着力の違いを利用して分離する。

液体混合物を蒸留によって，沸点の異なるいくつかの成分に分けて回収することを**分留**（ぶんりゅう）（分別蒸留（ぶんべつじょうりゅう））という。

① （正しい） 固体が混じっている液体を固体と液体に分離する操作をろ過という。

② （正しい） 次の図のように蒸留を用いると，食塩水から蒸留水が得られる。

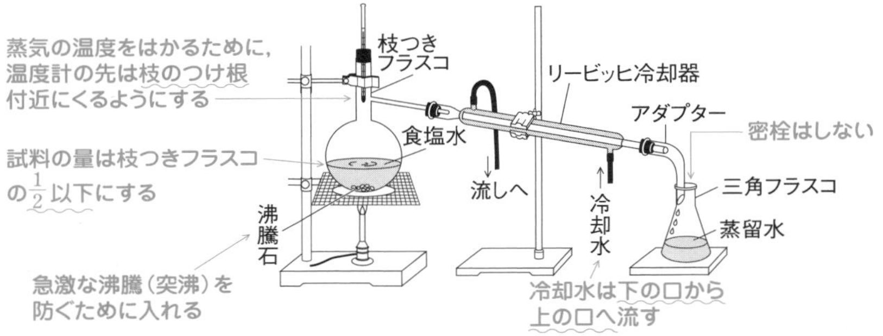

補足 液体空気や石油は**沸点の差がそれほど大きくない純物質が混ざりあった液体混合物である。これらを蒸留するときは適当な温度区分でいくつかの成分に分けて分離回収する。**これを分留（ぶんりゅう）もしくは分別蒸留（ぶんべつじょうりゅう）という。

③ （誤り） インクで印を付けたろ紙の末端を適当な液体に浸す。インクの成分ごとにろ紙に対する**吸着力が異なるため，移動速度に差が生じ，分離される。**このような方法をクロマトグラフィーという。ろ紙への吸着力が強い成分ほど移動しにくい。

④ （正しい） 混合物をできるだけ少量の熱水に溶かして冷却すると，塩化ナトリウムは析出せず，硝酸カリウムの結晶が析出する。この操作を再結晶という。

⑤ （正しい） ヨウ素I_2，ドライアイス（固体の二酸化炭素CO_2），ナフタレン$C_{10}H_8$などは一般的な大気圧下では**固体から直接気体に変化する性質**（昇華性）をもつ。

右の図のように，砂粒が混入したヨウ素I_2を加熱すると，ヨウ素I_2の気体が生じる。これを冷却すると，昇華を利用して混合物からヨウ素I_2を分離できる。

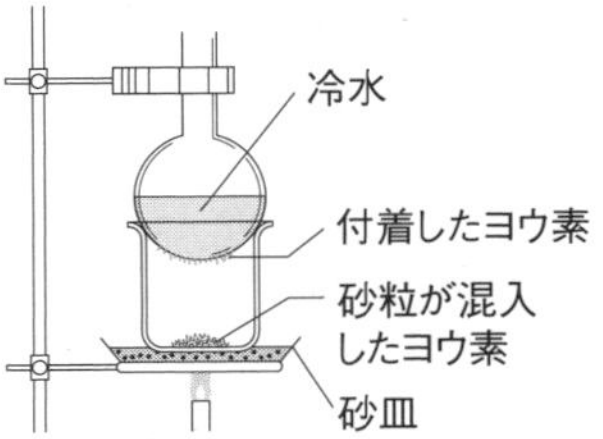

答 ③

☑ 1回目　月　日
☑ 2回目　月　日

問題 006 原子の内部構造

次の(1)，(2)に答えよ。

(1) 次の文章を読み，文中の［　］にあてはまる語句を書け。

原子は1個の原子核とそのまわりにあるいくつかの［ア］で構成される。原子核は，正の電気を帯びた［イ］と電気を帯びていない［ウ］からできている。［ア］は負の電気を帯び，電気的に中性の原子では［イ］と同じ数の［ア］が含まれる。原子核に含まれる［イ］の数は，元素の種類によってすべて異なり，原子番号といわれる。また，［イ］の数と［ウ］の数の和を質量数という。

(2) 原子番号92，質量数235のウラン$^{235}_{92}$U原子1個に含まれている陽子の数，中性子の数，および電子の数をそれぞれ記せ。

（(1)大阪市立大，(2)広島市立大）

解説

(1) 物質は原子からなり，化学変化とは**原子の組み合わせの変化**である。**原子は，中心にある1つの原子核とそのまわりにあるいくつかの電子で構成され，原子核は陽子と中性子からできている。**

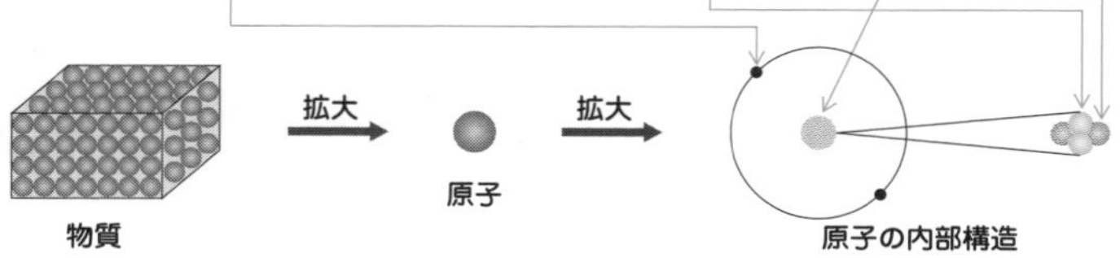

原子の直径は約10^{-10}m，原子核の直径は約10^{-15}～10^{-14}mである。陽子，中性子，電子それぞれの質量と電気量は次のようになっている。

Point 陽子，中性子，電子の質量と電気量

	質量〔g〕	電気量〔C〕
陽　子	1.673×10^{-24}	$+1.602 \times 10^{-19}$
中性子	1.675×10^{-24}	0
電　子	9.109×10^{-28}	-1.602×10^{-19}

つまり

質量比	陽子：中性子：電子 ≒ 1：1：$\frac{1}{1840}$
電気量比	陽子：中性子：電子 ＝ ＋1：0：−1

原子核に含まれる**陽子**(イ)**の数**を原子番号(げんしばんごう)といい，同じ原子番号の原子は同じ元素記号で表す。

原子の質量は，ほぼ原子核の質量に等しく，**陽子の数と中性子**(ウ)**の数の和**を質量数(しつりょうすう)という。

一般に元素記号の左下に原子番号，左上に質量数を記す。

Point 原子番号と質量数

原子番号(陽子の数) x
中性子の数 y ➡ $^{x+y}_{x}\text{A}$ (A：元素記号)

(2) 原子番号92のウラン(元素記号U)は陽子の数が92である。一般に原子全体では電荷(でんか)をもたず，全体の電気量は0(ゼロ)なので，原子核中の陽子の数と原子核の周囲に存在する電子の数は等しい。そこで，電子の数も92となる。

質量数＝陽子の数＋中性子の数　なので，質量数235のUでは，

235＝92＋中性子の数

よって，中性子の数＝235－92

＝143

原子番号が同じでも中性子の数が異なり，質量数の異なる原子は互いに同位体(どういたい)という。

Point

炭素の同位体 ➡ $^{12}_{6}\text{C}$，$^{13}_{6}\text{C}$，$^{14}_{6}\text{C}$

➡ 陽子の数は同じでも中性子の数が異なる

同位体には時間とともに放射線(ほうしゃせん)を放出し，ほかの原子に変化するものがあり，これを放射性同位体という。放射線にはα(アルファ)線($^{4}_{2}\text{He}$の原子核)，β(ベータ)線(電子)，γ(ガンマ)線(電磁波)などがある。

答

(1) ア：電子　イ：陽子　ウ：中性子

(2) 陽子の数：92　中性子の数：143　電子の数：92

☑ 1回目 　月　日
☑ 2回目 　月　日

問題 007 電子殻と電子配置

炭素，窒素，酸素，塩素原子の電子配置を(a)〜(d)の図に記入せよ。ただし，電子は○とする。

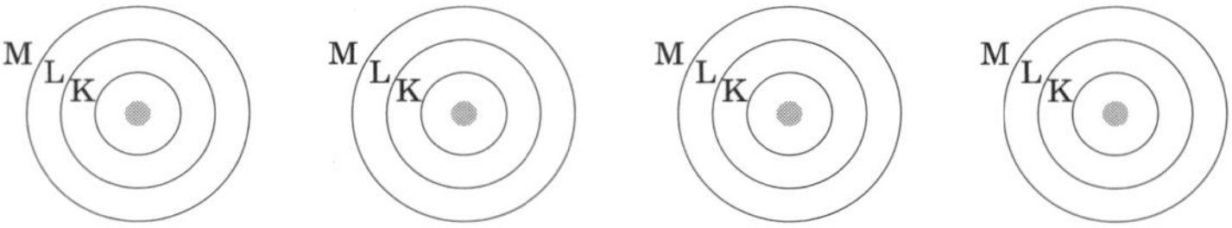

(a)　炭素　　(b)　窒素　　(c)　酸素　　(d)　塩素

（九州看護福祉大）

解説

原子核のまわりにある**電子が存在する場所**を**電子殻**（でんしかく）という。原子核に近いほうからK殻（かく），L殻，M殻…と，Kから始めてアルファベットの順に名前をつける。

電子殻に入ることができる電子の数には上限があり，原子核に近いほうから数（かぞ）えて***n*番目の電子殻**では$2n^2$が上限の電子数となる。

Point 電子殻

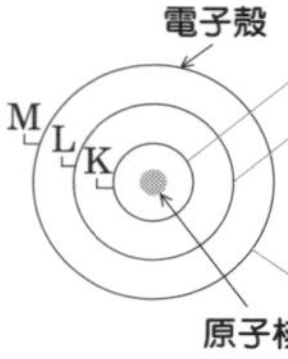

内側からn番目	1	2	3
電子殻	K殻	L殻	M殻
上限の電子数 ($2n^2$)	2 ($=2\times1^2$)	8 ($=2\times2^2$)	18 ($=2\times3^2$)

全体として電荷をもたない電気的に中性な原子では，

電子の数 ＝ 陽子の数 ＝ 原子番号

である。電子は原則として原子核に近いK殻から入っていく。

元素記号	原子番号	K殻	L殻	M殻
(a) C	6	= 2	+ 4	なし
(b) N	7	= 2	+ 5	なし
(c) O	8	= 2	+ 6	なし
(d) Cl	17	= 2	+ 8	+ 7

各電子殻の電子の数の上限を考えてK殻から電子を入れていく。

問題文の図に電子を○で書きこむとよい。なお，同じ電子殻の中で電子をどの位置に書くかは適当でよい。

原子番号1～18の原子の**電子殻中の電子の配置**（電子配置）を電子殻に書きこんで表すと，次のようになる。原子番号と元素名はp.20のゴロ合わせを利用して覚えること。

Point 原子番号1～18の原子の電子配置

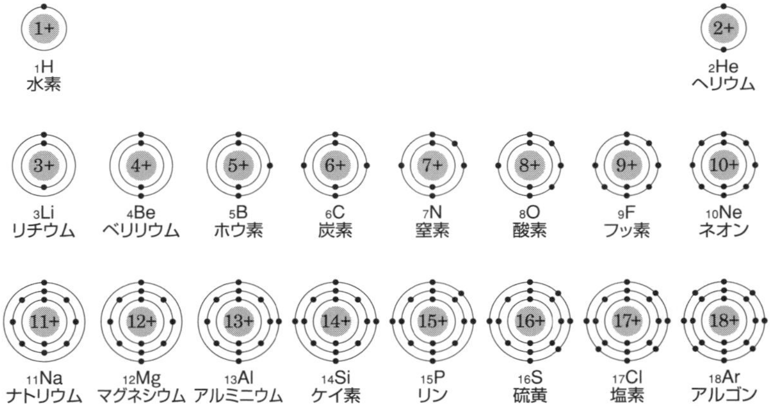

（注）中心の $n+$ … 原子番号 n の原子の原子核 / • … 電子 を表している

まずは，原子番号1～18の原子の電子配置を書けるようにしよう。

補足 ヘリウムやネオンのように最も外側の電子殻（最外電子殻）が最大数の電子で満たされているとき，これを閉殻という。

答

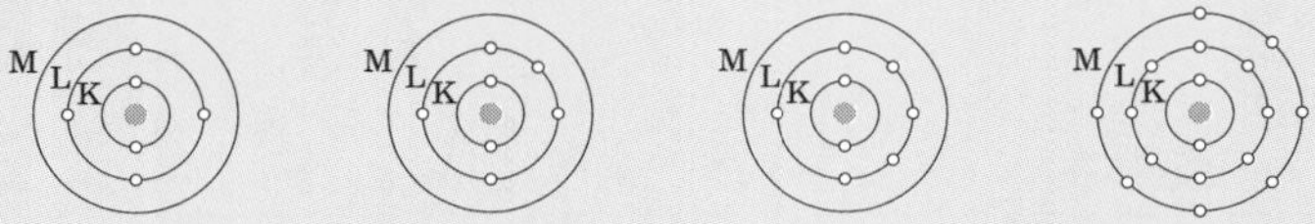

(a) 炭素　(b) 窒素　(c) 酸素　(d) 塩素

問題 008

周期表

☑ 1回目 □月□日
☑ 2回目 □月□日

下の(1), (2)に答えよ。

周期＼族	1	2	13	14	15	16	17	18
1	$_1$H							$_2$He
2	$_3$Li	$_4$Be	$_5$B	$_6$C	ア	$_8$O	イ	ウ
3	$_{11}$Na	エ	$_{13}$Al	オ	$_{15}$P	カ	$_{17}$Cl	$_{18}$Ar

(1) ア～カの元素記号と原子番号を示せ。

(2) 1($_1$H以外), 2, 17, 18族元素の特別な名称を記せ。

(奈良教育大)

解説 1869年，ロシアの化学者の**メンデレーエフ**は，当時発見されていた元素を原子量(p.36参照)の順に並べると，元素の化学的性質が周期的に変化すること(周期律(しゅうきりつ))を発見し，周期表(しゅうきひょう)を作成した。

現在の周期表は，電子配置をもとに，元素を原子番号の順に並べている。**横**(よこ)の行を周期(しゅうき)，**縦**(たて)の列を族(ぞく)という。

同じ周期の元素は，もっとも外側の電子殻(最外殻(さいがいかく))が同じであり，同じ族の元素はもっとも外側の電子殻の電子数(最外殻電子数)が同じ(Heを除く)で，化学的な性質がよく似ている。

Point 第3周期(できれば第4周期)までの元素は，周期表での位置を記憶すること。

周期＼族	1	2	3	4	5	6	7	8	9	10	11	12	13	14	15	16	17	18
1	水 H																	兵 He
2	リー Li	べ Be											ボ B	ク C	の N	O	舟。 F	Ne
3	ナ Na	曲が Mg											ある Al	シッ Si	プス P	S	クラー Cl	Ar
4	ク K	か。 Ca	スコッ Sc	チ Ti	バ V	クロ Cr	マン Mn	鉄 Fe	子 Co	に Ni	どう Cu	会 Zn	えん。が Ga	ゲッ Ge	明日 As	先 Se	週 Br	来る Kr

(注)ゴロ合わせは一例

(1) 前ページのPointより，

ア：${}_{7}N$（窒素） イ：${}_{9}F$（フッ素） ウ：${}_{10}Ne$（ネオン） エ：${}_{12}Mg$（マグネシウム） オ：${}_{14}Si$（ケイ素） カ：${}_{16}S$（硫黄）

である。

(2) 周期表上の元素は，いくつかのグループに分類されている。

Point 元素の分類

周期＼族	1	2	3	4	5	6	7	8	9	10	11	12	13	14	15	16	17	18
1	H																	He
2	Li	Be											B	C	N	O	F	Ne
3	Na	Mg											Al	Si	P	S	Cl	Ar
4	K	Ca	Sc	Ti	V	Cr	Mn	Fe	Co	Ni	Cu	Zn	Ga	Ge	As	Se	Br	Kr
5	Rb	Sr	Y	Zr	Nb	Mo	Tc	Ru	Rh	Pd	Ag	Cd	In	Sn	Sb	Te	I	Xe
6	Cs	Ba	(La)	Hf	Ta	W	Re	Os	Ir	Pt	Au	Hg	Tl	Pb	Bi	Po	At	Rn
7	Fr	Ra	(Ac)															

（網掛け）は金属元素，それ以外は非金属元素

遷移元素（せんい）：3族〜12族

典型元素（てんけい）

アルカリ金属：1族（Hを除く）

アルカリ土類金属（どるい）：2族

ハロゲン：17族

貴ガス（き）（希ガス）：18族

元素記号	名称
リッチ な カリウム ルビー セシめて フランスへ Li， Na， K， Rb， Cs， Fr	アルカリ金属
ベッドに もぐって キャット すっかり バ ラ 色 Be， Mg， Ca， Sr， Ba， Ra	アルカリ土類金属
ふっ くら ブレッド 私は あとで F， Cl， Br， I， At	ハロゲン
へん ね 歩いて 転んだ キセ ラドン He， Ne， Ar， Kr， Xe， Rn	貴ガス

補足 以前はBeとMgはアルカリ土類金属には分類せず，12族は典型元素としていた。

答

(1) ア：N，7 イ：F，9 ウ：Ne，10 エ：Mg，12
オ：Si，14 カ：S，16

(2) 1族元素：アルカリ金属 2族元素：アルカリ土類金属
17族元素：ハロゲン 18族元素：貴ガス

問題 009 イオン

☑ 1回目 □月□日
☑ 2回目 □月□日

イオン半径の大小の比較として，正しいものはどれか。

ⓐ $Na^{+} < Mg^{2+}$　ⓑ $Na^{+} < Al^{3+}$　ⓒ $O^{2-} < Al^{3+}$
ⓓ $F^{-} < O^{2-}$　ⓔ $K^{+} < Ca^{2+}$

（立教大）

解説 電子を放出して**正の電荷を帯(お)びた原子または原子団**を陽(よう)イオン，電子を受けとって**負の電荷を帯びた原子または原子団**を陰(いん)イオンという。放出したり受けとったりした電子の数をイオンの価数(かすう)という。

価数	1価	2価	3価
陽イオン	Na^{+} ナトリウムイオン K^{+} カリウムイオン	Mg^{2+} マグネシウムイオン Ca^{2+} カルシウムイオン	Al^{3+} アルミニウムイオン
陰イオン	F^{-} フッ化物イオン	O^{2-} 酸化物イオン	

n価の陽イオンはn個の電子を失い，m価の陰イオンはm個の電子を受けとっている。

イオンを球と見なすと，同じ電子配置のイオンの場合，原子番号が大きいほど，電子を原子核の方向に強く引きつけるため，イオン半径は小さくなる。

Point $_{10}Ne$と同じ電子配置（K^2L^8）のイオンの場合

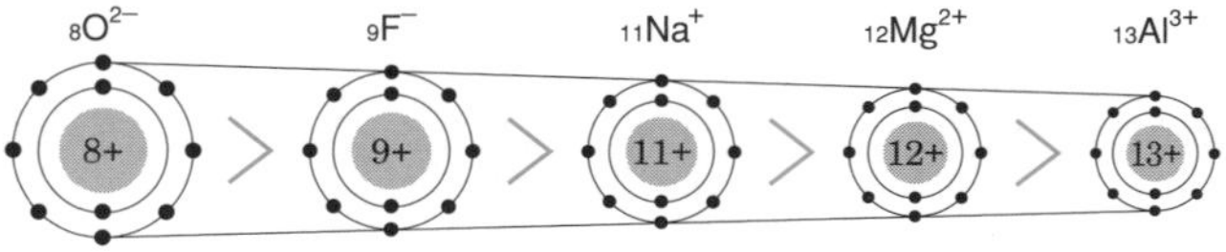

そのためⓐ，ⓑ，ⓒは誤りであり，ⓓが正しい。また，$_{19}K^{+}$と$_{20}Ca^{2+}$は$_{18}Ar$と同じ電子配置であり，陽子数（＝原子番号）は$_{19}K^{+} < _{20}Ca^{2+}$なので，$K^{+}$の半径は$Ca^{2+}$の半径より大きい。よって，ⓔは誤りである。

答 ⓓ

1回目 　月　日
2回目 　月　日

問題 010 イオン化エネルギー

次の㋑〜㋥から誤っているものを1つ選べ。

㋑ 原子が電子1個を受けとってイオンになるとき，放出するエネルギーを(第一)イオン化エネルギーという。

㋺ 陽性が強い元素の原子は(第一)イオン化エネルギーが小さい。

㋩ 貴ガスは，同じ周期の元素の中で，その原子の(第一)イオン化エネルギーがもっとも大きいので，陽性がもっとも弱い元素である。

㋥ 同族の典型元素では，原子番号の小さな原子ほど(第一)イオン化エネルギーが大きい。

(順天堂大)

解説

(第一)イオン化エネルギーとは，**気体状態にある原子から電子を1個うばって1価の陽イオンにするのに必要なエネルギー**である。この値が小さい元素ほど陽イオンにしやすく，陽性が強い元素という。

Point イオン化エネルギー

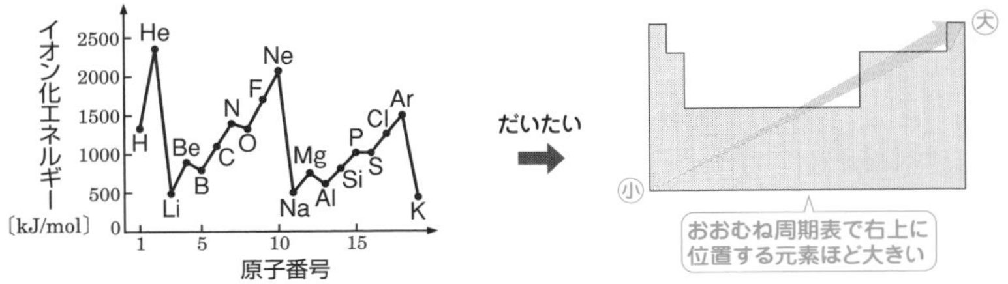

㋑ (誤り) p.26で学ぶ電子親和力(でんししんわりょく)の定義である。

㋺，㋩，㋥ (正しい) 周期表で右上の元素ほどイオン化エネルギーが大きく，陽イオンになりにくい。つまり，陽性が弱い。逆に，左下の元素ほどイオン化エネルギーが小さく，陽イオンになりやすい。つまり，陽性が強い。

答 ㋑

問題 011

化学結合と分子

☑ 1回目 □月□日
☑ 2回目 □月□日

次の文章を読み，文中の[あ]～[え]にもっとも適する語句を，[A]～[C]にもっとも適する数字を入れよ。

水素分子のように，2個の原子間で電子の対をつくって形成される化学結合は[あ]結合とよばれる。窒素分子では，2個の窒素原子は3組の電子対で結合している。それぞれの窒素原子において，[A]個の価電子のうち結合に関与しない[B]個の電子は対をつくっており，このような電子対のことを[い]対という。残りの対をつくっていない[C]個の電子は[う]とよばれ，窒素分子ではこれらの電子を2個の原子が出しあって結合をつくっている。このとき，それぞれの窒素原子は[え]原子と同じ電子配置になっている。

（防衛大）

解説 一般に，**最外殻電子**が化学結合に利用される。このような電子を価電子（かでんし）という。価電子の数は，原子番号が大きくなるにつれて周期的に変化する。なお，18族の元素である貴ガス（He，Ne，Ar…）は他の原子と化学結合しにくいため，価電子の数は0（ゼロ）とする。

Point 価電子

価電子＝最外殻の電子　（(注)典型元素の場合）

ただし，18族（貴ガス）の価電子の数＝0

(注) 12族以外の遷移元素(p.21参照)は，最外殻の電子だけでなく内側の電子殻の電子も価電子として利用されることがある。

さらに，電子殻は，電子が最大2個まで入ることができる副殻（ふくかく）からなり，できるだけ分散して電子が配置される。

例 酸素原子（K殻(2)L殻(6)）の場合　（□は副殻を表す）

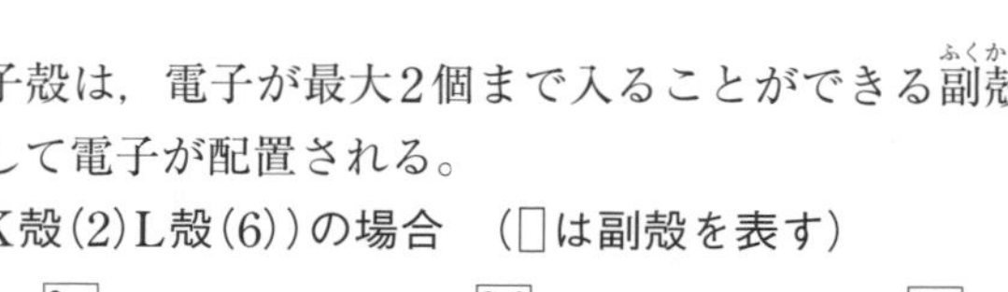

副殻に電子が1つしか存在しない場合，これを不対電子（ふついでんし）という。

Point 不対電子

最外殻のようす	H	B	C	N	O	F
不対電子数	1	3	4	3	2	1

2つの原子が互いに**不対電子を出しあって共有電子対**をつくり，**これを互いに共有することでできる結合**を［共有］（あ）**結合**という。

化学式	共有結合の形成
水素分子H_2	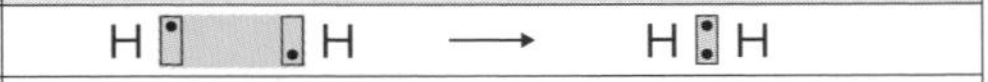
窒素分子N_2	

一般に**共有結合で結びついた原子団**を**分子**といい，分子内の**2原子間で共有されている電子対**を**共有電子対**，**共有されていない電子対**を［非共有電子］（い）**対**という。

安定な分子では，各原子のまわりの電子配置は一般に貴ガスと同じ電子配置になることが多い。

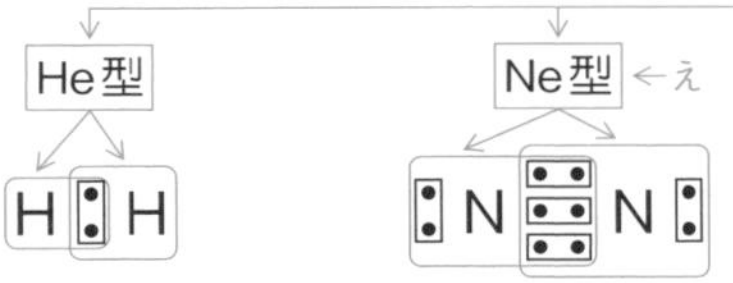

補足 分子の中には，**非共有電子対を他のイオンや分子の空の副殻に一方的に提供して化学結合をつくること**があり，これを**配位結合**という。アンモニア分子と水素イオンが配位結合するとアンモニウムイオンが生じる。

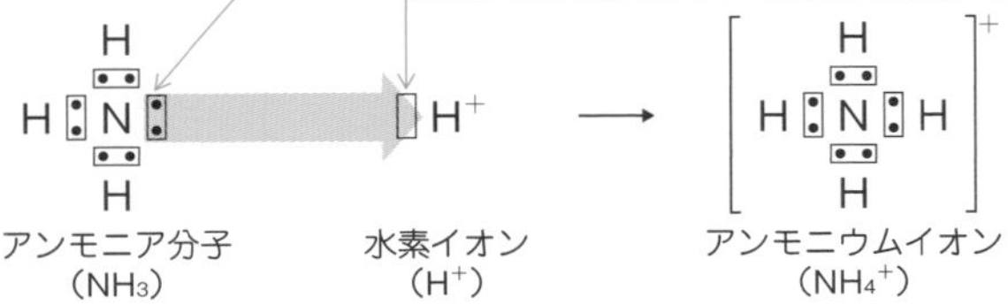

答 あ：共有　い：非共有電子　う：不対電子　え：ネオン
A：5　B：2　C：3

1回目 月 日
2回目 月 日

問題012 電子親和力・電気陰性度

次の(1)，(2)に答えよ。

(1) 電子親和力とは何か，50字以内で説明せよ。

(2) 次の電気陰性度に関する記述①～④から，誤りを含むものを1つ選べ。

① 原子が共有結合しているとき，結合に関与している電子を引きつける強さの度合いを表す。

② 貴ガスを除く典型元素の同一周期方向では，原子番号が大きいほど大きい。

③ 全元素中でフッ素が最大の値をもつ。

④ Rbの電気陰性度の値は，Liの値より大きい。

((1)聖マリアンナ医科大，(2)湘南工科大)

解説

(1) (第一)電子親和力(でんししんわりょく)とは，**気体状態にある原子が電子を1個とりこんで，1価の陰イオンとなるときに外へ放出されるエネルギーである。**この値が大きい元素ほど陰イオンになりやすく，陰性が強い。

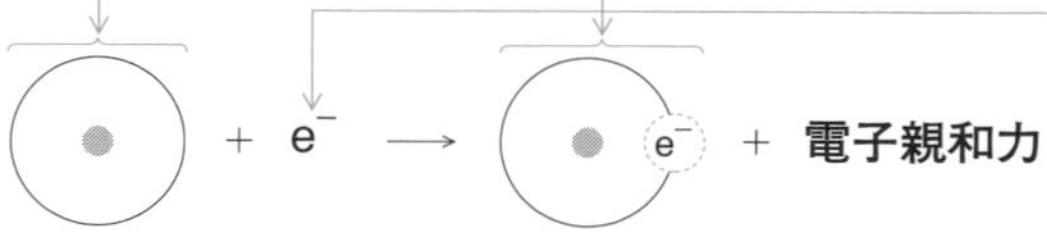

とくに，17族(ハロゲン)元素の電子親和力は他より大きい。1価の陰イオンになると，安定な貴ガスと同じ電子配置になるためである。

Point 電子親和力

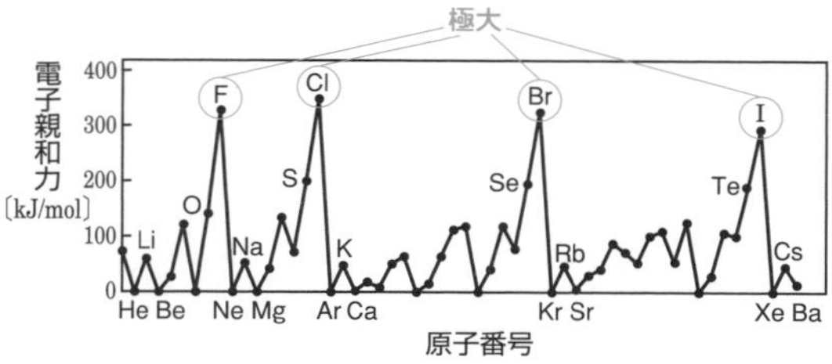

➡ 17族(ハロゲン)が大きく，1価の陰イオンになりやすい

(2) 電気陰性度(でんきいんせいど)とは，**原子が他の原子と共有結合したときに共有電子対を自らの方向へ引きつける強さの度合い**である（共有結合についてはp.25参照）。共有結合しにくい18族の値は考えず，周期表で右上の元素ほど大きい。

Point 電気陰性度

① （正しい） 電気陰性度の定義である。

②，③ （正しい） 周期表で右上の元素ほど電気陰性度が大きい。他原子と結合しにくい貴ガスの電気陰性度は考えないので，最大はフッ素Fである。

④ （誤り） Rb（ルビジウム）はLiと同じアルカリ金属である。同族元素では，周期表で上に位置する元素ほど電気陰性度は大きいので，Liの値はRbの値より大きい。

なお，電子親和力と電気陰性度は言葉が似ていて混同しやすいので，次のPointで違いを理解しておこう。

Point 電子親和力と電気陰性度

電子親和力	1つの原子が気体状態で存在しているときの電子のとりこみやすさの目安(めやす)
電気陰性度	1つの原子が別の原子と共有結合しているときの共有電子対のひきつけやすさの目安

答
(1) 気体状態にある原子が，電子を1個受けとって1価の陰イオンになるときに放出するエネルギー。（47字）
(2) ④

問題 013

☑ 1回目 　月　日
☑ 2回目 　月　日

分子の形

次の文章を読み，文中の［　　］に適切な語句または数字を記入せよ。

メタン分子は炭素原子を中心に4組の共有電子対が空間的に均等な方向に広がり，分子の形状は［ア］形になる。アンモニアでは，窒素原子のまわりに［イ］組の共有電子対と［ウ］組の非共有電子対が存在し，水分子では，酸素原子のまわりに［エ］組の共有電子対と［オ］組の非共有電子対が存在する。ここで，電子対は互いに反発し，できるだけ離れた位置，すなわち［ア］の中心から頂点の方向に配置されると考えると，アンモニアや水分子の形状を予想することができる。

実際，アンモニアの形状は，メタン分子から水素原子が1個抜けた形状の［カ］形，水分子の形状は，メタン分子から水素原子が2個抜けた形状の［キ］形となる。

（北見工業大）

解説 メタンCH_4，アンモニアNH_3，水H_2Oでは，分子内の中心原子のまわりにある4組の電子対が互いに反発し，できるだけ離れた［正四面体］（ア）の頂点方向に配置する。

	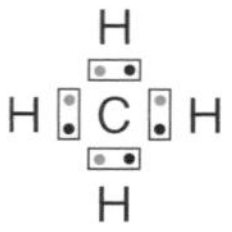	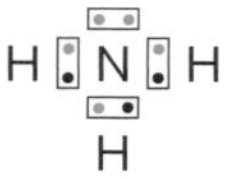	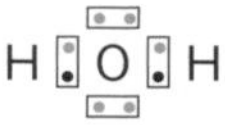
共有電子対	4	［3］イ	［2］エ
非共有電子対	0	［1］ウ	［2］オ

⬇ 反発を考えると

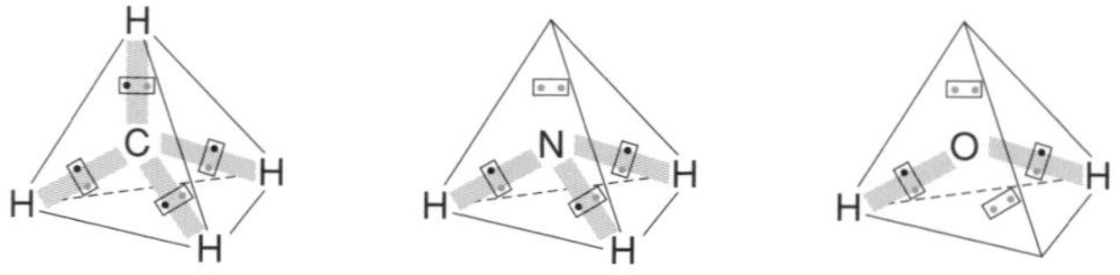

実際は，共有電子対どうしの反発より，共有電子対と非共有電子対の反発，さらに非共有電子対どうしの反発のほうが強い。

原子核を結ぶ（▬▬）と分子の形が予想でき，CH_4は正四面体形，NH_3は［三角錐（すい）］（カ）形，H_2Oは［折れ線］（キ）形の分子となる。

補足 二酸化炭素CO_2の場合，炭素原子のまわりに4組の電子対があるが，2組ずつで二重（にじゅう）結合を2つ形成する。この場合，二重結合内の反発は考えず，2つの二重結合の電子対ができるだけ遠ざかって左右に配置される。

そこで，二酸化炭素CO_2分子は直線形となる。

共有電子対を棒線（価標（かひょう）ということがある）“—”で書くと，それぞれの分子は次の**Point**のような形となる。

Point 構造式と分子の形

メタン	アンモニア	水	二酸化炭素
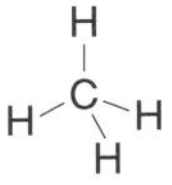	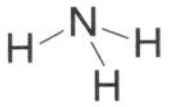	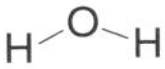	O＝C＝O
正四面体形	三角錐形	折れ線形	直線形

答 ア：正四面体　イ：3　ウ：1　エ：2　オ：2
カ：三角錐　キ：折れ線

問題 014

極性

☑ 1回目 □月□日
☑ 2回目 □月□日

次の文章を読み，下の分子は，下線部(a)，(b)，(c)の分類のいずれにあてはまるか答えよ。

共有結合をしている2原子間では，電気陰性度の大きいほうの原子は共有電子対を引きつけ，いくらか負電荷を帯び，その結合は極性をもつ。(a)結合に極性がない分子，あるいは，(b)極性があっても分子内で打ち消しあって分子全体として正負の電荷の中心が一致している分子を無極性分子という。一方，(c)分子全体として正負の電荷の中心が一致していない分子を極性分子という。

H_2O　　Cl_2　　N_2　　NH_3　　CO_2　　CH_4　　（岡山大）

解説

結合した2原子間の電気陰性度に差があると，**電気陰性度の大きいほうの原子へ共有電子対がかたよる**。この場合，結合に**極性がある**（きょくせい）という。

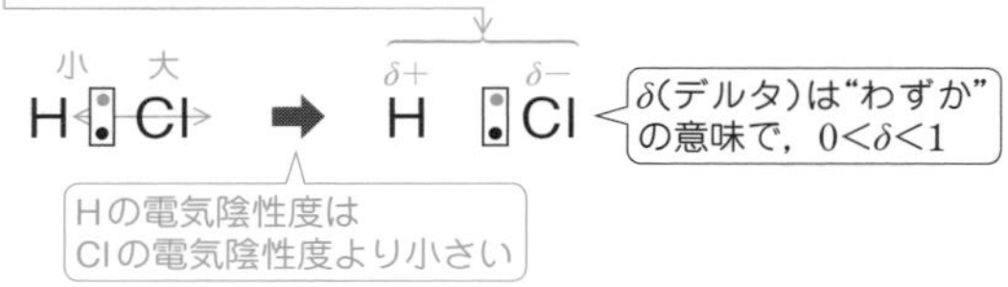

分子全体としての電荷のかたよりを分子の極性といい，**極性のある分子**を極性分子，**極性のない分子**を無（む）極性分子とよぶ。

2個の原子でできた二原子分子では，結合の極性が分子の極性となる。3個以上の原子でできた分子の極性は分子の形の影響を受ける。結合に極性があっても互いに打ち消しあい分子全体として電荷のかたよりがない場合は無極性分子になる。

(a) 同種の元素でできた単体の分子は，結合に極性がないので，分子に極性はない。

Cl−Cl　　　N≡N

(b) 二酸化炭素CO_2やメタンCH_4は$C=O$や$C-H$の共有結合に極性をもつが，分子全体としては電荷のかたよりがなく，無極性分子である。

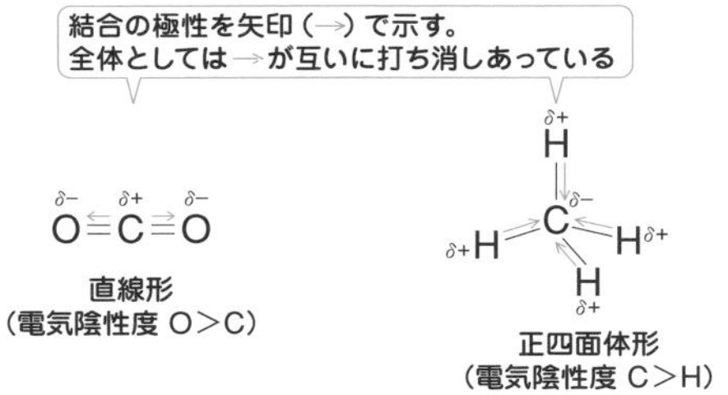

(c) 水H_2OやアンモニアNH_3は結合の極性が打ち消されず，分子全体としても電荷のかたよりをもつ極性分子である。

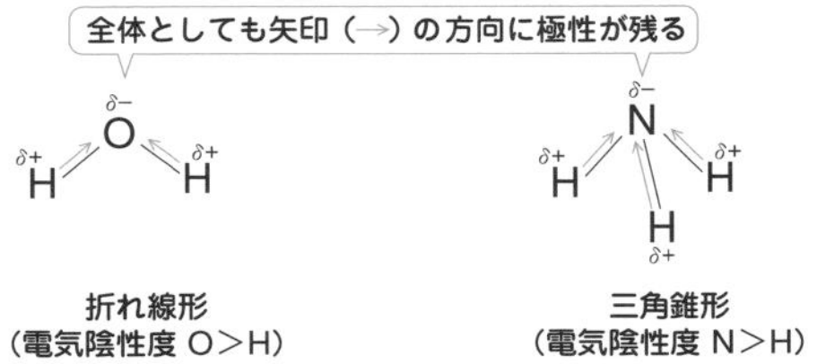

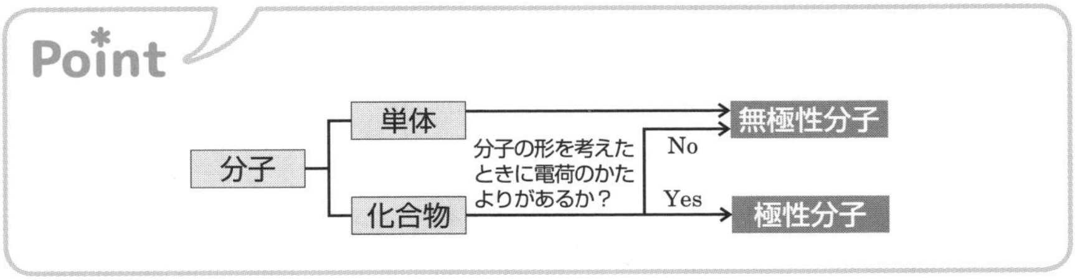

答 (a) Cl_2，N_2　(b) CO_2，CH_4　(c) H_2O，NH_3

1回目 月 日
2回目 月 日

問題 015 金属結合と金属の性質

金属に関する記述㋐～㋔から誤っているものを1つ選べ。

㋐ 金属元素の単体は，自由電子と金属イオンからなっている。

㋑ 金属元素の原子は，一般に，電子を放出しやすい。この傾向が強いほど，陽性が強いという。

㋒ 金属元素の単体は，一般に，金属光沢や高い電気伝導性など特有の性質をもっている。

㋓ アルカリ金属の原子は，1個の価電子をもち1価の陽イオンになりやすい。

㋔ 金箔のように，金属をたたいて薄く広げられる性質を延性という。

（千葉工業大）

解説

周期表で，次の　　部分の元素の単体はすべて金属である。常温(じょうおん)・常圧(じょうあつ)の状態で水銀Hgを除いてすべて固体になる。

周期＼族	1	2	3	4	5	6	7	8	9	10	11	12	13	14	15	16	17	18
1	H																	He
2	Li	Be											B	C	N	O	F	Ne
3	Na	Mg											Al	Si	P	S	Cl	Ar
4	K	Ca	Sc	Ti	V	Cr	Mn	Fe	Co	Ni	Cu	Zn	Ga	Ge	As	Se	Br	Kr
5	Rb	Sr	Y	Zr	Nb	Mo	Tc	Ru	Rh	Pd	Ag	Cd	In	Sn	Sb	Te	I	Xe
6	Cs	Ba	(La)	Hf	Ta	W	Re	Os	Ir	Pt	Au	Hg	Tl	Pb	Bi	Po	At	Rn
7	Fr	Ra	(Ac)															

㋐ （正しい） 金属元素の原子の価電子は，**特定の原子に固定されず，多数結合した原子すべてに共有され，全体に広がっている。このような電子**を自由(じゆう)電子といい，**自由電子によって，陽イオンが多数結びついた結合**を金属結合という。

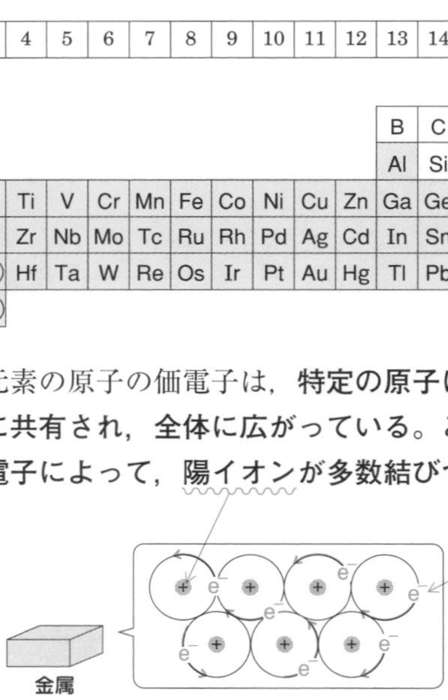

㋑ （正しい） 金属元素の原子は，一般に電子を放出しやすく，陽イオンになりやすい。すなわち，陽性が強い。

㋒ （正しい） 自由電子は光を反射するため，金属は特有の光沢をもつ。また，自由電子が動きまわることによって，熱や電気をよく伝える。なお，もっとも熱や電気を伝える金属の単体は銀Agであり，2番目が銅Cu，3番目が金Auである。

㋓ （正しい） アルカリ金属は，水素Hを除く1族の元素である。これらの原子の電子配置をみると，すべて最外殻の電子数が1であり，これが価電子となり，1価の陽イオンになりやすい。

元素記号	電子配置			
$_{3}Li$	K(2)	L(1)		
$_{11}Na$	K(2)	L(8)	M(1)	
$_{19}K$	K(2)	L(8)	M(8)	N(1)

㋔ （誤り） 金属は，力を加えても変形し，くだけにくい。これは原子の位置が変わっても，自由電子によって結びついているからである。

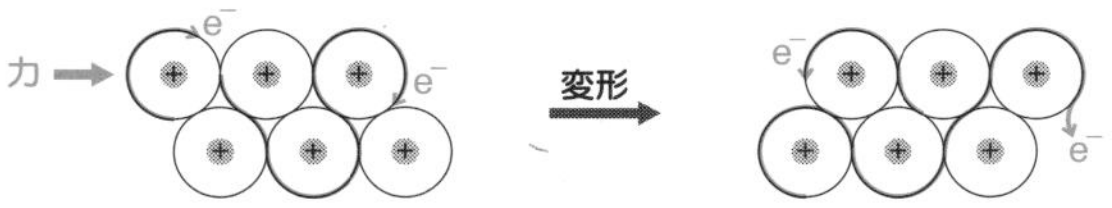

たたくと薄く広がる性質を**展性**，**引っぱると長く延びる性質**を**延性**といい，金属のこの性質を利用して金箔や銅線がつくられている。金箔は展性を利用して金を薄く広げたものであり，延性を利用したものではない。

Point 金属の性質

❶ 陽イオンと自由電子からなる。
❷ 熱や電気をよく通す。
❸ 特有の光沢をもつ。
❹ 力を加えると変形し，展性と延性をもつ。

答 ㋔

問題 016

イオン結合とイオン結晶の性質

1回目 月 日
2回目 月 日

イオン結晶の性質として，正しいものを次の①～④から1つ選べ。

① 結晶内に自由電子が存在している。

② 融点が低いものが多い。

③ 非常に硬く，強い力を加えても結晶は壊れにくい。

④ 固体の状態では電気を流さないが，融解した状態や水溶液では電気を流す。

（東邦大）

解説 **陽イオンと陰イオンが静電気的な引力で結びついた結合**を**イオン結合**といい，**イオン結合によって多数の陽イオンと陰イオンが規則正しく配列した固体**を**イオン結晶**という。

① （誤り） イオン結晶には，金属の結晶のような自由電子は存在しない。

② （誤り） イオン結合でできた物質は比較的融点が高い。

③ （誤り） 大きな力を加えて結晶内部の面がずれると，引力より斥力が強く作用し，結晶が壊れる。

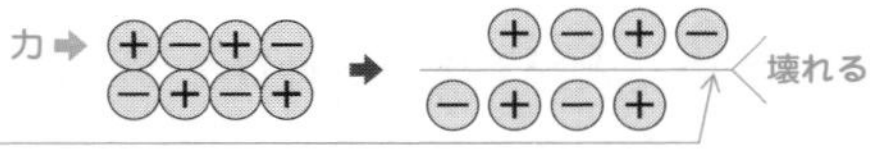

④ （正しい） 固体状態ではイオンが自由に動けないので，電気を流しにくい。ただし，加熱して融解し，溶融状態にしたり，水に溶かして**構成イオンに分かれたり**（電離）すると，イオンが内部を自由に動けるので，電気をよく流す。

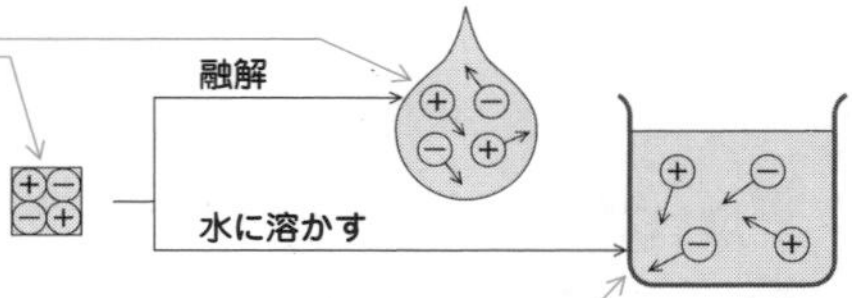

Point イオン結合でできた物質の性質

❶ 陽イオンと陰イオンが多数，静電気的な引力で結びついている。

❷ 比較的，融点が高い。 ❸ 変形しにくく，壊れやすい。

❹ 固体は電気をほとんど流さないが，融解したり水溶液にしたりすると電気をよく流す。

答 ④

問題 017

☑ 1回目 [ ]月[ ]日
☑ 2回目 [ ]月[ ]日

イオン結合でできた物質と組成式

次の表中のイオンの組み合わせでできる物質①〜⑤の化学式と名称を㊞にならって答えよ。

	Na^+	NH_4^+	Ca^{2+}	Al^{3+}
Cl^-	㊞	①		④
NO_3^-	②			
SO_4^{2-}			③	⑤

㊞ 化学式：NaCl　　名称：塩化ナトリウム　　（実践女子大）

解説

塩(えん)(p.52参照)や金属酸化物などは，多数の陽イオンと陰イオンのイオン結合でできる物質である。

化学式で表すときは，**陽イオンと陰イオンの構成比をもっとも簡単な整数比**で表す。これを**組成式(そせいしき)**という。

このとき，組成式全体では電荷をもたないので，次の関係が成り立つ。

Point　組成式全体での電荷の関係

（陽イオンの価数）×陽イオンの数 ＝（陰イオンの価数）×陰イオンの数

	Na^+ ナトリウムイオン	NH_4^+ アンモニウムイオン	Ca^{2+} カルシウムイオン	Al^{3+} アルミニウムイオン
Cl^- 塩化物(えんかぶつ)イオン	$(Na^+)_1(Cl^-)_1$	$(NH_4^+)_1(Cl^-)_1$	$(Ca^{2+})_1(Cl^-)_2$	$(Al^{3+})_1(Cl^-)_3$
NO_3^- 硝酸(しょうさん)イオン	$(Na^+)_1(NO_3^-)_1$	$(NH_4^+)_1(NO_3^-)_1$	$(Ca^{2+})_1(NO_3^-)_2$	$(Al^{3+})_1(NO_3^-)_3$
SO_4^{2-} 硫酸(りゅうさん)イオン	$(Na^+)_2(SO_4^{2-})_1$	$(NH_4^+)_2(SO_4^{2-})_1$	$(Ca^{2+})_1(SO_4^{2-})_1$	$(Al^{3+})_2(SO_4^{2-})_3$

（注）化学式は，1とイオンの価数や符号を省略して記す。

答

① NH_4Cl，塩化アンモニウム　② $NaNO_3$，硝酸ナトリウム
③ $CaSO_4$，硫酸カルシウム　④ $AlCl_3$，塩化アルミニウム
⑤ $Al_2(SO_4)_3$，硫酸アルミニウム

第2章　物質量と化学反応式

問題 018　原子量

☑ 1回目　□月□日
☑ 2回目　□月□日

現在は，質量分析器などを用いて原子1個の質量が正確に求められているが，原子1個の質量は非常に小さく扱いにくいため，相対質量が用いられる。次の(1)，(2)に答えよ。

(1)　下線部について，「相対質量」は，現在どのようにして決められているか。簡潔に説明せよ。

(2)　天然において塩素には2種類の同位体が存在する。次の表を参考にして，塩素の原子量を小数第2位を四捨五入し，小数第1位まで求めよ。

	相対質量	存在比
^{35}Cl	34.969	75.77%
^{37}Cl	36.966	24.23%

（関西学院大）

解説　(1)　原子の相対質量（そうたいしつりょう）とは，基準とする原子1個の質量に対する他の原子1個の質量の比をさす。“相対”とは“何かと比較した”という意味である。

現在は，質量数12の炭素原子 $^{12}_{6}C$ が基準原子として選び，次のPointのように $^{12}_{6}C$ 1個の質量を12として比較したときの値を相対質量としている。

Point　質量数1の水素原子 ^{1}H の相対質量(x)の求め方

$$\frac{{}^{1}\text{H 1個の質量〔g〕}}{{}^{12}\text{C 1個の質量〔g〕}} = \frac{1.67\times10^{-24}\,\text{g}}{1.99\times10^{-23}\,\text{g}}$$

実際の質量の比

$$= \frac{x}{12}$$

← 12とする

よって，$x = 1.0070\cdots$

(2)　同位体は質量数は異なるが原子番号（陽子数）は同じであり，化学的性質は基本的に同じである。そこで，通常の化学反応を考えるときは同位体を区別せず，自然界での存在比を考慮（こうりょ）した相対質量の平均値を原子量とする。

Point

元素の原子量＝同位体を区別せず，すべて同じ質量としたときの相対質量の平均値

同位体の存在比は，天然での個数比を表していて，場所によらず一定としてよい。問題文の表の意味は次のようになる。

	存在比	100個のCl原子のうち	10000個のCl原子のうち
^{35}Cl	75.77%	75.77個	7577個
^{37}Cl	24.23%	24.23個	2423個

そこで，

$$塩素の原子量＝\frac{\underbrace{34.969}_{^{35}Clの相対質量}\times\underbrace{7577}_{個}+\underbrace{36.966}_{^{37}Clの相対質量}\times\underbrace{2423}_{個}}{\underbrace{10000}_{個}}$$

$$=\underbrace{34.969}_{相対質量}\times\underbrace{0.7577}_{存在比}+\underbrace{36.966}_{相対質量}\times\underbrace{0.2423}_{存在比}$$

$$=35.45\cdots$$

$$\fallingdotseq 35.5$$

となる。

Point 原子量

元素の原子量は，

「相対質量 × 存在比」の和

で求められる。

答

(1) 質量数12の炭素原子1個の質量を12として，他の原子の質量の相対値を決める。

(2) 35.5

問題 019

1回目 月 日
2回目 月 日

物質量(1)

氷の0℃における密度は，0.92 g/cm^{3}である。体積1.0cm^{3}の氷中に存在する水分子の数は何個か，有効数字2桁で答えよ。原子量H＝1.00，O＝16.0，アボガドロ定数$N_A = 6.0\times10^{23}$/molとする。

（九州工業大）

解説 物質に含まれる原子や分子といった粒子の数は，とても大きな数値となる。

（例えば^{12}C原子の集団12gには，^{12}C原子1個の質量が1.993×10^{-23}gなので，

$$\frac{12\text{ g}}{1.993\times10^{-23}\text{ g/個}} \fallingdotseq 6.0\times10^{23}\text{ 個}$$

の^{12}C原子が含まれる。）

そこで，原子や分子の数を扱う(あつか)ときは物質量(ぶっしつりょう)（単位記号mol(モル)）という単位を用いる。1molあたりの粒子の数をアボガドロ定数（N_Aと表す）といい，次のように決められている。

Point　アボガドロ定数 N_A と物質量(mol)

N_A(アボガドロ定数)＝ 6.02214076×10^{23} /mol

本問では6.0×10^{23}としている　“1molあたり”という単位

⬇ N_A個の粒子の集団をひとまとまりとして

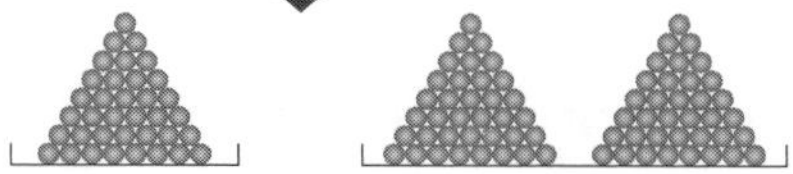

1mol
（6.0×10^{23}個）

2mol
（$6.0\times10^{23}\times2$個）

一般に，原子量や分子量・式量（化学式1つ分の相対質量で，原子量の和）に“グラム”をつけた質量には，6.0×10^{23}個の粒子が含まれる。

粒子	相対質量	グラムをつけた質量	含まれる粒子数
^{12}C	12	12 g	6.0×10^{23}
	↓ $\times\frac{M_A}{12}$	↓ $\times\frac{M_A}{12}$	‖ 同じ数で，質量は$\frac{M_A}{12}$倍
A	M_A （Aの化学式量）	M_A〔g〕	6.0×10^{23}

つまり，1molの粒子の集団の質量は，その**粒子を表す化学式の相対質量(化学式量)に“グラム”をつけた質量**にほぼ等しく，モル質量(**単位記号〔g/mol〕**)という。

Point 粒子Ⓐの化学式量をM_Aとすると，

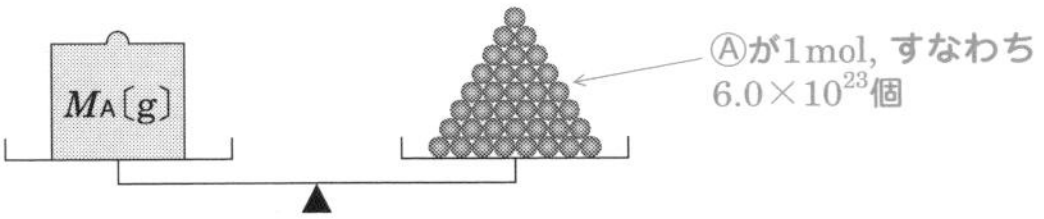

水の分子式はH_2Oである。分子量が $1.00\times2+16.0=18.0$ なので，
（Hの原子量　Oの原子量）

モル質量は18.0g/molとなる。すなわちH_2O 1molの集団が示す質量は18.0gである。
（氷，水，水蒸気いずれも）

まず，体積$1.0\,cm^3$の氷の質量を，密度から計算する。

Point 密度

単位体積あたりの物質の質量のこと
ここでは$1\,cm^3$の質量をグラム単位で表している

$$\text{密度}〔g/cm^3〕=\frac{\text{質量}〔g〕}{\text{体積}〔cm^3〕}$$

0℃の氷の密度は，$0.92\,g/cm^3$($1\,cm^3$あたり0.92g)なので，体積$1.0\,cm^3$の氷の質量は，

$$1.0\,cm^3\times0.92\,g/cm^3=0.92\,g$$
（体積×密度＝質量）

ここに含まれるH_2Oの物質量は，

$$\frac{0.92\,g}{18.0\,g/mol}\fallingdotseq0.0511\,mol$$

そこで，求める値は，

$$0.0511\,mol\times6.0\times10^{23}\,/mol=3.06\times10^{22}$$
（氷$1.0\,cm^3$中のH_2Oの物質量　アボガドロ定数　有効数字3桁目を四捨五入して，有効数字2桁に）

答 3.1×10^{22}個

問題 020

物質量(2)

1回目 月 日
2回目 月 日

硫酸H_2SO_4について，下の(1)，(2)に答えよ。解答は有効数字2桁とし，必要ならば次の数値を利用せよ。

原子量　H = 1.0，C = 12.0，O = 16.0，S = 32.1

アボガドロ定数　$N_A = 6.0 \times 10^{23}$〔/mol〕

(1)　294gあるとき，その物質量は何molか。

(2)　分子の数が4.82×10^{24}個あるとき，その物質量は何molか。

（東北工業大）

解説

(1)　H_2SO_4のモル質量 = H_2SO_4の分子量 = H×2＋S×1＋O×4

$= 1.0 \times 2 + 32.1 + 16.0 \times 4 = 98.1$

一般に，質量と物質量には次のような関係がある。

Point　分子量Mの物質n〔mol〕の質量w〔g〕の場合の関係式

$$w\text{〔g〕} = n\text{〔mol〕} \times M\text{〔g/mol〕}$$

今回は，$w = 294$，$M = 98.1$のときのnを求めたいので，上のPointより，

$$n = \frac{w}{M} = \frac{294\ \text{g}}{98.1\ \text{g/mol}} = \overset{3.0}{2.99\cdots}\ \text{mol}$$　となる。

3桁目を四捨五入して，有効数字2桁にする

(2)　H_2SO_4 1molは，6.0×10^{23}個のH_2SO_4分子に相当する。

一般に粒子数と物質量には次のような関係がある。

Point　アボガドロ定数N_A〔/mol〕，粒子数Nで物質量n〔mol〕の場合の関係式

$$N = n\text{〔mol〕} \times N_A\text{〔/mol〕}$$

今回は，$N = 4.82 \times 10^{24}$，$N_A = 6.0 \times 10^{23}$のときのnを求めたいので，

$$n = \frac{N}{N_A} = \frac{4.82 \times 10^{24}}{6.0 \times 10^{23}\ \text{/mol}} = 8.03\cdots\ \text{mol}$$　となる。

3桁目を四捨五入して，有効数字2桁にする

答　(1)　3.0mol　(2)　8.0mol

問題 021

✓ 1回目　月　日
✓ 2回目　月　日

物質量(3)

1.43gの気体が0℃，1.013×10^5 Paの標準状態で1.00Lを占めるとき，その気体の分子量はいくらか。有効数字2桁まで求めよ。0℃，1.013×10^5 Paの標準状態での気体のモル体積は22.4L/molとする。

(大阪歯科大)

解説

気体分子1mol(≒6.0×10^{23}個)は，0℃，1気圧(きあつ)(単位〔atm(アトム)〕)≒1.013×10^5 Pa(パスカル)の標準状態(ひょうじゅんじょうたい)では気体の種類に関係なく，ほぼ22.4L(リットル)の体積を示す。

Point 気体分子1molが示す体積(気体のモル体積)

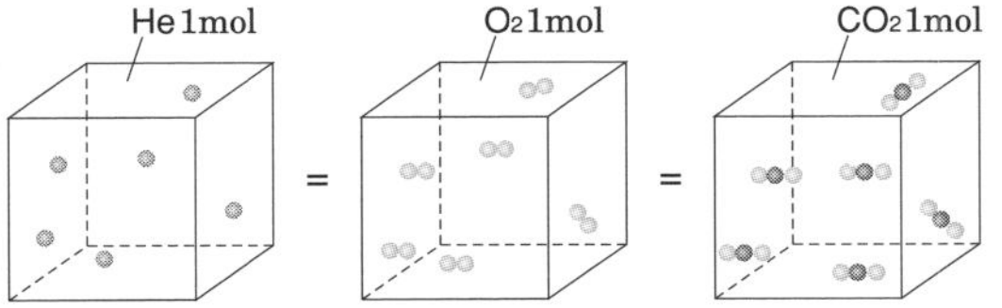

⬅ 0℃，1.013×10^5 Paの標準状態のもとで22.4L/mol

この気体の分子量すなわちモル質量をM〔g/mol〕とする。1.43gに含まれる気体分子の物質量をn〔mol〕とすると，

$$n = \frac{1.43\,\text{g}}{M\,[\text{g/mol}]} \quad \cdots ①$$

となる。0℃，1.013×10^5 Paの標準状態での気体のモル体積は22.4L/molであり，n〔mol〕が1.00Lを示すことから，次の式が成り立つ。

$$n\,[\text{mol}] \times \frac{22.4\,\text{L}}{1\,\text{mol}} = 1.00\,\text{L} \quad \cdots ②$$

②式に①式を代入すると，

$$\frac{1.43}{M} \times 22.4 = 1.00$$

よって，$M = 32.0\cdots$ 3桁目を四捨五入して，有効数字2桁にする

答 32

問題 022

濃度(1)

1回目 月 日
2回目 月 日

$Na_2CO_3 \cdot 10H_2O$ の結晶14.3gを水35.7gに溶解した。この溶液の質量パーセント濃度〔%〕はいくらか。有効数字2桁で求めよ。ただし，原子量は $H=1.0$，$C=12$，$O=16$，$Na=23$ とする。

（東北学院大）

解説 質量パーセント濃度（しつりょうパーセントのうど）は，溶液の質量に対する溶質の質量の割合を百分率（ひゃくぶんりつ）で示した濃度であり，**溶液100gあたりに含まれる溶質の質量〔g〕**を表す。

Point 質量パーセント濃度

$$\text{質量パーセント濃度〔\%〕} = \frac{\text{溶質の質量〔g〕}}{\text{溶液の質量〔g〕}} \times 100$$

炭酸ナトリウム十水和物（じっすいわぶつ）$Na_2CO_3 \cdot 10H_2O$ は**固体中に水分子を含み**，これを水和水（すいわすい）あるいは結晶水（けっしょうすい）という。$Na_2CO_3 \cdot 10H_2O$ の式量を求めると，

$$\begin{aligned} Na_2CO_3 \cdot 10H_2O &= Na_2CO_3 + H_2O \times 10 \\ &= 23 \times 2 + 12 + 16 \times 3 + (1.0 \times 2 + 16) \times 10 \\ &= 106 + 180 \\ &= 286 \end{aligned}$$

となる。$Na_2CO_3 \cdot 10H_2O$ 14.3gのうち，溶質である Na_2CO_3 のみの質量は，

$$14.3\,\text{g} \times \frac{106}{286} = 5.30\,\text{g}$$

$$\begin{aligned} \text{質量パーセント濃度} &= \frac{\text{溶質の質量〔g〕}}{\text{溶液の質量〔g〕}} \times 100 \\ &= \frac{5.30\,\text{g}}{14.3\,\text{g} + 35.7\,\text{g}} \times 100 \\ &= 10.6\,\% \fallingdotseq 11\,\% \end{aligned}$$

“溶質と溶媒の質量の和”が“溶液の質量”である

答 11%

問題 023

1回目 月 日
2回目 月 日

濃度(2)

シュウ酸二水和物$H_2C_2O_4 \cdot 2H_2O$ 31.5gを水に溶かして500mLにした水溶液の密度は1.02g/cm^{3}であった。この水溶液のモル濃度としてもっとも適当な値〔mol/L〕を，次の①～⑤から1つ選べ。ただし，原子量はH＝1.0，C＝12，O＝16とする。

① 0.250　② 0.357　③ 0.500　④ 0.510　⑤ 0.700

（神戸女子大）

解説 モル濃度(体積モル濃度ともいう)は，**溶液1Lに含まれる溶質の物質量**を表す。

Point モル濃度

$$\text{モル濃度〔mol/L〕} = \frac{\text{溶質の物質量〔mol〕}}{\text{溶液の体積〔L〕}}$$

シュウ酸二水和物$H_2C_2O_4 \cdot 2H_2O$の式量を求める。

$$\begin{aligned} H_2C_2O_4 \cdot 2H_2O &= H_2C_2O_4 + H_2O \times 2 \\ &= 1.0 \times 2 + 12 \times 2 + 16 \times 4 + (1.0 \times 2 + 16) \times 2 \\ &= 90 + 18 \times 2 = 126 \end{aligned}$$

$H_2C_2O_4 \cdot 2H_2O$のモル質量が126g/molなので，31.5gの$H_2C_2O_4 \cdot 2H_2O$の物質量は次のように求まる。

$$\frac{31.5\,\text{g}}{126\,\text{g/mol}} = 0.250\,\text{mol}$$

$H_2C_2O_4 \cdot 2H_2O$ 0.250molには「$H_2C_2O_4$ 0.250mol」と「H_2O $0.250 \times 2 = 0.500$ mol」が含まれる。0.500molのH_2Oは溶媒として加えたH_2Oと区別できない。溶液500mL(0.500L)に$H_2C_2O_4$ 0.250molが含まれるので，モル濃度は次のように求められる。

$$\frac{0.250\,\text{mol}}{0.500\,\text{L}} = 0.500\,\text{mol/L}$$

なお，シュウ酸は$(COOH)_2$と書くことも多い。

答 ③

問題 024

濃度(3)

☑ 1回目 月 日
☑ 2回目 月 日

0.10 mol/L希硫酸1.0 Lをつくるためには，95％濃硫酸（密度1.84 g/mL）が何mL必要か。有効数字2桁で求めよ。ただし，硫酸H_2SO_4の分子量は98とする。

（金城学院大）

解説

溶液を希釈（薄めること）しても，中に含まれる溶質の量（物質量や質量）は変化しない。

Point

0.10 mol/Lの希硫酸1.0 Lに含まれる溶質であるH_2SO_4の物質量は，

$$0.10\ \text{mol/L} \times 1.0\ \text{L} = 0.10\ \text{mol}$$

である。H_2SO_4のモル質量＝98 g/mol なので，含まれるH_2SO_4の質量は，

$$0.10\ \text{mol} \times 98\ \text{g/mol} = 9.8\ \text{g}$$

である。95％の濃硫酸（密度1.84 g/mL）がV〔mL〕必要であるとすると，この中にH_2SO_4が9.8 g含まれるので，次式が成立する。

（95％：濃硫酸100 gにH_2SO_4が95 g　1.84 g/mL：濃硫酸1 mLあたり1.84 g）

$$1.84\ \text{g/mL} \times V\text{〔mL〕} \times \frac{95\ \text{g}\ (H_2SO_4)}{100\ \text{g}\ (\text{濃硫酸})} = 9.8\ \text{g}$$

（$1.84\ \text{g/mL} \times V$〔mL〕：濃硫酸の質量　全体：$H_2SO_4$の質量）

よって，$V = 5.60\cdots$ mL

答　5.6 mL

問題 025

化学反応式

☑ 1回目 □月□日
☑ 2回目 □月□日

次の(1)，(2)の反応式を完成し，aの値を下の①～⑩から選べ。

(1) $C_8H_{16} + aO_2 \longrightarrow bCO_2 + cH_2O$

(2) $C_4H_9OH + aO_2 \longrightarrow bCO_2 + cH_2O$

① 3　② 4　③ 5　④ 6　⑤ 8　⑥ 10
⑦ 11　⑧ 12　⑨ 13　⑩ 14

（神奈川工科大）

解説 化学反応は，原子どうしの結合の組み合わせが変化するだけなので，各元素の原子数は化学反応式の両辺で変化しない。

Point 化学反応式の両辺では，各元素の原子数は同じである。

(1)

	C_8H_{16} + aO_2		$\longrightarrow bCO_2 + cH_2O$	
Cの数	8	=	$b\times1$	…①
Hの数	16	=	$c\times2$	…②
Oの数	$a\times2$	=	$b\times2 + c\times1$	…③

①式，②式より，$b=8$，$c=8$　なので，これを③式に代入して，
$a\times2=8\times2+8\times1$　より，$a=12$　となる。すなわち，

$C_8H_{16} + 12O_2 \longrightarrow 8CO_2 + 8H_2O$

よって，解答は⑧。

(2)

	C_4H_9OH + aO_2		$\longrightarrow bCO_2 + cH_2O$	
Cの数	4	=	$b\times1$	…④
Hの数	$9+1$	=	$c\times2$	…⑤
Oの数	$1 + a\times2$	=	$b\times2 + c\times1$	…⑥

④式，⑤式より，$b=4$，$c=5$　なので，これを⑥式に代入して，
$1+a\times2=4\times2+5\times1$　より，$a=6$　となる。すなわち，

$C_4H_9OH + 6O_2 \longrightarrow 4CO_2 + 5H_2O$

よって，解答は④。

答 (1) ⑧　(2) ④

1回目 月 日
2回目 月 日

問題 026 化学反応式と物質量

16gの酸化銅(Ⅱ) CuOに炭素粉C 2.0gを混合し，空気をしゃ断して加熱したところ，酸化銅(Ⅱ)が還元され，銅Cuと二酸化炭素CO_2を生成した。このとき起こった化学反応について，次の(1)～(3)に答えよ。ただし，原子量はC＝12，O＝16，Cu＝64とし，解答は有効数字2桁で答えよ。また，気体は0℃，1.013×10^5 Paの標準状態において種類に関係なく，分子1molあたり22.4Lの体積を示すとする。

(1) 酸化銅(Ⅱ) 16gは何molか。

(2) このとき反応によって生成した二酸化炭素は0℃，1.013×10^5 Paの標準状態で何Lか。

(3) この反応によって，反応せずに残った炭素粉は何gか。

（長崎総合科学大）

解説

この反応を化学反応式で表すと，

$$2CuO + C \longrightarrow 2Cu + CO_2$$

となる。つまり，CuO 2個とC 1個が反応すると，Cu 2個とCO_2 1個が生じる。

この反応が6×10^{23}回起こると，

CuO $2\times6\times10^{23}$個＝2molとC $1\times6\times10^{23}$個＝1molが反応して，

Cu $2\times6\times10^{23}$個＝2molとCO_2 $1\times6\times10^{23}$個＝1molが生じる。

このように，化学反応式中の化学式の前の**係数**(けいすう)**の比**(ひ)は，化学式が表す粒子の**物質量の比**でもある。

Point 化学反応式と物質量

$$aX + \cdots\cdots \longrightarrow bY + \cdots\cdots$$

⬇

反応したXの物質量〔mol〕：生成したYの物質量〔mol〕

$= a : b$

(1) CuOの式量＝64＋16＝80

そこで，CuOのモル質量が80 g/molなので，1 molあたり80 gであるから，

$$\frac{16\ \text{g}}{80\ \text{g/mol}} = 0.20\ \text{mol}$$

(2) 炭素Cの原子量＝12であり，1 molあたり12 gであるから，はじめに用意した炭素Cの物質量は，

$$\frac{2.0\ \text{g}}{12\ \text{g/mol}} = \frac{1}{6}\ \text{mol}\ (\fallingdotseq 0.166)$$

CuO 2 molとC 1 molが反応して，Cu 2 molと CO_2 1 molが生じる。今回はCがCuOの半分量である0.10 molより多いので，CuOがなくなると反応が終了する。「反応前の量」，「反応で変化する量」，「反応後の量」を分けて考えて計算すると，

	2CuO	＋ C	⟶ 2Cu	＋ CO_2	
反応前	0.20	$\frac{1}{6}$	0	0	mol
変化量	−0.20	−0.10	＋0.20	＋0.10	mol
反応後	0	$\frac{1}{6}-0.10$	0.20	0.10	mol

反応後 CO_2 は0.10 mol生成している。0℃，1.013×10^5 Paの標準状態で示す体積は，

$$0.10\ \text{mol} \times 22.4\ \text{L/mol} = 2.24\ \text{L} \fallingdotseq 2.2\ \text{L}$$

(3) 反応後に残った炭素の物質量

$$= \frac{1}{6} - 0.10$$

$$= \frac{1}{6} - \frac{1}{10}$$

$$= \frac{5-3}{30} = \frac{1}{15}\ \text{mol}$$

分数を用いると
計算がラクになる

求める炭素Cの質量は，炭素のモル質量が12 g/molなので，

$$\frac{1}{15}\ \text{mol} \times 12\ \text{g/mol} = \frac{4}{5} = 0.80\ \text{g}$$

有効数字2桁にする

答 (1) 0.20 mol　(2) 2.2 L　(3) 0.80 g

第3章 酸と塩基

問題 027 酸と塩基の定義

☑ 1回目 □月□日
☑ 2回目 □月□日

①ブレンステッドとローリーの酸と塩基の定義では，酸とは水素イオンを与えるものであり，塩基は水素イオンを受けとるものとされている。例えば，水溶液中で塩化水素は塩酸として水素イオンと［ア］に電離するが，実際には水素イオンは単独では存在せず，水分子と［イ］結合し［ウ］イオンを生成する。水溶液中でアンモニアは水と反応し，電離して②アンモニウムイオンと水酸化物イオンを生じる。アンモニウムイオンは［ウ］イオンと同様に，アンモニアが水素イオンと［イ］結合することにより生じたイオンである。

問1 文中の［ア］～［ウ］に適切な語句を記せ。ただし，化学式は用いないこと。

問2 下線部①の酸と塩基の定義のほかに，アレニウスの酸と塩基の定義がある。アレニウスの定義における塩基とは何かを30字以内で説明せよ。

問3 下線部②のアンモニウムイオンの電子式を，下記の(例)を参考に記せ。

(例) [:C⋮⋮N:]$^-$

（長崎大）

解説 酸(さん)と塩基(えんき)の代表的な定義のうち，アレニウスの定義では水溶液の性質，ブレンステッドとローリーの定義では反応における役割に注目している。

Point 代表的な酸と塩基の定義

定義	酸	塩基
アレニウス	水溶液中でH^+を生じる物質	水溶液中でOH^-を生じる物質
ブレンステッド・ローリー	相手にH^+を与える物質	相手からH^+を受けとる物質

問1 塩化水素の水溶液である塩酸では，次のように塩化水素が電離する。

$$HCl \longrightarrow H^+ + Cl^-$$

HClはアレニウスの定義の酸の一つである。この反応は，実際にはHClからH_2OへとH^+が移動することによって起こる。H^+はH_2Oと配位結合し，オキソニウムイオンH_3O^+が生じている。

$$HCl + H_2O \longrightarrow Cl^- + H_3O^+$$

（H^+：HCl → H_2O）　塩化物イオン　オキソニウムイオン

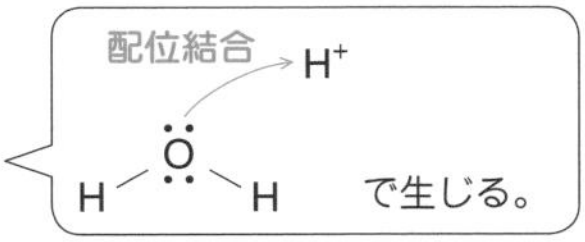

ブレンステッド・ローリーの定義では，H^+をH_2Oに与えるHClが酸，H^+をHClから受けとるH_2Oが塩基である。

アンモニアは，水溶液中で次のように水と反応し，水酸化物イオンが生じるため塩基性を示す。

$$NH_3 + H_2O \rightleftarrows NH_4^+ + OH^-$$

（H^+：H_2O → NH_3）　アンモニウムイオン　水酸化物イオン

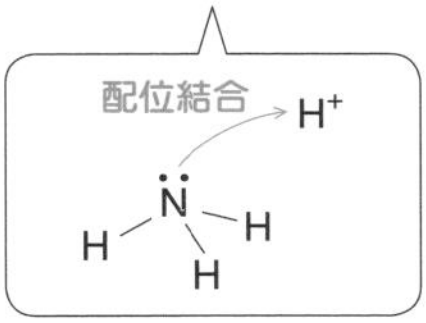

ブレンステッド・ローリーの定義では，H^+をNH_3に与えるH_2Oが酸，H^+をH_2Oから受けとるNH_3が塩基である。

問 2　アレニウスの定義の塩基は，水酸化ナトリウムのように，水溶液中で電離してOH^-を生じる物質である。

$$NaOH \longrightarrow Na^+ + OH^-$$

問 3

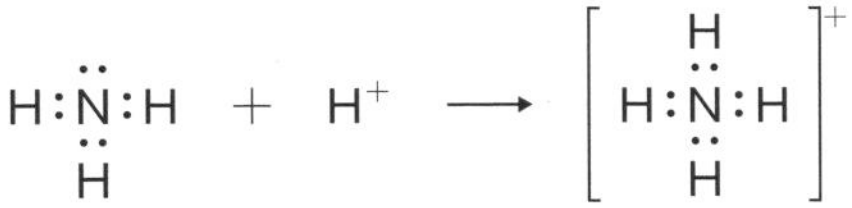

アンモニア　　水素イオン　　アンモニウムイオン

補足　H_3O^+やNH_4^+に含まれる配位結合は，できた後は他の共有結合とまったく同等で区別できない。

答

問 1　ア：塩化物イオン　　イ：配位　　ウ：オキソニウム

問 2　水溶液中で電離して水酸化物イオンを生じる物質。(23字)

問 3

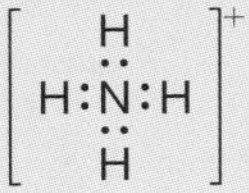

問題 028

☑ 1回目 　月　日
☑ 2回目 　月　日

酸・塩基の強弱

次の文章を読み，文中の［　］にあてはまる化学式を答えよ。

酸，塩基，塩などの電解質を水に溶かすと，電離（解離ともいう）してイオンを生じる。例えば弱酸である酢酸は，0.10 mol/Lになるように25℃の水に溶かすと，平衡状態では1.6％が電離して［ア］と［イ］になり，残りの98.4％は電離せずに［ウ］のままである。

（神戸大）

解説

Point 電離度

硫酸や酢酸などの酸や水酸化ナトリウムやアンモニアなどの塩基が，水溶液中でどの程度電離しているのかを表す場合，電離度（記号α）を使うことが多い。

$$\text{電離度}(\alpha)=\frac{\text{電離している酸（塩基）の物質量〔mol〕（またはモル濃度〔mol/L〕）}}{\text{溶けている酸（塩基）の物質量〔mol〕（またはモル濃度〔mol/L〕）}}$$

（注）αを100倍してパーセントで表すこともある。αは，濃度や温度により変化する。

電離度（α）が1に近い，つまり，ほとんどすべて電離している酸や塩基を強酸（きょう），強塩基といい，**電離度（α）が1よりもかなり小さい，つまり，あまり電離していない酸や塩基を**弱酸（じゃく），弱塩基という。

強酸である塩酸HClは，水溶液中で，そのほとんどが電離している。

$$HCl \longrightarrow H^+ + Cl^-$$

また，弱酸である酢酸CH_3COOHは，水溶液中では一部だけ電離して，酢酸イオン［CH_3COO^-］（ア）と水素イオン［H^+］（イ）となるとともに，逆向きの変化も起こる。これを両矢印$\rightleftarrows$で表す。

$$CH_3COOH \rightleftarrows CH_3COO^- + H^+$$

やがて，**両方向の変化がつり合い，止まってみえる。**これを平衡状態（へいこう）という。このとき，ほとんどは酢酸分子［CH_3COOH］（ウ）のままで存在している。

答 ア：CH_3COO^-　イ：H^+　ウ：CH_3COOH　（アとイは順不同）

問題 029

1回目 月 日
2回目 月 日

酸・塩基の価数

次の文中の[ ]にあてはまるもっとも適当な数字または語句を答えよ。

酸1分子中に含まれる水素原子のうち，水素イオンとして電離できるものの数を，その酸の価数という。例えば，塩酸や酢酸は1価の酸であり，硫酸は[ア]価の酸である。また塩基では，化学式に含まれる[イ]，または受けとることのできる[ウ]の数を，その塩基の価数という。

（大阪電気通信大）

解説

Point 酸の価数

酸1分子から電離できる水素イオンH^+の数を，その酸の価数（かすう）という。

例えば，塩化水素（えんかすいそ）HClや酢酸CH_3COOHは水溶液中で次のように電離する。

$$HCl \longrightarrow 1H^+ + Cl^-$$
$$CH_3COOH \rightleftarrows CH_3COO^- + 1H^+$$

それぞれ1価の酸となる。硫酸H_2SO_4は次のように二段階に電離し，

$$H_2SO_4 \longrightarrow 1H^+ + HSO_4^-$$
$$HSO_4^- \rightleftarrows 1H^+ + SO_4^{2-}$$

[2]（ア）価の酸となる。

Point 塩基の価数

塩基1分子または NaOH や$Ca(OH)_2$などの組成式に相当する粒子に含まれる[水酸化物イオン]（イ）OH^-の数，または受けとることのできる[水素イオン]（ウ）H^+の数を，その塩基の価数という。

アンモニアNH_3や水酸化ナトリウム NaOH は，それぞれ1価の塩基となる。

$$NH_3 + H_2O \rightleftarrows NH_4^+ + 1OH^- \quad (1H^+)$$
$$NaOH \longrightarrow Na^+ + 1OH^-$$

答 ア：2　イ：水酸化物イオン　ウ：水素イオン

問題 030

中和反応

☑ 1回目 　月　日
☑ 2回目 　月　日

次の(1)〜(5)の酸と塩基の中和反応を化学反応式で表せ。

(1) 塩酸と水酸化ナトリウム水溶液
(2) 塩酸と水酸化アルミニウム水溶液
(3) 塩酸とアンモニア水
(4) 硫酸と水酸化カリウム水溶液
(5) 硫酸と水酸化バリウム水溶液

（鹿児島純心女子大）

解説

(1) **塩化水素HClの水溶液**を**塩酸**(えんさん)という。塩化水素は，

$$HCl \longrightarrow H^+ + Cl^-$$

のように電離し，水酸化ナトリウムNaOHは，

$$NaOH \longrightarrow Na^+ + OH^-$$

のように電離している。塩酸と水酸化ナトリウムの水溶液を混合すると，塩(えん)（下のPoint参照）であるNaClと水を生じて，**酸の性質も塩基の性質も打ち消される**（中和(ちゅうわ)）。

2つの反応式を加えてまとめる!!

$$HCl \longrightarrow H^+ + Cl^-$$ ←電離する

$$+)\ NaOH \longrightarrow Na^+ + OH^-$$ ←電離する

$$HCl + NaOH \longrightarrow H^+ + Cl^- + Na^+ + OH^-$$

まとめてNaClとする　まとめてH_2Oにする

$$HCl + NaOH \longrightarrow NaCl + H_2O$$ 答

Point　中和反応と塩

中和反応：酸 ＋ 塩基 ⟶ 塩 ＋ 水

塩：酸から生じる陰イオンと塩基から生じる陽イオンからなる物質

(2) 一般に中和反応は，**酸のH^+と塩基のOH^-がすべてH_2Oとなるように書く。**

$$(HCl \longrightarrow H^+ + Cl^-) \times 3$$ ← H^+の数をOH^-の数とそろえるために3倍する!!

まとめよう!!

$$+)\ Al(OH)_3 \longrightarrow Al^{3+} + 3OH^-$$

$$3HCl + Al(OH)_3 \longrightarrow 3H^+ + 3Cl^- + Al^{3+} + 3OH^-$$

H^+やOH^-はすべてH_2Oにする

まとめて$AlCl_3$とする　$3H_2O$となる

$$3HCl + Al(OH)_3 \longrightarrow AlCl_3 + 3H_2O$$ 答

Point 中和反応の書き方

中和の反応式は，ふつう

酸の放出するH^+の数と塩基の放出するOH^-の数が等しくなる

ように書く。

(3)

$$HCl \longrightarrow H^+ + Cl^-$$

$$+)\quad NH_3 + H_2O \rightleftarrows NH_4^+ + OH^-$$

$$HCl + NH_3 + H_2O \longrightarrow H^+ + Cl^- + NH_4^+ + OH^-$$

$$HCl + NH_3 + H_2O \longrightarrow NH_4Cl + H_2O$$ 答

H_2Oは左辺と右辺にあるので消去する

Point

中和反応によっては，塩だけ生成して水が生成しないこともある。

(4)

$$H_2SO_4 \longrightarrow 2H^+ + SO_4^{2-}$$

$$+)\quad (KOH \longrightarrow K^+ + OH^-) \times 2$$

$$H_2SO_4 + 2KOH \longrightarrow K_2SO_4 + 2H_2O$$ 答

(5)

$$H_2SO_4 \longrightarrow 2H^+ + SO_4^{2-}$$

$$+)\quad Ba(OH)_2 \longrightarrow Ba^{2+} + 2OH^-$$

$$H_2SO_4 + Ba(OH)_2 \longrightarrow BaSO_4 + 2H_2O$$ 答

答

(1) $HCl + NaOH \longrightarrow NaCl + H_2O$

(2) $3HCl + Al(OH)_3 \longrightarrow AlCl_3 + 3H_2O$

(3) $HCl + NH_3 \longrightarrow NH_4Cl$

(4) $H_2SO_4 + 2KOH \longrightarrow K_2SO_4 + 2H_2O$

(5) $H_2SO_4 + Ba(OH)_2 \longrightarrow BaSO_4 + 2H_2O$

問題 031

中和滴定(1)

☑ 1回目 □月□日
☑ 2回目 □月□日

文中の□にあてはまるもっとも適当な数値を下の①～⑤から1つ選べ。

ある濃度の水酸化ナトリウム水溶液20.0mLを，0.10mol/Lの塩酸で中和滴定したところ12.0mLを要した。この水酸化ナトリウム水溶液のモル濃度は，□mol/Lである。

① 0.060　② 0.12　③ 0.24　④ 0.30　⑤ 0.60　(東洋大)

解説

Point 中和滴定の終点で成り立つ関係式

酸が放出したH^+〔mol〕 ＝ 塩基が放出したOH^-〔mol〕

NaOH水溶液をx〔mol/L〕とすると，20.0mL中のNaOHの物質量〔mol〕は，

$$\frac{x\text{〔mol〕}}{1\,\text{L}} \times \frac{20.0}{1000}\,\text{L}$$ ←mol/LにLをかけるとmolになる

となり，NaOHは1価の塩基であることから，滴定の終点までに放出されるOH^-の物質量〔mol〕は，

$$x \times \frac{20.0}{1000} \times 1 \quad \cdots(1)$$

NaOH〔mol〕　OH^-〔mol〕

←1NaOH ⟶ Na^+ ＋ 1 OH^- より NaOH 1molから放出されるOH^-は1molなので

また，0.10mol/L HCl水溶液12.0mL中のHClの物質量〔mol〕は，

$$\frac{0.10\,\text{mol}}{1\,\text{L}} \times \frac{12.0}{1000}\,\text{L}$$ ←mol/LにLをかけるとmolになる

となり，HClは1価の酸なので，滴定の終点までに放出されるH^+の物質量は，

$$0.10 \times \frac{12.0}{1000} \times 1 \quad \cdots(2)$$

HCl〔mol〕　H^+〔mol〕

←1HCl ⟶ 1H^+ ＋ Cl^- より HCl 1molから放出されるH^+は1molなので

となる。ここで，**Point**より(1)式＝(2)式が成り立つ。

よって，$x = 0.060$ mol/L

答 ①

問題 032

中和滴定(2)

1回目 月 日
2回目 月 日

次の(1)，(2)に答えよ。なお，数値は有効数字2桁で示せ。

(1) 0.20 mol/Lの酢酸水溶液10 mLを中和するのに必要な0.10 mol/Lの水酸化ナトリウム水溶液は何mLか。

(2) 0.30 mol/Lの硫酸1.0 Lを中和するのに必要な0.60 mol/Lのアンモニア水は何mLか。

(茨城大)

解説 (1) 必要なNaOH水溶液をV_1〔mL〕とする。

Point 酸・塩基の強弱と量的関係

酸や塩基の強弱は，中和する酸や塩基の量的関係には影響しない。

つまり，HCl(強酸)1 molはNaOH 1 molで，CH_3COOH(弱酸)1 molもNaOH 1 molで過不足なく中和できる。

Pointより次の関係式が成り立つ。

$$0.20 \times \frac{10}{1000} \times 1 = 0.10 \times \frac{V_1}{1000} \times 1$$

CH_3COOH〔mol〕　H^+〔mol〕　NaOH〔mol〕　OH^-〔mol〕

1価なので　1価なので

よって，$V_1 = 20$ mL

(2) 必要なNH_3水をV_2〔mL〕とすると，Pointより次の関係式が成り立つ。

$$0.30 \times 1.0 \times 2 = 0.60 \times \frac{V_2}{1000} \times 1$$

H_2SO_4〔mol〕　H^+〔mol〕　NH_3〔mol〕　OH^-〔mol〕

2価なので　1価なので

よって，$V_2 = 1.0 \times 10^3$ mL　←1000 mLとすると有効数字4桁になるので注意！

答 (1) 20 mL　(2) 1.0×10^3 mL

問題 033

滴定に関する器具

☑ 1回目 □月□日
☑ 2回目 □月□日

次の文章を読み，器具 X ， Y の組み合わせとしてもっとも適切なものを，下の①～⑤から1つ選べ。

酢酸水溶液10mLを器具 X を用いてとり，器具 Y に入れて正確に10倍に希釈した。この溶液を20mLとり，指示薬フェノールフタレインを1，2滴加えたのち，0.10mol/Lの水酸化ナトリウム標準溶液で滴定したところ，10mLで終点に達した。

	X	Y
①	ホールピペット	メスフラスコ
②	ホールピペット	三角フラスコ
③	ホールピペット	メスシリンダー
④	メスフラスコ	ホールピペット
⑤	メスフラスコ	三角フラスコ

（獨協医科大）

解説　中和滴定で用いるガラス器具の名前を覚えておくこと。

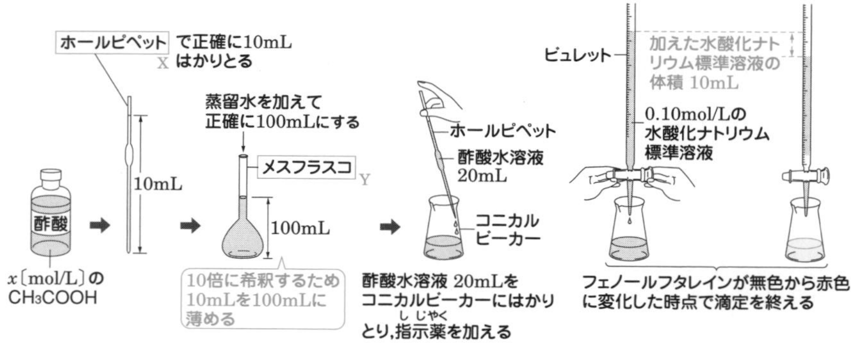

答　①

問題 034

滴定曲線と指示薬

1回目 月 日
2回目 月 日

図は，0.1mol/Lの酸に0.1mol/Lの塩基を加えたときの滴定曲線を示す。図に該当する酸－塩基と適する指示薬の組み合わせはどれか。次の㋐～㋕から1つ選べ。

㋐ HCl － NaOH，メチルオレンジ
㋑ HCl － NaOH，フェノールフタレイン
㋒ HCl － NH_3，メチルオレンジ
㋓ CH_3COOH － NH_3，メチルオレンジ
㋔ CH_3COOH － NaOH，メチルオレンジ
㋕ CH_3COOH － NaOH，フェノールフタレイン

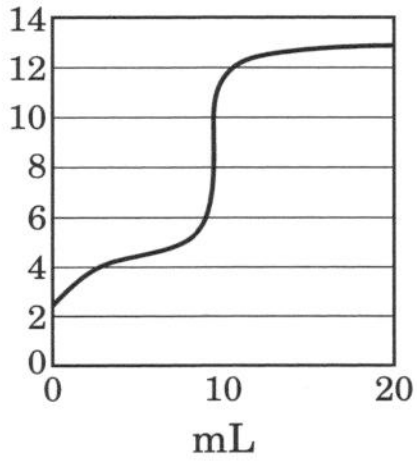

（東北学院大）

解説

Point 滴定曲線の形

(1) 0.1mol/Lの酸10mLに0.1mol/LのNaOHを滴下したとき

(2) 0.1mol/Lの塩基10mLに0.1mol/LのHClを滴下したとき

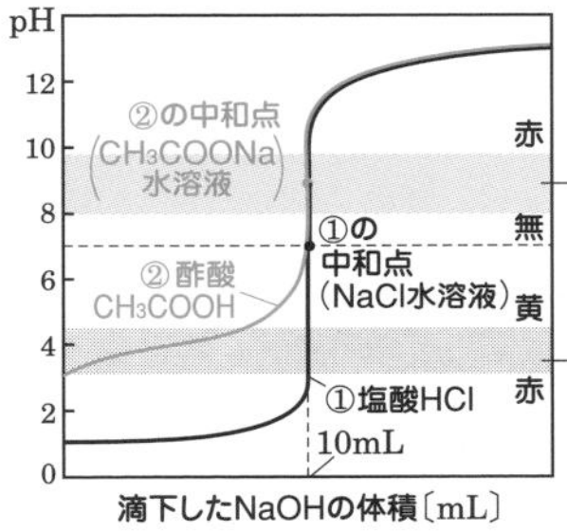

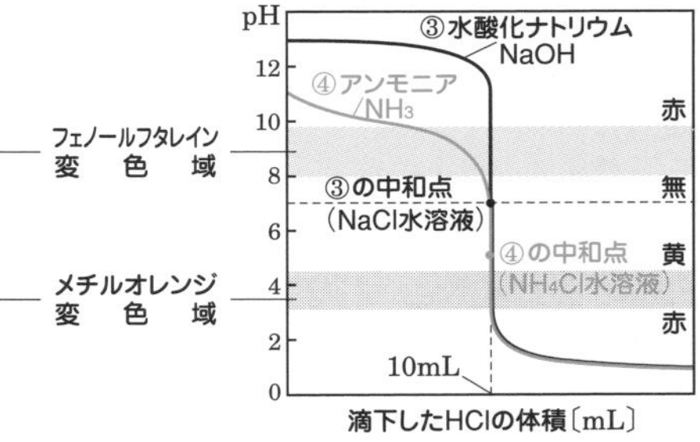

〈指示薬について〉

①と③では，メチルオレンジとフェノールフタレインが使用できる。

②ではフェノールフタレイン，④ではメチルオレンジが使用できる。

Pointから，CH_3COOH（弱酸）にNaOH（強塩基）を加えたときの滴定曲線である。指示薬はフェノールフタレインを用いる。

答 ㋕

問題 035

塩の分類とその液性

☑ 1回目 □月□日
☑ 2回目 □月□日

次の文中の□にあてはまる語句を下の①～⑪から1つずつ選べ。ただし，同じものを複数回選んでもよい。

硫酸と水酸化ナトリウム水溶液を混ぜると，次式のように反応する。

$$H_2SO_4 + NaOH \longrightarrow NaHSO_4 + H_2O \quad \cdots(1)$$

$$H_2SO_4 + 2NaOH \longrightarrow Na_2SO_4 + 2H_2O \quad \cdots(2)$$

(1)式や(2)式の反応で得られる塩を見ると，酸の水素イオンの一部を他の［ア］で置き換えた［イ］と，すべてを置き換えた［ウ］がある。

塩の水溶液は中性とは限らず，酸性あるいは塩基性を示す塩もある。酢酸と水酸化ナトリウムの中和によって生じる塩の水溶液は［エ］を示し，塩酸とアンモニア水の中和によって生じる塩の水溶液は［オ］を示す。また，硫酸水素ナトリウムと炭酸水素ナトリウムはいずれも［カ］であるが，前者の水溶液は［キ］を，後者の水溶液は［ク］を示す。

① 陰イオン	② 塩基性	③ 塩基性塩	④ 酸性
⑤ 酸性塩	⑥ 水酸化物イオン	⑦ 水素イオン	⑧ 正塩
⑨ 中性	⑩ 陽イオン	⑪ 硫酸イオン	

（大阪電気通信大）

解説

塩には，酸のH^+の一部を他の［陽イオン］(ア)で置き換えた［酸性塩(さんせいえん)］(イ)，塩基のOH^-の一部を他の陰イオンで置き換えた塩基性塩(えんきせいえん)，酸のH^+のすべてを他の陽イオンで置き換えた［正塩(せいえん)］(ウ)がある。

$$H_2SO_4 \xrightarrow{H^+ を1つ Na^+ に置き換える} NaHSO_4$$
（酸性塩）

$$Cu(OH)_2 \xrightarrow{OH^- を1つ Cl^- に置き換える} CuCl(OH)$$
（塩基性塩）

$$H_2SO_4 \xrightarrow{H^+ のすべてを Na^+ に置き換える} Na_2SO_4$$
（正塩）

Point 酸性塩・塩基性塩・正塩の分類

酸性塩	酸のHが残っている塩	例 $NaHSO_4$, $NaHCO_3$
塩基性塩	塩基のOHが残っている塩	例 $CuCl(OH)$
正塩	酸のH，塩基のOHが残っていない塩	例 $NaCl$, NH_4Cl

塩の水溶液は，中性とは限らず，酸性や塩基性を示すこともある。

Point　塩の水溶液の性質

塩の水溶液の性質は，正塩と酸性塩が出題される。

正塩 ➡「強いものが勝つ!!」
酸性塩 ➡ $NaHSO_4$が酸性／$NaHCO_3$が塩基性

と覚えておこう。

弱酸である酢酸と強塩基である水酸化ナトリウムの中和

$$CH_3COOH + NaOH \longrightarrow CH_3COONa + H_2O$$

によって生じるCH_3COONaは正塩であり，上のPointより，

CH_3COONa ➡ 正塩 ➡ 弱酸 ＋ ㊥強塩基（強いものが勝つ!!）

塩基が勝つので，その水溶液は［塩基性］（エ）になる

［補足　塩基性を示すのは酢酸イオンの一部がH_2OからH^+を受けとるからである。

$$CH_3COO^- + H_2O \rightleftarrows CH_3COOH + OH^-$$
］

強酸である塩酸と弱塩基であるアンモニアの中和

$$HCl + NH_3 \longrightarrow NH_4Cl$$

によって生じるNH_4Clも正塩であり，上のPointより，

NH_4Cl ➡ 正塩 ➡ 強酸 ＋ 弱塩基（強いものが勝つ!!）

酸が勝つので，その水溶液は［酸性］（オ）になる

［補足　酸性を示すのはアンモニウムイオンの一部がH_2OにH^+を与えるからである。

$$NH_4^+ + H_2O \rightleftarrows NH_3 + H_3O^+$$
］

ちなみに，強酸であるH_2SO_4と強塩基である$NaOH$の中和によって生じるNa_2SO_4は，

Na_2SO_4 ➡ 正塩 ➡ 強酸 ＋ 強塩基（強いものが勝つ!!）

強いものどうしなので「引き分け」と考え，その水溶液は中性になる

また，硫酸水素ナトリウム$NaHSO_4$と炭酸水素ナトリウム$NaHCO_3$はいずれも［酸性塩］（カ）であり，それぞれの水溶液は上のPointより，

$NaHSO_4$は［酸性］（キ）を，$NaHCO_3$は［塩基性］（ク）を示す。

答　ア：⑩　イ：⑤　ウ：⑧　エ：②　オ：④　カ：⑤　キ：④　ク：②

第4章 酸化還元

問題036 酸化と還元の定義

☑ 1回目 □月□日
☑ 2回目 □月□日

次の文章を読み，文中の□に適切な語句を①～⑤から1つずつ選べ。

酸化・還元反応は，[1]の授受によって定義することができる。この場合，物質が[1]を[2]ときその物質は酸化されたといい，物質が[1]を[3]ときその物質は還元されたという。この定義は，酸素も水素も関与しない反応にまでさらに拡張して用いることができる。

① 原子　② 分子　③ 電子　④ 得る　⑤ 失う

（拓殖大）

解説

酸化・還元は，酸素や水素のやりとりだけでなく，[電子]₁ e^- の授受で定義することができる。**電子を[失う]₂変化**を酸化，**電子を[得る]₃変化**を還元という。

例 銅が塩素中で反応する。

$$Cu + Cl_2 \longrightarrow CuCl_2$$

（Cu^{2+}とCl^-がイオン結合している）

⬇ 分けて考える

$$Cu \longrightarrow Cu^{2+} + 2e^- \quad (Cuが酸化された)$$

Cuはe^-を失った

$$Cl_2 + 2e^- \longrightarrow 2Cl^- \quad (Cl_2が還元された)$$

Cl_2はe^-を得た

Point

	酸素	水素	電子
酸化(される)	受けとる	失う	失う
還元(される)	失う	受けとる	受けとる

答 1：③　2：⑤　3：④

問題 037

酸化数

☑ 1回目 月 日
☑ 2回目 月 日

次の化合物またはイオンのうち，下線の原子の酸化数がもっとも大きなものは①～⑤のうちのどれか。

① <u>Fe</u>O(OH)　② <u>Al</u>$_2$O$_3$　③ <u>N</u>O$_2$　④ <u>Mn</u>O$_4$$^-$　⑤ <u>S</u>O$_4$$^{2-}$

（東京電機大）

解説

酸化の程度を表す酸化数（さんかすう）は，次の規則を使って求める。

Ⓐ 単体をつくっている原子の酸化数は0とする。

例 H_2 (0)　Cu (0)　S (0)

Ⓑ 化合物中のHの酸化数は＋1，Oの酸化数は－2とする。

例 H_2O (H: +1, O: −2)　Al_2O_3 (O: −2)　NO_2 (O: −2)　（**例外**　水素化ナトリウム NaH (H: −1)，過酸化水素 H_2O_2 (O: −1)）

Ⓒ 化合物をつくっている原子の酸化数の合計は0とする。

① FeO(OH)（Fe を x とする） ➡ $\underset{Fe}{x}+(\underset{O}{-2})+\{(\underset{O}{-2})+(\underset{H}{+1})\}=0$　$x=+3$

② Al$_②$O$_③$（Al を x） ➡ $\underset{Al}{x}\times②+(\underset{O}{-2})\times③=0$　$x=+3$

③ NO$_②$（N を x） ➡ $\underset{N}{x}+(\underset{O}{-2})\times②=0$　$x=+4$

Ⓒより合計は0となる

Ⓓ 単原子イオンの酸化数は，イオンの電荷と同じになる。

例 Al^{3+} (+3)　Cl^- (−1)

Ⓔ 多原子イオンをつくっている原子の酸化数の合計は，イオンの電荷と同じになる。

④ MnO$_4$^{㊀}（Mn を x） ➡ $\underset{Mn}{x}+(\underset{O}{-2})\times4=-1$　$x=+7$ ←酸化数が最大　答

⑤ SO$_4$$^{2-}$（S を x） ➡ $\underset{S}{x}+(\underset{O}{-2})\times4=-2$　$x=+6$

Ⓔより合計はイオンの電荷と同じになる

答　④

第4章 酸化還元

問題 038

1回目 □月□日
2回目 □月□日

酸化還元の反応式

希硫酸を含むシュウ酸$(COOH)_2$水溶液に過マンガン酸カリウム水溶液を加えてシュウ酸を酸化した。(i)式と(ii)式の□に係数を入れて，化学反応式を完成せよ。

$MnO_4^- + \boxed{a}H^+ + \boxed{b}e^- \longrightarrow Mn^{2+} + \boxed{c}H_2O$ …(i)

$(COOH)_2 \longrightarrow \boxed{d}CO_2 + \boxed{e}H^+ + \boxed{f}e^-$ …(ii)

(岡山理科大)

解説 〈酸化剤(ざい)や還元剤のはたらきを示す反応式のつくり方の例〉

手順1 酸化剤，還元剤が何に変化するかを書く。

酸化剤：$MnO_4^- \longrightarrow Mn^{2+}$

還元剤：$(COOH)_2 \longrightarrow 2CO_2$

変化先は暗記する!!

手順2 両辺のOの数が等しくなるようにH_2Oを加える。

$MnO_4^- \longrightarrow Mn^{2+} + 4H_2O$

左辺にOが4個あるので，右辺はH_2O 4個でそろえる

$(COOH)_2 \longrightarrow 2CO_2$

Oが4個　　Oが2×2＝4個

左辺と右辺のOの数が4個ずつなのでH_2Oは加えない

手順3 両辺のHの数が等しくなるようにH^+を加える。

$MnO_4^- + 8H^+ \longrightarrow Mn^{2+} + 4H_2O$

右辺にHが4×2＝8個あるので，左辺はH^+ 8個でそろえる

$(COOH)_2 \longrightarrow 2CO_2 + 2H^+$

左辺にHが2個あるので，右辺はH^+ 2個でそろえる

手順4 両辺の電荷が等しくなるようにe^-を加える。

$MnO_4^- + 8H^+ + 5e^- \longrightarrow Mn^{2+} + 4H_2O$ …(i)

左辺の電荷の合計は，(−1)＋8×(＋1)＝＋7

右辺の電荷の合計は，(＋2)＋4×0＝＋2

−5を$5e^-$で表す

左辺の電荷と右辺の電荷をそろえるためには，
(＋7)−5＝(＋2)より−5が必要

$(COOH)_2 \longrightarrow 2CO_2 + 2H^+ + 2e^-$ …(ii)

左辺の電荷の合計は，0

右辺の電荷の合計は，2×0＋2×(＋1)＝＋2

−2を$2e^-$で表す

0＝(＋2)−2より
（0：左辺，(＋2)：右辺）

Point 酸化剤や還元剤の変化先（次のものは覚えよう）

酸化剤 $MnO_4^- \longrightarrow Mn^{2+}$，$Cr_2O_7^{2-} \longrightarrow 2Cr^{3+}$，$MnO_2 \longrightarrow Mn^{2+}$

還元剤 $H_2S \longrightarrow S$，　$(COOH)_2 \longrightarrow 2CO_2$

↑ $(COOH)_2$は，$H_2C_2O_4$ともかく

（注）　H_2O_2やSO_2は反応する相手によって，酸化剤としてはたらくことも，還元剤としてはたらくこともある。

$H_2O_2 \to H_2O$，　$SO_2 \to S$　⇒ 酸化剤としてはたらくとき

$H_2O_2 \to O_2$，　$SO_2 \to SO_4^{2-}$　⇒ 還元剤としてはたらくとき

〈化学反応式のつくり方〉

手順5 **手順4**の(i)式と(ii)式のe^-の数を等しくするために，それぞれの反応式を何倍かして，辺々を加えてe^-を消去する。

2つの式を$10e^-$でそろえる

$$2\times(MnO_4^- + 8H^+ + 5e^- \longrightarrow Mn^{2+} + 4H_2O)$$

$$+)\ 5\times((COOH)_2 \longrightarrow 2CO_2 + 2H^+ + 2e^-)$$

$$2MnO_4^- + \cancel{16H^+} + \cancel{10e^-} + 5(COOH)_2 \longrightarrow 2Mn^{2+} + 8H_2O + 10CO_2 + \cancel{10H^+} + \cancel{10e^-}$$

（$16H^+$ → $6H^+$）

e^-の数はそろえたので消去できる

H^+は左辺に6個余る

$$2MnO_4^- + 6H^+ + 5(COOH)_2 \longrightarrow 2Mn^{2+} + 8H_2O + 10CO_2$$

手順6 両辺に対となる陽イオン・陰イオンを加える。

過マンガン酸カリウムの化学式は$KMnO_4$なので，MnO_4^- 2個にK^+ 2個，硫酸H_2SO_4で酸性にしているのでH^+ 2個に対してSO_4^{2-} 1個を両辺にそれぞれ加える。

$$2MnO_4^- + 6H^+ + 5(COOH)_2 \longrightarrow 2Mn^{2+} + 8H_2O + 10CO_2$$

$$+)\quad 2K^+ \quad 3SO_4^{2-} \qquad\qquad 2K^+ \quad 3SO_4^{2-}$$

$$2KMnO_4 + 3H_2SO_4 + 5(COOH)_2 \longrightarrow 2MnSO_4 + K_2SO_4 + 8H_2O + 10CO_2$$

答

a：8　b：5　c：4　d：2　e：2　f：2

$$2KMnO_4 + 3H_2SO_4 + 5(COOH)_2 \longrightarrow 2MnSO_4 + K_2SO_4 + 8H_2O + 10CO_2$$

問題 039

酸化還元滴定

☑ 1回目 　月　日
☑ 2回目 　月　日

次の文章を読み，文中の□に適切な数値を①～⑥から1つ選べ。

過酸化水素の水溶液に，硫酸酸性の過マンガン酸カリウムの水溶液を加えて反応させた。この反応は次の化学反応式で表される。

$$2KMnO_4 + 3H_2SO_4 + 5H_2O_2 \longrightarrow K_2SO_4 + 2MnSO_4 + 5O_2 + 8H_2O$$

濃度のわからない過酸化水素水20.0mLに少量の希硫酸を加えた溶液に，0.040mol/Lの過マンガン酸カリウム水溶液を滴下した。水溶液が微赤色となり，消えなくなったときの滴下量は20.0mLであった。このときの過酸化水素水の濃度は□mol/Lである。

① 0.010　② 0.020　③ 0.040　④ 0.10　⑤ 0.20
⑥ 0.40

（東洋大）

解説

過酸化水素水（かさんかすいそすい）の濃度をx〔mol/L〕とすると，過酸化水素水20.0mL中のH_2O_2の物質量は，

$$\frac{x\text{〔mol〕}}{1\,\text{L}} \times \frac{20.0}{1000}\,\text{L}$$ ←mol/LにLをかけるとmolになる

0.040mol/Lの過マンガン酸カリウム水溶液20.0mL中の$KMnO_4$の物質量は，

$$\frac{0.040\,\text{mol}}{1\,\text{L}} \times \frac{20.0}{1000}\,\text{L}$$ ← $\frac{\text{mol}}{\text{L}} \times \text{L} = \text{mol}$

反応式の係数からH_2O_2 5molと$KMnO_4$ 2molが過不足なく反応するので，次の式が成り立つ。

$$\underbrace{5\,\text{mol}}_{H_2O_2\text{〔mol〕}} : \underbrace{2\,\text{mol}}_{KMnO_4\text{〔mol〕}} = \underbrace{x \times \frac{20.0}{1000}\,\text{mol}}_{H_2O_2\text{〔mol〕}} : \underbrace{0.040 \times \frac{20.0}{1000}\,\text{mol}}_{KMnO_4\text{〔mol〕}}$$

よって，$x = 0.10$mol/L

Point　$KMnO_4$を用いた滴定

- MnO_4^-の水溶液は赤紫（あかむらさき）色，Mn^{2+}の水溶液はほぼ無色（むしょく）。
- $KMnO_4$を使った滴定では，
  酸化剤であるMnO_4^-の赤紫色が消えなくなる点を終点とする。

答 ④

問題 040

1回目 月 日
2回目 月 日

金属のイオン化傾向

イオン化傾向を示す次図を参考にして，下の記述①～④から誤りを含むものを1つ選べ。

Li	K	Ca	Na	Mg	Al	Zn	Fe	Ni	Sn	Pb	(H_2)	Cu	Hg	Ag	Pt	Au

大 ← イオン化傾向 → 小

① Liから Naまでの金属は，すべて常温の水と反応する。

② Liから Snまでの金属は，すべて希硫酸と反応する。

③ Cuから Auまでの金属は，いずれも濃硝酸と反応しない。

④ Cuから Auまでの金属は，すべて王水と反応する。

解説

金属の単体が水溶液中で陽イオンになる性質をイオン化傾向（かけいこう）という。

大 ← イオン化傾向 → 小

リッチです	カソウ	カ	ナ	マ	ア	ア	テ	ニ	スン	ナ	ヒ	ド	ス	ギる	借	金
Li	K	Ca	Na	Mg	Al	Zn	Fe	Ni	Sn	Pb	(H_2)	Cu	Hg	Ag	Pt	Au

Li～Na：常温の水と反応してH_2発生

Mg：熱水と反応してH_2発生

Al～Fe：高温の水蒸気と反応してH_2発生

Li～Pb：希硫酸や塩酸に溶けてH_2発生
（注）Pbはその表面を$PbSO_4$や$PbCl_2$が覆って（おお）しまうためにほとんど反応しない

Li～Ag：熱濃硫酸・濃硝酸・希硝酸に溶けてSO_2, NO_2, NOを発生
（注）Fe, Ni, Al（テ ニ アル）は濃硝酸とはその表面にち密な酸化被膜（ひまく）をつくり（不動態（ふどうたい））ほとんど反応しない

Li～Au：王水（おうすい）（濃硝酸と濃塩酸の体積比1:3の混合物）に溶ける

Point イオン化傾向が大きい金属ほど酸化されやすい。

よって，①，②，④は正しい。Cu，Hg，Agは濃硝酸で酸化される。③が誤り。

答 ③

化学編

第5章　物質の状態

問題 041

☑ 1回目 □月□日
☑ 2回目 □月□日

分子間ではたらく引力

右図は14族，16族，17族元素の水素化合物の沸点と分子量の関係を示したものである。次の(1)，(2)に答えよ。

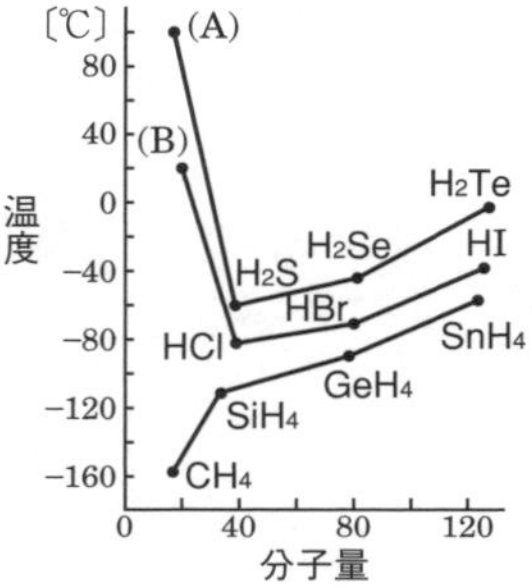

(1)　化合物A，Bの化学式を記せ。

(2)　次の文章を読み，文中の□にあてはまる語句を記せ。

一般に，単原子分子や構造の似た分子では分子量が大きくなると沸点が高くなる。それは分子間にはたらく［a］が大きくなるからである。それに対し，化合物A，Bは各族の水素化合物の中でもっとも分子量が小さいにもかかわらず，沸点がもっとも高い。これはこれらの分子が分子間で［b］を形成しているためである。

（金沢医科大）

解説　(1)　化合物Aは，16族の水素化合物でもっとも分子量が小さいので，水H_2Oである。化合物Bは，17族の水素化合物でもっとも分子量が小さいので，フッ化水素HFである。

(2)　**すべての分子間ではたらく引力**をファンデルワールス力(りょく)という。

ファンデルワールス力は分子構造が似た物質では，一般に分子量が大きいほど強くなる。

分子間の引力が強い物質は，分子どうしの間を引き離して液体から気体にするのに大きなエネルギーが必要なので，沸点(ふってん)が高い。

Point　ファンデルワールス力と沸点の関係

一般に，分子構造の似た分子性の物質は，分子量が大きいほど［ファンデルワールス力］(a)が強くなり，沸点が高い。

例　$CH_4 < SiH_4 < GeH_4 < SnH_4$

分子量⇒16　32　77　123

HF，H_2O，アンモニアNH_3は分子量が小さいわりに沸点が高い。これは，
分子量⇒20　18　17
これらの分子ではファンデルワールス力より強い分子間力がはたらいているためである。

電気陰性度の大きなF，O，NがHと共有結合すると，共有電子対を強く
電気陰性度⇒4.0　3.4　3.0　2.2
引きつけて負電荷を帯びる。

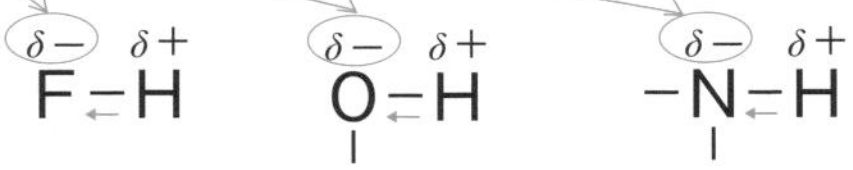

正電荷を帯びたHは隣接した分子のF，O，Nの非共有電子対を強く引きつけるので，HF，H_2O，NH_3には強い分子間力がはたらく。

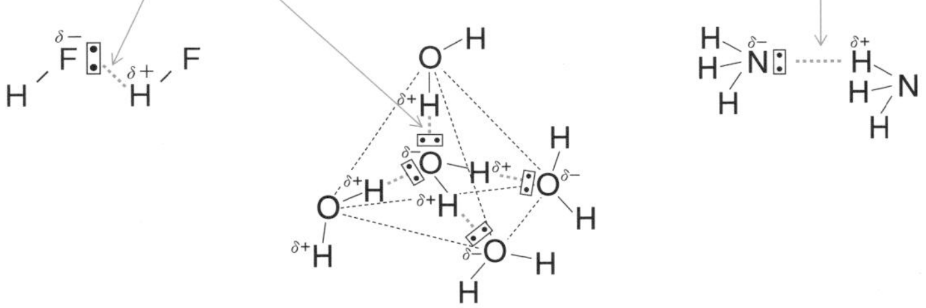

このような引力を**水素結合**とよぶ。

Point　**水素結合と沸点**

フッ化水素HF，水H_2O，アンモニアNH_3は，分子量が小さいが，分子間で［水素結合］b を形成するので，沸点が高い。

答

(1)　化合物A：H_2O　　化合物B：HF

(2)　a：ファンデルワールス力　　b：水素結合

問題 042

1回目 月 日
2回目 月 日

熱量と状態変化

外圧1.013×10^5Pa(1atm)のもとで，0℃の氷9.0gを加熱してすべて100℃の水蒸気にするとき，この状態変化では全部で27kJの熱量を吸収する。このうち，蒸発するときに吸収される熱量は何kJか。整数値で答えよ。ただし，水の分子量は18，氷の0℃での融解熱は6.0kJ/mol，水1gを1K上げるのに必要な熱量を4.2J/(g·K)とする。なお，水は100℃ですべて水蒸気になるものとする。

(東海大)

解説

1つの物質には，**固体，液体，気体の3つの状態**(三態(さんたい))がある。状態が変化すると，構成粒子が集まったり離れたりするため，熱が出入りする。

Point　物質の三態と熱の出入り

蒸発熱(じょうはつねつ)〔kJ/mol〕	物質1molが蒸発(液→気)するときに吸収する熱量
凝縮熱(ぎょうしゅくねつ)〔kJ/mol〕	物質1molが凝縮(気→液)するときに放出する熱量
融解熱(ゆうかいねつ)〔kJ/mol〕	物質1molが融解(固→液)するときに吸収する熱量
凝固熱(ぎょうこねつ)〔kJ/mol〕	物質1molが凝固(液→固)するときに放出する熱量
昇華熱(しょうかねつ)〔kJ/mol〕	物質1molが昇華(固→気)するときに吸収する熱量

(蒸発熱は蒸発エンタルピー，凝縮熱は凝縮エンタルピー，融解熱は融解エンタルピー，凝固熱は凝固エンタルピーとよぶこともある。)

日常生活では，水の凝固点(融点)を0℃，水の沸点を100℃として決められたセルシウス温度t〔℃〕を使っている。温度には，−273℃より低い温度が存在しない。この下限の−273℃を絶対零度といい，この絶対零度を原点とした温度は絶対温度T〔K〕という。絶対温度T〔K〕とセルシウス温度t〔℃〕には，$T=273+t$の関係がある。よって，0℃は273+0=273K，100℃は273+100=373Kになる。

例えば，1.013×10^5 Pa（1 atm）のもとで，氷（固）を加熱すると，融点である0℃で氷はとけて水（液）になりはじめる。このとき，氷が水に変化している間は，温度は0℃に保たれる。これは，加えた熱量が融解に利用されているからである。

また，水（液）は沸点である100℃で，液体の内部からも水蒸気が生じる。これを沸騰という。水が沸騰している間は100℃に保たれる。これは，加えた熱量が蒸発に利用されているからである。

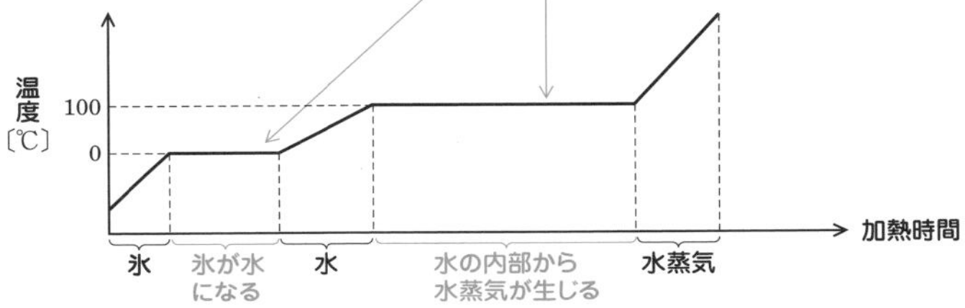

本問のH_2Oの物質量は，$\frac{9.0\text{ g}}{18\text{ g/mol}} = 0.50$ mol である。0℃のH_2O（固）0.50 molを100℃のH_2O（気）にするときに吸収する熱量の内訳は次のようになる。

変化	必要な熱量
0℃㊍ ➡ 0℃㊋ 融解	$6.0\text{ kJ/mol} \times 0.50\text{ mol} = 3.0\text{ kJ}$
0℃㊋ ➡ 100℃㊋ 水の温度上昇	$4.2\text{ J/(g·K)} \times 9.0\text{ g} \times (100-0)\text{ K} = 3780\text{ J}$
100℃㊋ ➡ 100℃㊌ 蒸発	求める量であり，Q〔kJ〕とする

0℃（273 K），100℃（373 K）の温度の差は，
100℃ − 0℃ = 100℃
373 K − 273 K = 100 K
のように，同じ数値になる。

全部で27 kJの熱量を吸収したので，単位を「kJ」でそろえると次式が成立する。

$$3.0\text{ kJ} + 3780\text{ J} \times \frac{1\text{ kJ}}{1000\text{ J}} + Q\text{〔kJ〕} = 27\text{ kJ}$$

1000 J = 1 kJ である

よって，$Q = 20.22$ kJ

答 20 kJ

第5章 物質の状態

問題 043 理想気体の状態方程式(1)

1回目 月 日
2回目 月 日

ある純物質0.46gを400K，2.02×10^5Paですべて蒸発させたところ，150 mLの体積を示した。この物質の分子量を整数で求めよ。気体は理想気体とし，気体定数Rは8.3×10^3Pa・L/(K・mol)とする。

（国士舘大）

解説

液体が蒸発して気体になっても質量は変わらない。

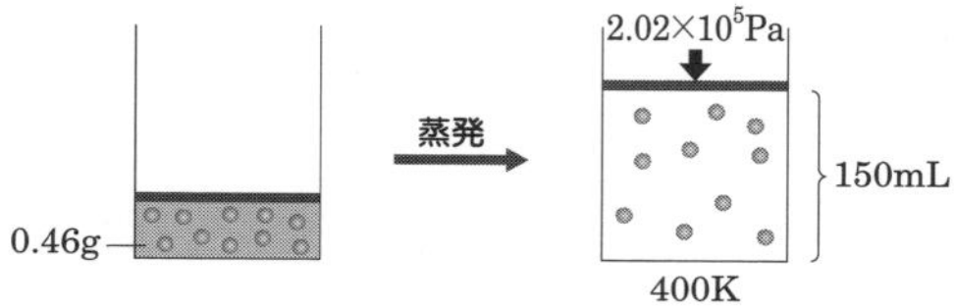

Point 理想気体の状態方程式

圧力P，絶対温度(ぜったいおんど)T，体積V，物質量nの理想気体(りそうきたい)(p.78参照)は，次のような関係式が成立する。これを理想気体の状態方程式(じょうたいほうていしき)という。

（絶対温度：t〔℃〕$+273=T$〔K(ケルビン)〕である）

$$PV=nRT \quad (R：気体定数)$$

そこで，この物質の物質量をn〔mol〕とすると，

（150mLの単位をLに）

$$n=\frac{PV}{RT}=\frac{2.02\times10^5\,\text{Pa}\times(150\times10^{-3})\,\text{L}}{8.3\times10^3\,\frac{\text{Pa}\cdot\text{L}}{\text{K}\cdot\text{mol}}\times400\,\text{K}}\fallingdotseq 9.12\times10^{-3}\,\text{mol}$$

物質が蒸発しても分子数は変化しないので，n〔mol〕が0.46gに相当する。分子量をMとすると，そのモル質量はM〔g/mol〕なので，

$$M=\frac{0.46\,\text{g}}{9.12\times10^{-3}\,\text{mol}}=50.4\cdots\fallingdotseq50$$

答 50

問題 044

理想気体の状態方程式(2)

1回目 □月□日
2回目 □月□日

理想気体について，xとyの関係をもっとも適切に表しているグラフはどれか。(1)と(2)について，ⓐ〜ⓔから1つ選べ。

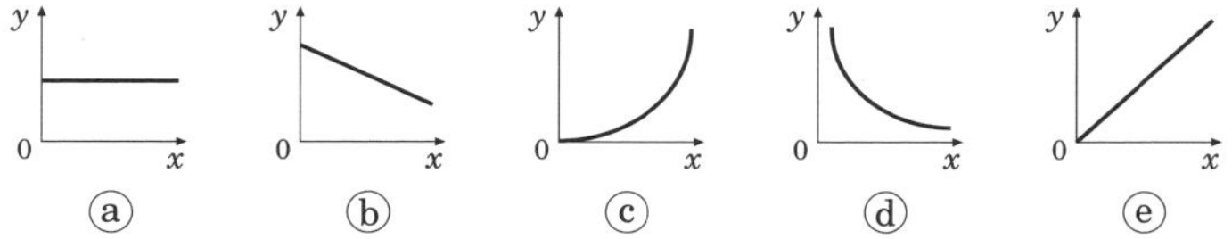

(1) 温度と物質量が一定のとき，圧力xと体積yの関係

(2) 圧力と物質量が一定のとき，絶対温度xと体積yの関係　（東京薬科大）

解説　ボイルの法則，シャルルの法則，アボガドロの法則と理想気体の状態方程式の関係は，次のPointのようになる。

Point　理想気体の状態方程式と古典的な法則との関係

$PV = nRT$

- n，T一定 → $PV = nRT$ ＝一定　（ボイルの法則）
- n，P一定 → $\dfrac{V}{T} = \dfrac{nR}{P}$ ＝一定　（シャルルの法則）
- P，T一定 → $\dfrac{V}{n} = \dfrac{RT}{P}$ ＝一定　（アボガドロの法則）

(1) $PV = nRT$でnとTが一定なので，PV＝一定 である。$P = x$，$V = y$なので，

$xy = k_1$（k_1：定数）　となる。

よって，$y = \dfrac{k_1}{x}$　➡　ⓓの双曲線に相当する

(2) $PV = nRT$でPとnが一定なので，$\dfrac{V}{T} = \dfrac{nR}{P}$＝一定 である。$V = y$，$T = x$なので，

$\dfrac{y}{x} = k_2$（k_2：定数）　となる。

よって，$y = k_2 x$　➡　ⓔの直線に相当する

答　(1) ⓓ　(2) ⓔ

第5章 物質の状態

問題 045 理想気体の状態方程式(3)

1回目 □月□日
2回目 □月□日

右図で，容器の容積は，容器Ⅰが1.0L，容器Ⅱが3.0Lである。この装置を用いて次のような実験を行った。下の(1)，(2)に答えよ。ただし，気体は理想気体とする。

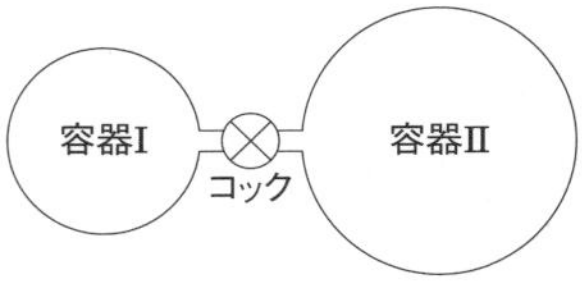

[実験1] 27℃において，コックは閉じた状態で，容器Ⅰに気体Aを2.0×10^5 Pa，容器Ⅱに気体Bを1.0×10^5 Paになるように封入した。

[実験2] **[実験1]**に続いて，コックを開けてしばらく放置した。

(1) **[実験1]**において，容器Ⅰの気体Aと容器Ⅱの気体Bの物質量の比を整数の比で記せ。連結部の体積は無視できるものとする。

(2) **[実験2]**において，容器Ⅰと容器Ⅱ全体の圧力は何Paになるか。有効数字2桁で求めよ。ただし，気体Aと気体Bは反応しないものとする。

（新潟薬科大）

解説

(1) 気体A，気体Bそれぞれの物質量をn_A，n_Bとすると，理想気体の状態方程式($PV = nRT$)より，$n = \dfrac{PV}{RT}$なので，

$$n_A : n_B = \frac{2.0 \times 10^5 \times 1.0}{R \times (27 + 273)} : \frac{1.0 \times 10^5 \times 3.0}{R \times (27 + 273)} = 2 : 3$$

となる。

(2)

Point 気体は容器全体に拡散(かくさん)し，容器内の圧力は一定となる。

[実験2]で，気体Aと気体Bは容積$1.0 + 3.0 = 4.0$〔L〕の容器全体に拡散し，圧力がP〔Pa〕になったとする。理想気体の状態方程式より，

$$P = \frac{nRT}{V} = \frac{(n_A + n_B) \times R \times (27 + 273)}{4.0}$$

$$= \frac{\left(\dfrac{2.0 \times 10^5 \times 1.0}{R \times (27 + 273)} + \dfrac{1.0 \times 10^5 \times 3.0}{R \times (27 + 273)}\right) \times R \times (27 + 273)}{4.0}$$

$$= 1.\overset{3}{25} \times 10^5 \text{ Pa}$$

答 (1) 2：3　(2) 1.3×10^5 Pa

問題 046

1回目 月 日
2回目 月 日

混合気体と分圧

一定温度T，一定体積V_cの容器に気体1と気体2が入っている。気体1の物質量をn_1，分圧をP_1，気体2の物質量をn_2，分圧をP_2とする。各成分気体の物質量が混合気体全体の物質量に対してどれだけの割合であるか(モル分率)をx_1，x_2で表すと次式になる。下の(1)，(2)に答えよ。

$$x_1 = \frac{n_1}{n_1 + n_2} \qquad x_2 = \frac{n_2}{n_1 + n_2}$$

(1) n_1，n_2をそれぞれP_1，P_2を使った式で表せ。

(2) P_1をx_1と全圧P_tだけを使った式で表せ。 (東京女子大)

解説 **体積V，温度Tが一定で，成分気体単独で示す圧力**を**分圧**(ぶんあつ)という。

(1) 理想気体の状態方程式より，

$$\begin{cases} (気体1) \quad P_1 V_c = n_1 R T & \cdots ① \\ (気体2) \quad P_2 V_c = n_2 R T & \cdots ② \end{cases}$$

よって，$n_1 = \dfrac{P_1 V_c}{RT}$，$n_2 = \dfrac{P_2 V_c}{RT}$ となる。

(2) 混合気体全体では，理想気体の状態方程式より，

$$P_t V_c = (n_1 + n_2) RT \quad \cdots ③$$

①式より，$V_c = \dfrac{n_1 RT}{P_1}$ であり，これを③式に代入すると，

$$P_t \times \frac{n_1 RT}{P_1} = (n_1 + n_2) RT$$

よって，$P_1 = \dfrac{n_1}{n_1 + n_2} P_t = x_1 P_t$

また，①式，②式，③式より，$P_t = P_1 + P_2$ が成立する。

Point 混合気体の分圧

❶ 分圧 ＝ 全圧 × モル分率

❷ 全圧 ＝ 成分気体の分圧の和

答 (1) $n_1 = \dfrac{P_1 V_c}{RT}$，$n_2 = \dfrac{P_2 V_c}{RT}$ (2) $P_1 = x_1 P_t$

第5章 物質の状態

問題 047

1回目 月 日
2回目 月 日

混合気体の体積比と平均分子量

空気の体積組成を窒素 N_2 80.0%，酸素 O_2 20.0% とすれば，空気の平均分子量はいくらになるか。次の①～⑤から1つ選べ。ただし，原子量は N = 14，O = 16 とする。

① 28.0　② 28.4　③ 28.6　④ 28.8　⑤ 30.0

（獨協医科大）

解説

混合気体の体積組成とは，**同温・同圧のもとで，成分ごとに分けて測定したときの体積の比率を表したもの**である。

空気の体積組成が窒素（分子式 N_2）80.0%，酸素（分子式 O_2）20.0% の場合，例えば，0℃，1.013×10^5 Pa の標準状態で，この組成の空気100Lを成分ごとに分けて，それぞれ0℃，1.013×10^5 Pa で体積を測定すると，次図のようになる。

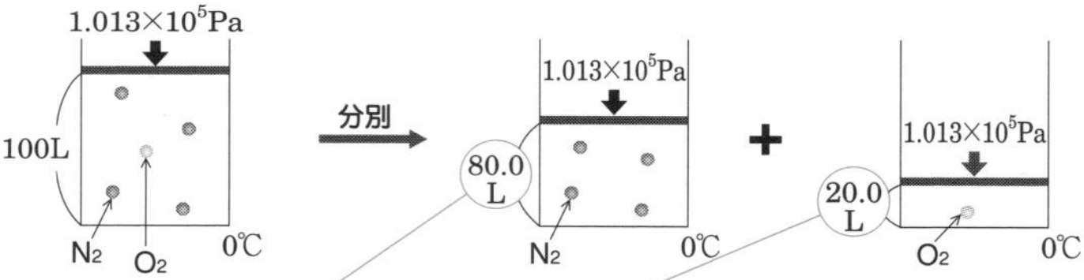

アボガドロの法則（p.73参照）より，同温・同圧下での気体の体積は物質量に比例するので，この空気は窒素 N_2 と酸素 O_2 の物質量の比が，

$$\underbrace{80.0 : 20.0}_{体積比} = \underbrace{4 : 1}_{物質量比}$$

となる。

> **Point　混合気体の成分気体の体積**
>
> 混合気体では，
>
> 成分気体の体積比 ＝ 物質量比

平均分子量とは，**構成分子の分子量がすべて同じ値であるとしたときの仮の分子量**で，一般に次の Point のように求められる。

Point 混合物の平均分子量 $\overline{M}$ の求め方

分子量 M_1 の分子が n_1〔mol〕
分子量 M_2 の分子が n_2〔mol〕 } の場合

$$\overline{M}=\frac{\text{全質量〔g〕}}{\text{全物質量〔mol〕}}$$

$$=\frac{n_1M_1+n_2M_2}{n_1+n_2}=M_1\times\frac{n_1}{n_1+n_2}+M_2\times\frac{n_2}{n_1+n_2}$$

（$\frac{n_1}{n_1+n_2}$，$\frac{n_2}{n_1+n_2}$ を）モル分率という

ここで上の Point より，

$$\overline{M}=M_1\times\frac{n_1}{n_1+n_2}+M_2\times\frac{n_2}{n_1+n_2}$$

となり，問題文の組成の空気は，N_2（分子量28）4 mol と O_2（分子量32）1 mol の割合で混合した気体なので，

平均分子量 $\overline{M}$ は，$M_1=28$，$n_1=4$，$M_2=32$，$n_2=1$ を代入すると，

$$\overline{M}=28\times\frac{4}{4+1}+32\times\frac{1}{4+1}$$

$$=28.8$$

となり，解答は④となる。

答 ④

問題 048

理想気体と実在気体

1回目 月 日
2回目 月 日

次の文章を読み，文中の[　]にあてはまるもっとも適切な語句を入れよ。

理想気体は，分子自身の[a]がなく，[b]がはたらかないと仮定した気体である。実在気体でも，圧力が[c]くなると分子自身の[a]は無視でき，さらに，温度が[d]くなると[b]も無視できるようになるため，理想気体の状態方程式が適用できる。

（茨城大）

解説 理想（りそう）気体は，**“分子自身の体積（a）はなく（質量をもつ点のような分子とする）”，“分子間力（ぶんしかんりょく）（b）”を無視した気体**である。

Point 理想気体と実在気体

	分子自身の体積	分子間力	$PV=nRT$
理想気体	なし	なし	いつも成立する
実在（じつざい）気体	あり	あり	厳密には成立しない

実在気体も，高（d）温，低（c）圧条件では理想気体とみなしてよい。低圧条件の気体は，単位体積あたりに含まれる分子数が少なく，分子間の距離（きょり）が大きい。また，高温では，分子は激（はげ）しく運動している。

そこで，気体分子自身の体積は容積に対して無視できるほど小さく，分子間力によって分子どうしが引き合う影響も無視できる。

Point 実在気体の理想気体に近づく条件

高温，低圧条件なら，　実在気体 ≒ 理想気体

答 a：体積（大きさ，も可）　b：分子間力　c：低　d：高

問題 049　蒸気圧

1回目　月　日
2回目　月　日

水 0.30 mol を 10 L の容器に入れて，加熱した。右図は水の蒸気圧曲線である。気体は理想気体，気体定数 R は 8.3×10^3 Pa·L/(mol·K)，水の体積は無視できるものとし，次の⑴，⑵に答えよ。

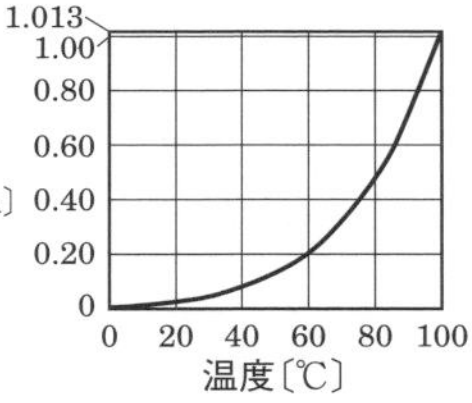

⑴　60℃における水蒸気の圧力(Pa)を有効数字2桁で求めよ。

⑵　100℃では容器内の水はすべて蒸発できるか。理由を説明して答えよ。

（長岡技術科学大）

解説　容器に水を入れると，液面から水分子が蒸発していく。密閉容器の場合，

(i)　最終的にすべて蒸発する場合　と
(ii)　密閉容器内の水蒸気が凝縮(気体が液体になること)し，**蒸発量と凝縮量がつり合った気液平衡になる場合**

がある。(ii)の場合は容器内に水が残る。

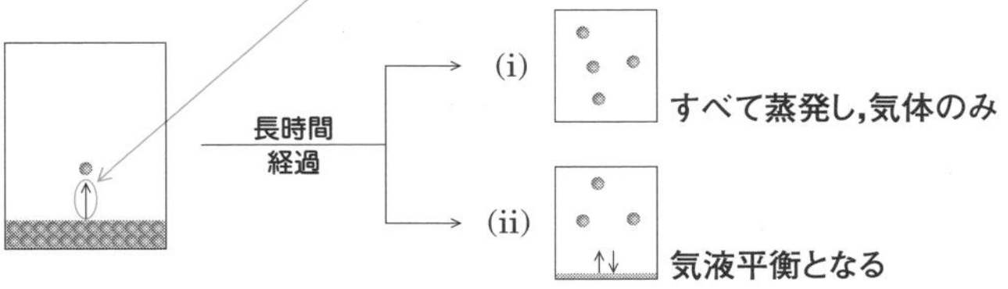

(ii)のような状態のときの水蒸気の圧力を，その温度における**水の蒸気圧**という。一般に，蒸気圧の値は温度によって変化し，**温度と蒸気圧の関係を表す曲線**を**蒸気圧曲線**という。

Point

蒸気圧の値は，温度が高くなると大きくなる。

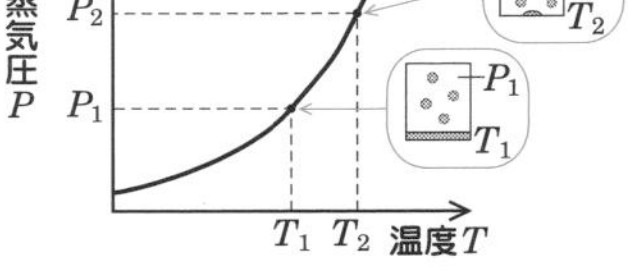

蒸気圧の値は，その温度における気体の圧力の最大値である。もし仮に，この値を超える圧力になると，一部凝縮し，気液平衡となる。

今，仮に0.30 molの水がすべて蒸発して気体として存在するとする。温度をt〔℃〕，水蒸気の圧力を$P_{仮}$とすると，理想気体の状態方程式($PV = nRT$)より，

$$P_{仮} = \frac{nRT}{V} = \frac{0.30\ \text{mol} \times 8.3 \times 10^3\ \text{Pa·L/(mol·K)} \times (t + 273)\text{〔K〕}}{10\ \text{L}}$$

$$= 249(t + 273)\text{〔Pa〕} \quad \cdots①$$

$t = 0$〜100 ℃ まで変化させると，$P_{仮}$は次のように変化する。

t〔℃〕	0	20	40	60	80	100
$P_{仮}$（$\times 10^5$ Pa）	0.679…	0.729…	0.779…	0.829…	0.878…	0.928…

これを蒸気圧曲線にかきこむと次のようになる。

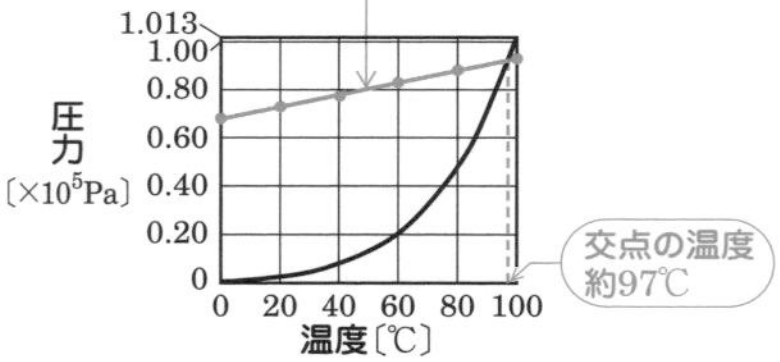

$P_{仮}$の値が蒸気圧の値を超えると一部凝縮し，0〜97℃までは気液平衡となる。そこで，実際の水蒸気の圧力は蒸気圧曲線にそって変化し，97℃でちょうど液体がなくなる。97℃以上では水はすべて気体であり，$P_{仮}$と一致し，①式にそって直線的に変化する。

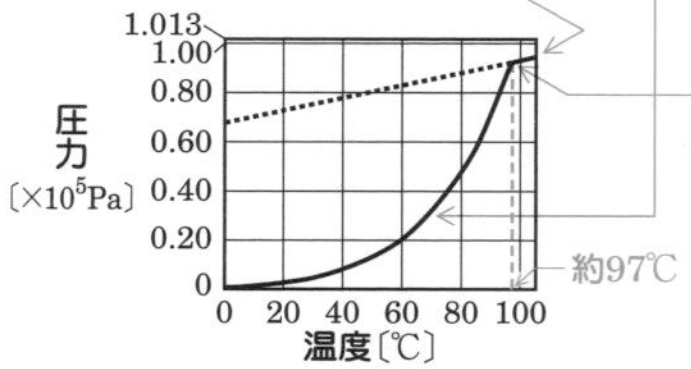

(1) 60℃では気液平衡となるので，水蒸気の圧力は蒸気圧の値となる。

$$P = 0.20 \times 10^5\ \text{Pa} = 2.0 \times 10^4\ \text{Pa}$$

(2) 100℃では，すべて蒸発しても水蒸気の圧力は0.928×10^5 Paであり，100℃の水蒸気圧(1.013×10^5 Pa)の値を超えないので，容器内には気体のみが存在する。

答

(1) 2.0×10^4 Pa

(2) すべて蒸発しても蒸気圧の値を超えないから，水はすべて蒸発する。

問題 050

代表的な金属の結晶(1)

1回目 □月□日
2回目 □月□日

　単体ナトリウムは，右図のような結晶格子をもつ結晶であり，立方体の中心および各頂点にナトリウム原子が配列している。今，ナトリウム原子が完全な球であると仮定する。そして，立方体の中心と頂点に配列しているナトリウム原子が互いに接しており，単位格子の一辺の長さがa〔cm〕であるとする。ナトリウム原子の半径〔cm〕をaを用いて表せ。

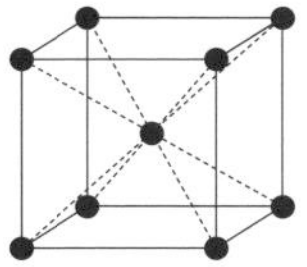
単体ナトリウムの結晶格子

（立命館大）

解説

　原子，分子，イオンなどの**粒子が三次元的に規則正しく配列した固体**を結晶（けっしょう）という。**結晶の構成粒子を点で表したもの**を結晶格子（こうし）といい，**くり返し最小単位**を単位格子（たんいこうし）という。

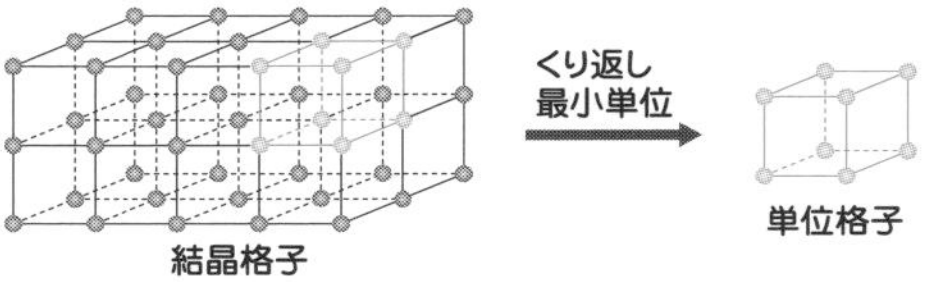

　金属の結晶の代表的な結晶格子は，次のPointにまとめた3つである。

Point　代表的な金属の結晶格子

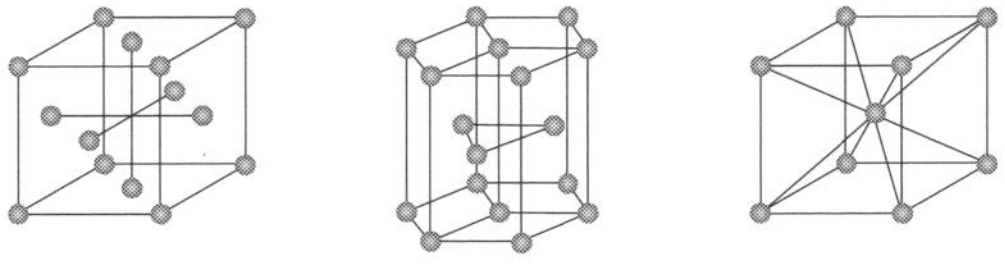

面心立方格子（めんしんりっぽうこうし）　六方最密構造（ろっぽうさいみつ）　体心立方格子（たいしん）

　単体ナトリウムの結晶の単位格子は体心立方格子であり，頂点に位置しているナトリウム原子は8つの単位格子に共有されているため，単位格子1つあたり$\frac{1}{8}$個分が含まれる。

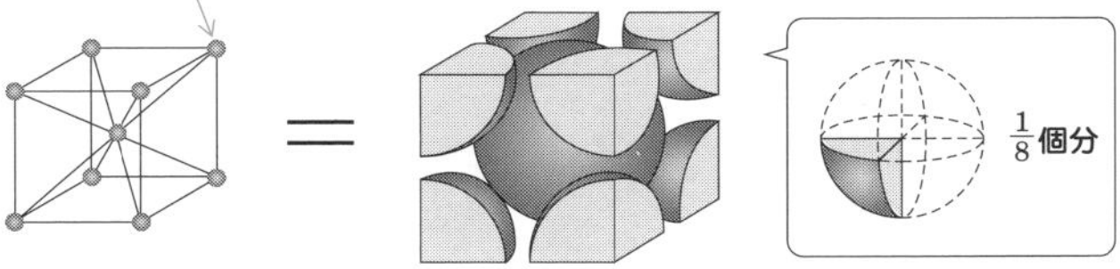

そこで，単位格子内に含まれる原子数は，

$\frac{1}{8}$個×8頂点＋1個(中心)＝2個　となる。

体心立方格子では，中心にある1個の原子が，立方体の頂点にある8個の原子と接触している。**最近接にある原子数**を**配位数**といい，体心立方格子は配位数8である。

立方体の一辺の長さをa，原子の半径をrとすると，

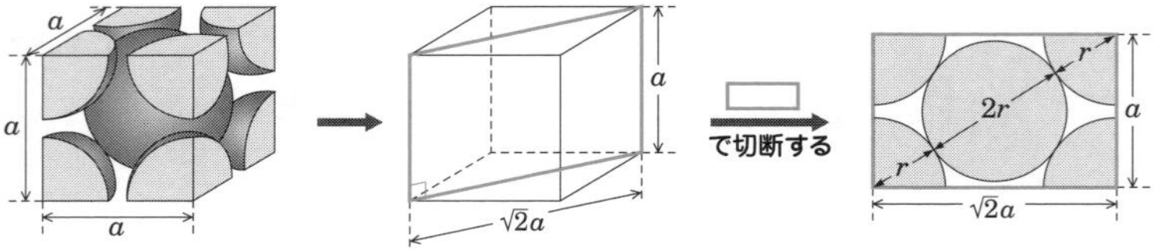

三平方の定理より，

$$r+2r+r=\sqrt{(\sqrt{2}\,a)^2+a^2}$$

$$4r=\sqrt{3}\,a$$

$$r=\frac{\sqrt{3}}{4}a$$

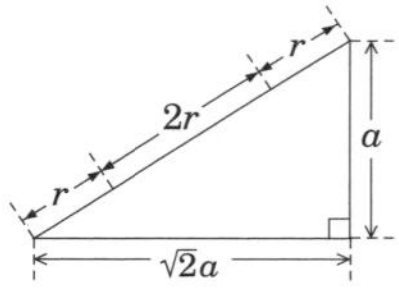

Point　体心立方格子

配位数(最近接原子数)	8
格子内原子数	$\frac{1}{8}\times8+1=2$
半径と一辺の関係	$4r=\sqrt{3}\,a$

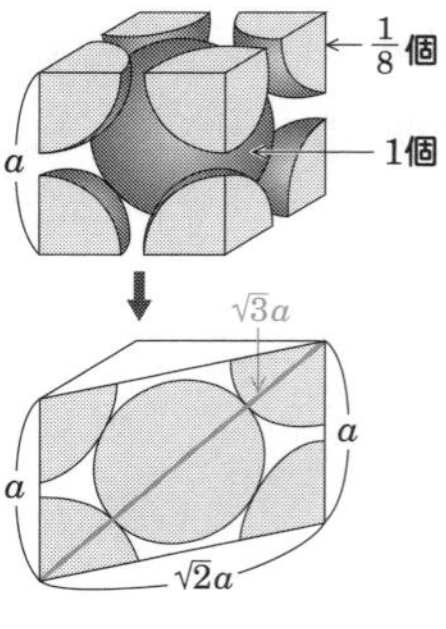

答　$\frac{\sqrt{3}}{4}a$〔cm〕

問題 051

代表的な金属の結晶(2)

1回目 月 日
2回目 月 日

銀は右図に示すように，面心立方格子(立方最密構造)からなる結晶をつくる。図の立方体の一辺の長さは原子の半径の何倍になるか。もっとも適当なものを次の①～⑥から1つ選べ。

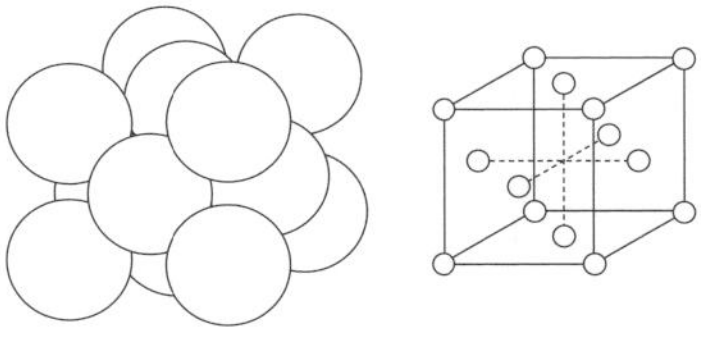

① $\dfrac{2}{\sqrt{3}}$　② $\sqrt{2}$　③ 2　④ $\dfrac{4}{\sqrt{3}}$　⑤ $2\sqrt{2}$

⑥ $2\sqrt{3}$

（センター試験）

解説　問題には問われていないが，面心立方格子(立方最密構造(りっぽうさいみつこうぞう))の配位数と格子内原子数について解説する。

面心立方格子では，立方体の各頂点と面の中心に原子が位置している。1つの原子の最近接にある別の原子の数(配位数)は，次の図のように単位格子2つ分を考えると，12であることがわかる。

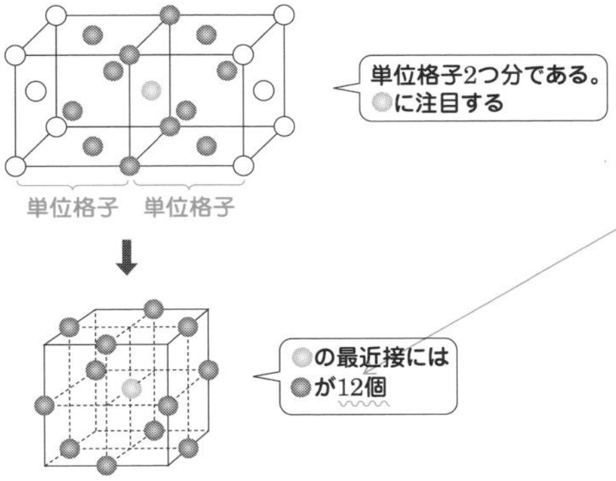

次に単位格子内に含まれる原子数を考える。頂点に位置している$\dfrac{1}{8}$個分が8ヶ所。面の中心に位置する原子は，2つの単位格子に共有されているため，単位格子1つあたり$\dfrac{1}{2}$個分が含まれる。

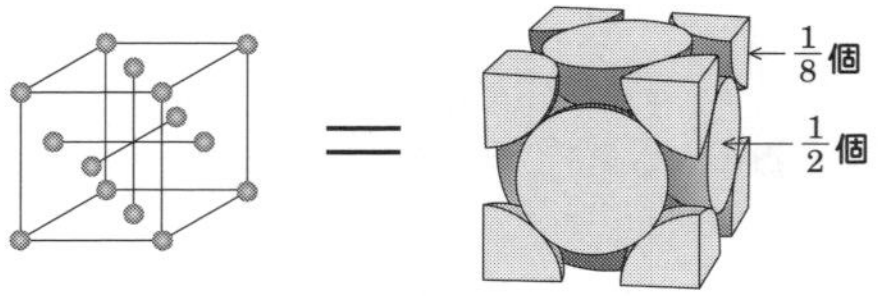

そこで，単位格子内に含まれる原子数は，

$\frac{1}{8}$個×8頂点＋$\frac{1}{2}$個×6面＝4個　となる。

最後に，立方体の一辺の長さaと原子の半径rの関係を求める。

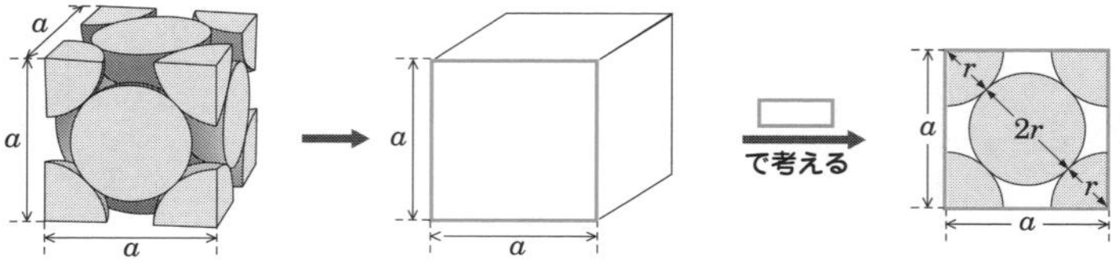

三平方の定理より，

$$r+2r+r=\sqrt{a^2+a^2}$$
$$4r=\sqrt{2}\,a$$
$$r=\frac{\sqrt{2}}{4}a$$

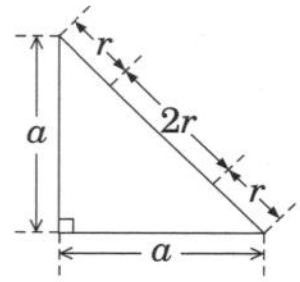

よって，$\frac{a}{r}=\frac{4}{\sqrt{2}}=2\sqrt{2}$　となり，⑤が正解となる。

Point　面心立方格子

配位数（最近接原子数）	12
格子内原子数	$\frac{1}{8}\times8+\frac{1}{2}\times6=4$
半径と一辺の関係	$4r=\sqrt{2}\,a$

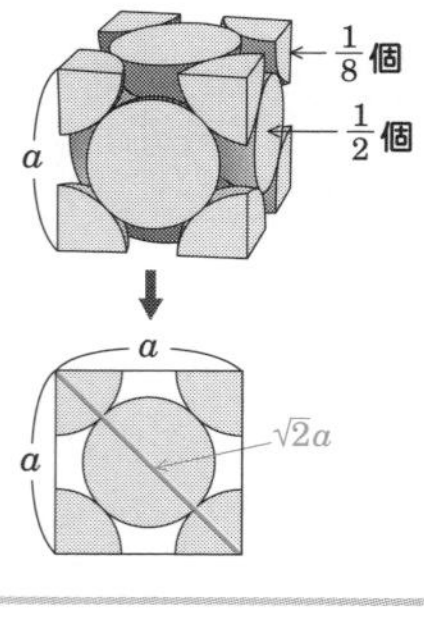

答　⑤

問題 052

1回目 月 日
2回目 月 日

金属の結晶の密度

次の文章を読み，文中の [ ] にあてはまる数式を記入せよ。

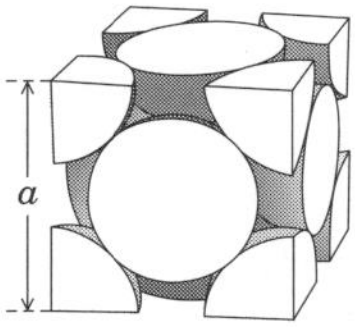

結晶にX線をあてることにより，その結晶の構造を詳しく調べることができる。例えば，銀の結晶の単位格子は，右図に示すような一辺の長さaの面心立方格子をとることがわかる。

銀の原子量wは，アボガドロ定数N_A，銀の密度d〔g/cm^3〕，単位格子の一辺の長さa〔cm〕を用いて，$w=$ [ ] 〔g/mol〕と表せる。

（東京電機大）

解説

密度（みつど）とは，一般に**単位体積あたりの質量**を表す（p.39参照）。単位が〔g/cm^3〕の場合は，その物質1cm^{3}あたりの質量〔g〕を意味する。そこで，密度，質量，体積の間には次のPointの関係が成り立つ。

Point　密度・質量・体積の関係

$$\text{密度〔g/cm}^3\text{〕}=\frac{\text{質量〔g〕}}{\text{体積〔cm}^3\text{〕}} \Rightarrow \text{質量〔g〕}=\text{密度〔g/cm}^3\text{〕}\times\text{体積〔cm}^3\text{〕}$$

結晶の密度を求める場合，結晶のくり返し最小単位である単位格子の密度を求めても同じ値である。

Point　結晶の密度

$$\text{結晶の密度〔g/cm}^3\text{〕}=\text{単位格子の密度〔g/cm}^3\text{〕}=\frac{\text{単位格子の質量〔g〕}}{\text{単位格子の体積〔cm}^3\text{〕}}$$

第5章 物質の状態

銀の結晶の単位格子は一辺の長さがa〔cm〕の立方体なので，単位格子の体積は　$a \times a \times a = a^3$〔$cm^3$〕　となる。

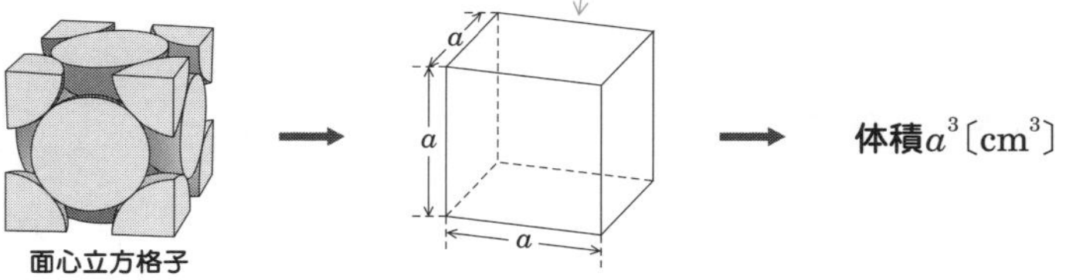

次に，単位格子の質量を求める。p.83 問題051 でも求めたように，単位格子には銀Ag原子が4個含まれている。

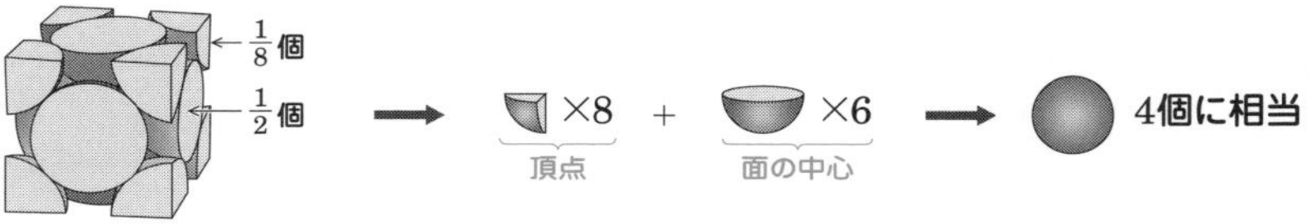

そこで，単位格子の質量は銀Ag原子4個の質量に等しい。銀Agは原子量wなので，銀Ag原子1mol，すなわちN_A個でw〔g〕だから，銀Ag原子1個の質量は$\frac{w}{N_A}$〔g/個〕となる。

$$\text{単位格子の質量〔g〕} = \frac{w\text{〔g〕}}{N_A\text{〔個〕}} \times 4\text{個} = \frac{4w}{N_A}$$

Point より，銀の結晶の密度d〔g/cm^3〕は次のように表すことができる。

$$d = \frac{\text{Ag原子4個の質量〔g〕}}{\text{一辺}a\text{の立方体の体積〔cm}^3\text{〕}}$$

$$= \frac{\frac{4w}{N_A}}{a^3} = \frac{4w}{N_A} \times \frac{1}{a^3}\text{〔g/cm}^3\text{〕}$$

これを変形すると，

$$w = \frac{N_A}{4}da^3$$

となる。

答　$\frac{N_A}{4}da^3$

問題 053

代表的なイオン結晶

1回目 月 日
2回目 月 日

右図に示すように，ナトリウムの塩化物は，配位数6の塩化ナトリウム型構造とよばれる結晶構造をとり，セシウムの塩化物は配位数8の塩化セシウム型構造をとる。塩化物イオンの半径を0.167nm（ナノ）として，ナトリウムとセシウムのイオン半径〔nm〕を計算し，それぞれ有効数字2桁で答えよ。なお，イオンは変形しない球とし，もっとも近くにある反対符号のイオンは互いに接触しているものとする。必要な場合は，$\sqrt{3}=1.73$として計算せよ。

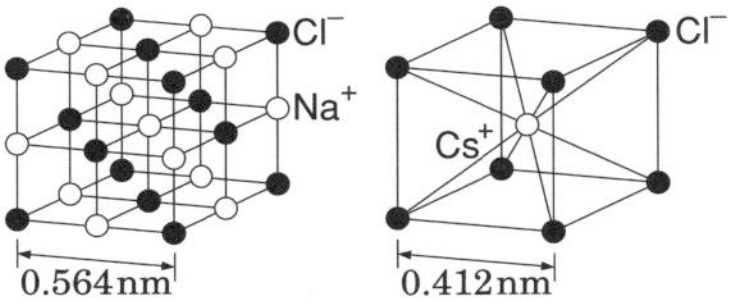

塩化ナトリウムと塩化セシウムの単位格子

（東北大）

解説 イオン結晶(p.34参照)の単位格子の一辺の長さをa，陽イオンの半径をr_+，陰イオンの半径をr_-とすると，次のようになる。

Point 代表的なイオン結晶の単位格子

	塩化ナトリウム型	塩化セシウム型
配位数	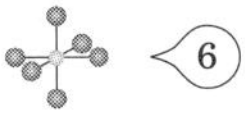 6	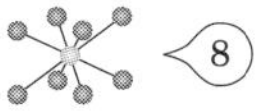 8
切断面	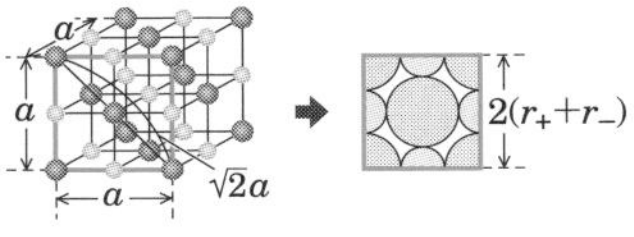	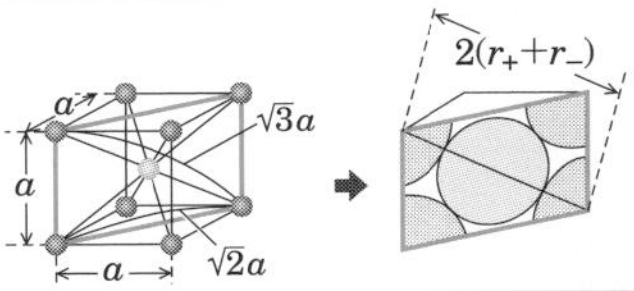
一辺と半径	$2(r_+ + r_-) = a$	$2(r_+ + r_-) = \sqrt{3}\,a$

Na^+の半径をr_{Na^+}，Cs^+の半径をr_{Cs^+}とすると，Cl^-の半径が0.167nmなので，

$$\begin{cases} 2(r_{Na^+}+0.167)=0.564 & \cdots① \\ 2(r_{Cs^+}+0.167)=\sqrt{3}\times 0.412 & \cdots② \end{cases}$$

①式より，$r_{Na^+}=0.115 \fallingdotseq 0.12$　②式より，$r_{Cs^+}=0.189 \fallingdotseq 0.19$

答 ナトリウムイオン：0.12nm　セシウムイオン：0.19nm

問題 054

共有結合の結晶

☑ 1回目 [ ]月[ ]日
☑ 2回目 [ ]月[ ]日

元素の周期表において14族に属する炭素は，原子1個あたり[ア]個の価電子をもつ。同じ元素からなる単体で性質が異なるものどうしを互いに[イ]というが，炭素には，複数の[イ]が知られている。その一つであるダイヤモンドは，図で示すように，すべての炭素原子が隣接する[ア]個の炭素原子と互いに電子を[ウ]することで形成された結晶であり，非常に硬く融点が高い。ダイヤモンドとは互いに[イ]であるグラファイトでは，すべての炭素原子が隣接する[エ]個の炭素原子と互いに[ウ]結合することで，正六角形を基本単位とする平面構造を形成している。この平面構造どうしが[オ]で結びつき，層状に積み重なることで，グラファイトを形成している。[オ]による結びつきは[ウ]結合による結びつきよりも弱く，グラファイトは平面構造どうしの層に沿って薄くはがれやすい。また，<u>ダイヤモンドは電気をほとんど通さないが，グラファイトは金属のように電気をよく通す</u>。

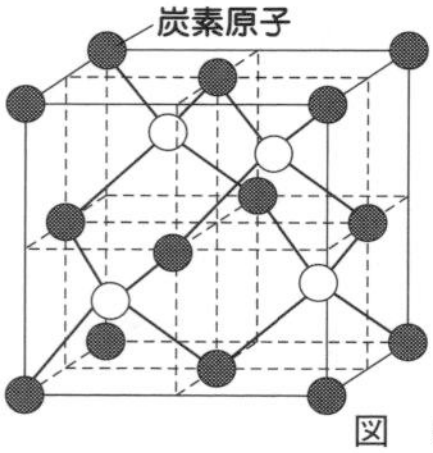

図　ダイヤモンドの結晶の単位格子

・単位格子は立方体である。
・すべての頂点およびすべての面の中心に原子(●)が配置されている。
・頂点および面の中心以外の原子(○)は，単位格子の内部に完全に含まれている。
・●と○は同じ種類の原子を表している。

問1　文章中の空欄[ア]～[オ]に入る最も適切な数字または語を記せ。

問2　下線部について，グラファイトが電気をよく通す理由を簡潔に記せ。

（静岡大）

解説

問1　炭素は電子配置がK殻(2)L殻(4)で，[4]（ア）個の価電子をもつ。炭素の単体にはダイヤモンド，黒鉛(グラファイト)，フラーレン（C₆₀など球状分子の総称）などの複数の[同素体]（イ）が存在する。

ダイヤモンドは多数の炭素原子が[共有]（ウ）結合でつながった構造をもつ結晶で，右図のように正四面体形の構造が三次元的にくり返された立体構造をもつ。このような巨大分子を**共有結合の結晶**といい，問題の図がダイヤモンドの単位格子である。

炭素原子間の共有結合は強いので，非常に硬（かた）く，融点も非常に高い。

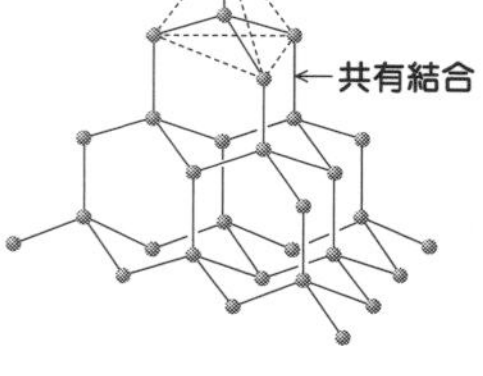

ほかにも，二酸化ケイ素SiO_2，ケイ素Si，炭化ケイ素SiCなどにもダイヤモンドと同じ型の共有結合の結晶が存在する。

グラファイト(黒鉛)は，炭素原子が隣接した[3]個の炭素原子と正六角形網目構造をつくるように共有結合でつながった平面状分子が，さらに[ファンデルワールス力]で積み重なった構造をもつ。ファンデルワールス力は弱いので，黒鉛は面方向にはがれやすい性質をもっている。
（3：エ　平面状分子：グラフェンという　ファンデルワールス力：オ）

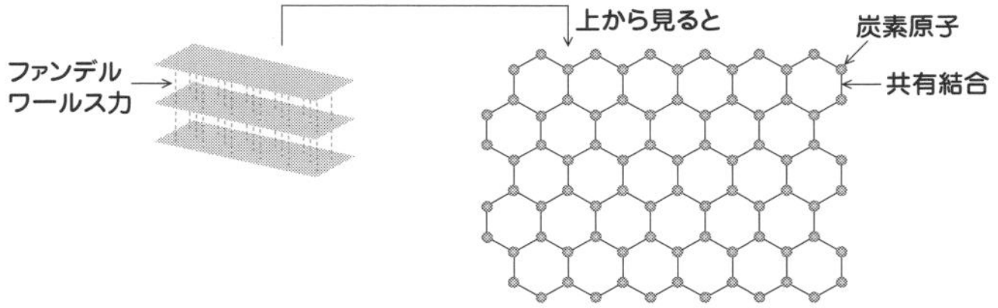

問2　ダイヤモンドでは，1つの炭素原子が4つの炭素原子と共有結合しているのに対し，黒鉛では1つの炭素原子が3つの炭素原子と共有結合している。

黒鉛中の炭素原子の4個の価電子のうち，上記の共有結合に使われていない余った1個の価電子は，平面構造の中を自由に動けるので，黒鉛は電気伝導性が大きい。

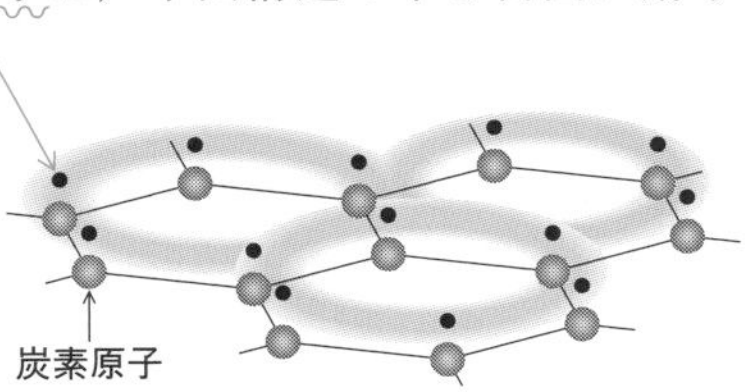

Point

ダイヤモンドとグラファイト(黒鉛)の構造と性質の違いを説明できるようにしよう。

答

問1　ア：4　イ：同素体　ウ：共有　エ：3
オ：ファンデルワールス力

問2　炭素の価電子のうちの1つが平面構造の中を自由に動けるから。

問題 055

分子結晶

1回目 月 日
2回目 月 日

次の文章を読み，文中の［　］にあてはまる適切な語句を答えよ。

固体の二酸化炭素は［ア］とよばれる。これは，CO_2分子が分子間力の1つである［イ］力により規則正しく配列してできた結晶で，［ウ］結晶とよばれる。［ア］を常温・常圧で放置すると，液体の状態を経由せず，直接気体になる。この現象を［エ］という。

（東京都立大）

解説　二酸化炭素CO_2，ヨウ素I_2，ナフタレン$C_{10}H_8$などの結晶を，常温・常圧で放置すると，**固体から直接気体が生じる**。この現象を昇華（しょうか）［エ］という。

これらの結晶は，**多数の分子が弱いファンデルワールス［イ］力で結びつき，規則正しく配列している**。このような結晶を分子［ウ］結晶という。分子結晶は，もろいものが多く，融点が低い。

Point　分子結晶

分子結晶は，多数の分子が分子間力で集まって規則正しく配列している。

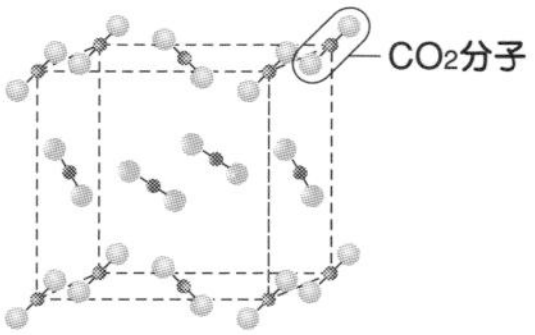

〈二酸化炭素CO_2の分子結晶〉

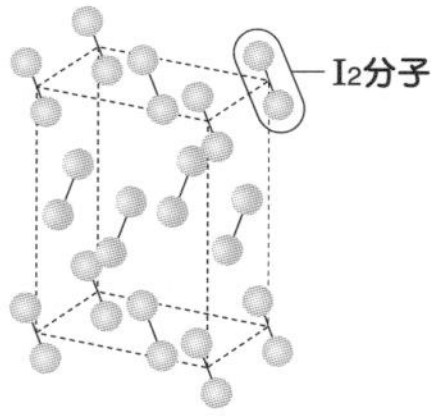

〈ヨウ素I_2の分子結晶〉

なお，一般に二酸化炭素の固体はドライアイス［ア］とよばれている。

答　ア：ドライアイス　　イ：ファンデルワールス　　ウ：分子
エ：昇華

問題 056

1回目 月 日
2回目 月 日

溶解

次の文章を読み，文中の［　］にあてはまる語句を入れよ。

極性分子からなる物質や［ア］結合からなる物質は，水に溶けやすいものが多い。例えば，塩化ナトリウムは，［ア］が水分子と静電気的に引き合い，水分子によってとり囲まれることで溶解する。このように，物質を構成する［ア］が，水分子にとり囲まれる現象を［イ］という。

（麻布大）

解説

溶液(ようえき)中で，**溶けている物質**を溶質(ようしつ)，**溶かしている液体**を溶媒(ようばい)という。

Point

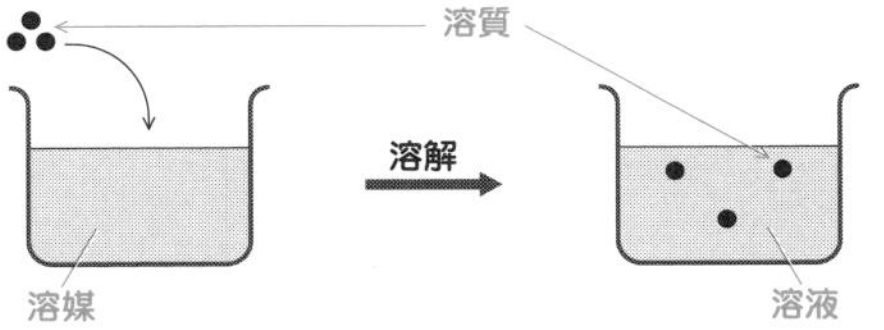

水のような**極性の大きな分子からなる溶媒**を極性溶媒といい，一般に極性分子や［イオン］結合からなる物質をよく溶かす。

これは，溶質分子やイオンが，多数の溶媒分子を静電気的な引力で引きつけるからである。例えば，塩化ナトリウムNaClが水に溶けるとき，右図のようにNa^+やCl^-は**水分子を静電気的な引力で多数引きつけて水分子にとり囲まれている**。この現象を［**水和**(すいわ)］という。

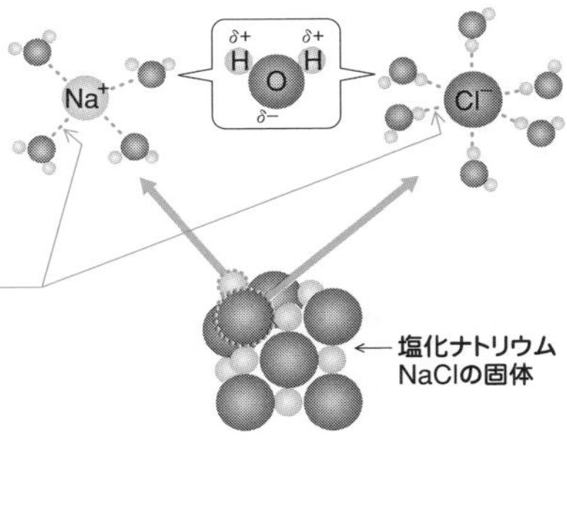

答 ア：イオン　　イ：水和

第5章 物質の状態

問題 057

1回目 月 日
2回目 月 日

固体の溶解度

温度による溶解度の変化は，塩化カリウムにおいて右表のようになる。ただし，溶解度は，溶媒100gに溶ける最大の溶質の質量〔g〕とする。次の(1)，(2)に答えよ。

温度〔℃〕	溶解度
20	34.2
60	45.8
100	56.3

〈水に対する塩化カリウムの溶解度〉

(1) 60℃の塩化カリウムの飽和水溶液100gには，何gの塩化カリウムが溶けているか。小数第1位まで求めよ。

(2) 水100gを用いて100℃で塩化カリウム飽和水溶液をつくり，その溶液を20℃まで冷却すると，析出する塩化カリウムは何gか。小数第1位まで求めよ。

（群馬大）

解説 **溶質を溶媒に溶けるだけ溶かした溶液**を飽和溶液（ほうわようえき）という。溶質が溶け残っているとき，上ずみ液が飽和溶液にあたり，溶け残った固体表面では，溶質が溶解する速度と溶液から析出する速度がつり合っている。

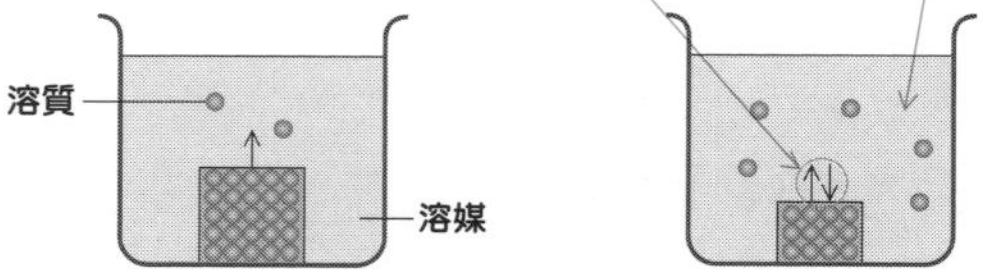

Point 溶解度

溶解度は，**飽和溶液の濃度**であり，**溶媒100gあたりに溶けうる溶質の質量〔g〕**で表すことが多い。下の図は，**溶媒100gの温度を変化させ，各温度で溶質が何gまで溶けるかをグラフにしたもの**で溶解度曲線という。

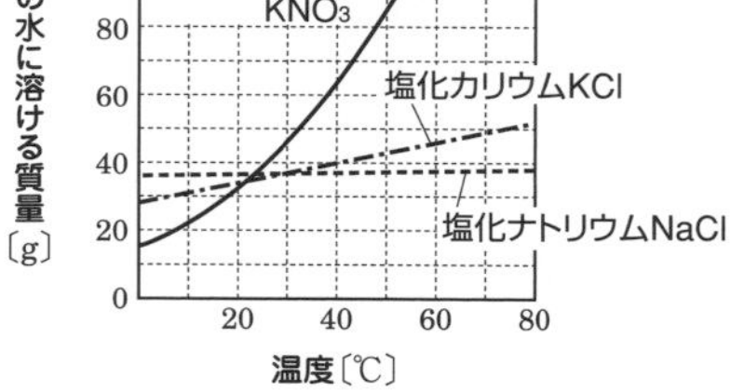

(1) 60℃の塩化カリウムKClの飽和水溶液は，水100gに対しKClが45.8g溶けている。

すなわち，溶液全体で質量 100＋45.8＝145.8 g に対し，KClが45.8g溶けているので，

100gの塩化カリウム飽和水溶液には，

$$100\ \mathrm{g}\,(\text{溶液}) \times \frac{45.8\ \mathrm{g}\,(\mathrm{KCl})}{145.8\ \mathrm{g}\,(\text{溶液})} = 31.41\cdots\ \mathrm{g}\,(\mathrm{KCl})$$

のKClが溶けている。

(2) 温度が変化すると，溶ける溶質の最大量が変化し，溶けきれない溶質が固体として析出する。

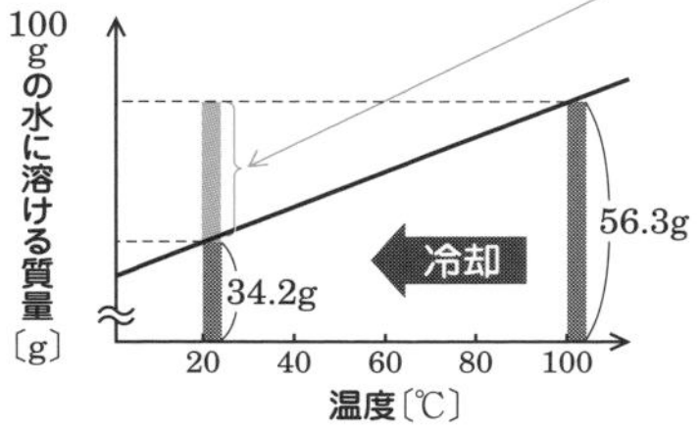

今回は，水を100g用いて100℃で塩化カリウム飽和水溶液をつくったので，KClは56.3g溶けている。KClは20℃では水100gに32.4gしか溶けない。そこで，100℃から20℃に冷却すると，

$$56.3\ \mathrm{g} - 34.2\ \mathrm{g} = 22.1\ \mathrm{g}$$

のKClが溶けきれずに固体として析出する。

答 (1) 31.4g　(2) 22.1g

第5章 物質の状態

問題 058

1回目 月 日
2回目 月 日

気体の溶解度

次のヘンリーの法則に関する記述について，下の(1)〜(3)に答えよ。

水に対する気体の溶解度は，一般に温度が高いほど［ア］なる。
温度が一定ならば，気体の水への溶解度は，その気体の［イ］に比例する。
これをヘンリーの法則という。

(1) 上の文中の［ ］にあてはまる語句を記せ。

(2) 次に示す気体ⓐ〜ⓓのうち，水に溶解するときヘンリーの法則が適用できるものをすべて選べ。

ⓐ H_2　ⓑ N_2　ⓒ NH_3　ⓓ CH_4

(3) ヘンリーの法則が成立する理想気体が，ある温度と圧力のもとで，一定量の水と接している。今，気体の圧力がP〔Pa〕のとき，水に溶解している気体の物質量および体積をそれぞれn〔mol〕およびV〔L〕とすると，温度一定のままで気体の圧力を3倍にしたとき，溶解した気体の物質量〔mol〕はいくらか。また，そのときの圧力下での溶解した気体の体積〔L〕はいくらになるか。 (神戸薬科大)

解説

(1) 水に対する気体の溶解度は，一般に，
温度が高いほど［小さく］(ア)なる。
温度が一定の場合，その気体の［圧力］(イ)（混合気体の場合は［分圧］(イ)）に比例する。

これをヘンリーの法則という。

Point ヘンリーの法則

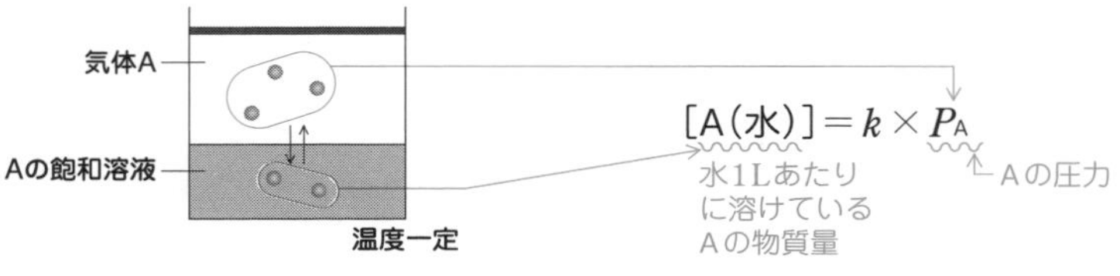

（kはAの種類や温度によって変化する定数である。）

(2) ヘンリーの法則は，比較的水への溶解度の小さな気体の場合に成立する。極性分子で水に非常によく溶けるⓒのアンモニアNH_3では成立しない。よって，水に溶けにくい無極性分子であるⓐ，ⓑ，ⓓで適用できる。

(3) 問題文を図で表すと次のようになる。図中のn'とV'をnとVで表せばよい。

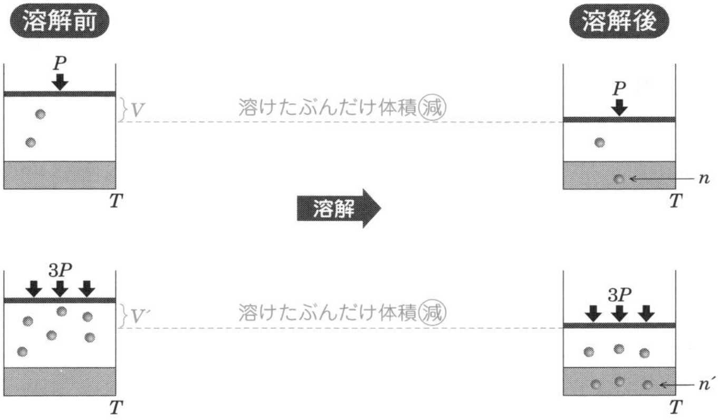

まず，ヘンリーの法則より，圧力が3倍になると，水に溶解する気体の物質量は，水の量が一定の場合3倍となる。よって，$n' = 3n$である。

次に理想気体の状態方程式($PV = nRT$)より，

上図では，$V = \dfrac{nRT}{P}$となるから

$$V' = \frac{(3n)RT}{3P} = V$$

となる。したがって，気体は同温，同体積のとき，その物質量は圧力に比例する。圧力を3倍にすると，同じ体積V〔L〕に気体分子は$3n$〔mol〕含まれているということである。

第5章 物質の状態

答

(1) ア：小さく　　イ：圧力(分圧)

(2) ⓐ，ⓑ，ⓓ

(3) 物質量：$3n$〔mol〕　　体積：V〔L〕

問題 059

希薄溶液の性質(1)

1回目 月 日
2回目 月 日

次の文章を読み，文中の[　]にもっとも適する語句を入れよ。

純水と砂糖水を同条件で放置すると，[ア]のほうが速く蒸発する。すなわち砂糖のような不揮発性物質が溶けている水溶液の蒸気圧は，同じ温度の水の蒸気圧よりも[イ]い。この現象を[ウ]という。大気圧が1013hPaのとき，水の沸点は100℃であるが，砂糖水の沸点はそれよりも[エ]い。この現象を[オ]という。水は0℃で凝固するが，食塩水は0℃よりも[カ]い温度で凝固する。この現象を[キ]という。非電解質の希薄溶液の場合，溶媒と溶液の凝固点の差は，溶質の種類に関係せず，一定量の溶媒に溶けている溶質の[ク]に比例する。

（岡山理科大）

解説

溶液は純溶媒(純粋な溶媒)と比べると，ほかの相(物質の状態のこと)へと移動する溶媒分子数が減少し，蒸発しにくくなり，**同温での蒸気圧が**[低]$_{イ}$**くなる**。これを[蒸気圧降下]$_{ウ}$という。

Point 蒸気圧降下

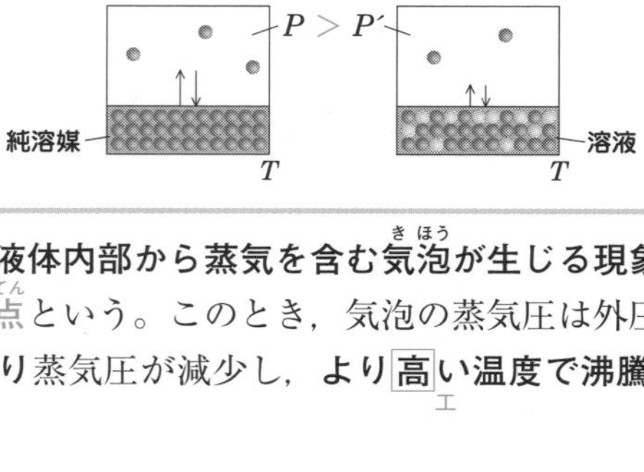

液体を加熱し，**液体内部から蒸気を含む気泡が生じる現象**を沸騰といい，**このときの温度**を沸点という。このとき，気泡の蒸気圧は外圧に等しい。

溶液は純溶媒より蒸気圧が減少し，**より**[高]$_{エ}$**い温度で沸騰する**。これを[沸点上昇]$_{オ}$という。

Point 沸点上昇

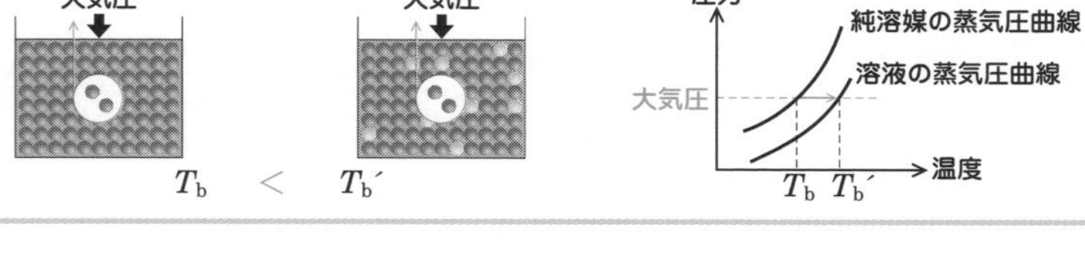

$T_b' - T_b$を沸点上昇度ΔT_bと定義する。すると，希薄溶液では，沸点上昇度ΔT_bは，溶質の種類に関係なく，全溶質粒子の質量モル濃度m〔mol/kg〕に比例する。なお，質量モル濃度とは，**1kgの溶媒に溶けている溶質の物質量**である。

Point　沸点上昇とその関係式

$\Delta T_b = K_b \times m$（$K_b$はモル沸点上昇といい，溶媒によって異なる値である。）

溶液は純溶媒に比べ凝固しにくく，より低い温度にしないと凝固しない。（カ：低）
これを凝固点降下（キ）という。

Point　冷却曲線

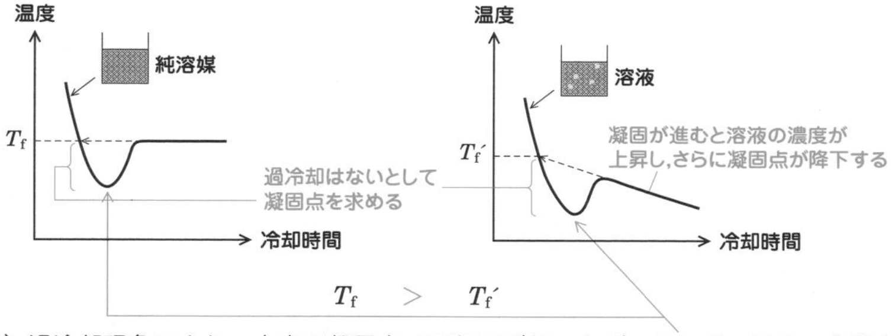

（注）過冷却現象により，本来の凝固点では凝固が起こらず，より低い温度で急激な凝固が起こる。凝固が始まると，凝固熱が発生して温度が上昇する。

$T_f - T_f'$を凝固点降下度ΔT_fと定義する。すると，希薄溶液では，凝固点降下度ΔT_fは，全溶質粒子の質量モル濃度m〔mol/kg〕に比例する。そのため一定量の溶媒に溶けている溶質の物質量（ク）に比例し，次のPointの式が成立する。

Point　凝固点降下とその関係式

$\Delta T_f = K_f \times m$（$K_f$はモル凝固点降下といい，溶媒によって異なる値である。）

答

ア：純水	イ：低	ウ：蒸気圧降下	エ：高
オ：沸点上昇	カ：低	キ：凝固点降下	ク：物質量

問題 060 希薄溶液の性質(2)

1回目 月 日
2回目 月 日

凝固点降下に関する次の(1), (2)に答えよ。ただし，水のモル凝固点降下は1.86 K·kg/molとし，有効数字2桁で記せ。

(1) 水1000gにグルコース$C_6H_{12}O_6$(分子量180)を溶かしたところ，凝固点は−0.52℃であった。何gのグルコースを溶かしたか。

(2) 水1000gに塩化ナトリウム(式量58.5)0.35gを溶かした水溶液の凝固点は何℃か。ただし，塩化ナトリウムは水溶液中で完全に電離しているものとする。

(星薬科大)

解説 グルコース(ブドウ糖)のように**電離せずそのまま溶解するもの**を**非電解質**(ひでんかいしつ)，塩化ナトリウムのように**イオンに電離するもの**を**電解質**という。

$\Delta T_f = K_f \times m$の式を利用する場合，溶質の種類を区別せず，溶液中で独立して運動している全溶質粒子の質量モル濃度〔mol/kg〕の値をmに代入しなくてはならない。

Point 非電解質と電解質

❶ グルコース$C_6H_{12}O_6$などの非電解質の場合

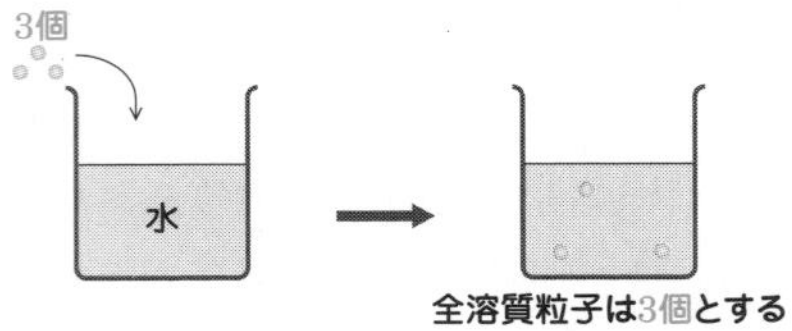

❷ 塩化ナトリウムNaClなどの電解質の場合

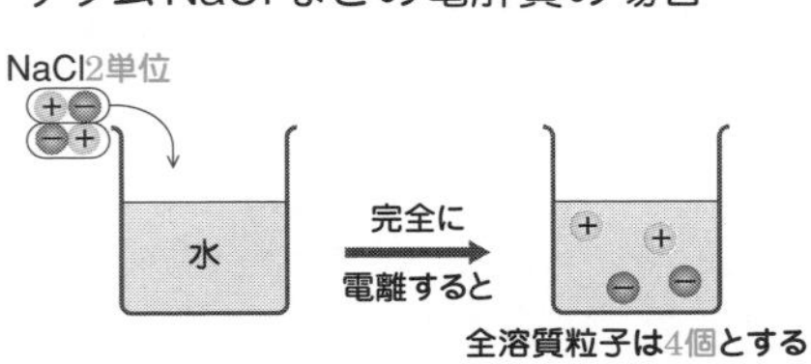

(1) 標準大気圧下(1.013×10^5 Pa)では純水の凝固点は0℃なので，

凝固点降下度 $\Delta T_f = 0 - (-0.52) = 0.52℃ = 0.52\ \mathrm{K}$ ← セシウス温度で1℃温度が変化すると絶対温度で1K変化する

となる。水1000gに溶かしたグルコースをx〔g〕とすると，$\Delta T_f = K_f \times m$より，

$$\underbrace{0.52}_{\Delta T_f} = \underbrace{1.86}_{K_f} \times \left(\underbrace{\frac{x\,[\mathrm{g}]}{180\ \mathrm{g/mol}} \div \frac{1000}{1000}\,\mathrm{kg}}_{\text{質量モル濃度}m\text{は，溶媒1kgあたりの物質量である}} \right)$$

よって，$x = 50.3\cdots$ g

(2) NaClは電解質なので，水に溶かして完全に電離すると，全溶質粒子(Na^+とCl^-の合計)の数は，電離前のNaClの数の2倍となる。

$$1\mathrm{NaCl} \longrightarrow 1\mathrm{Na^+} + 1\mathrm{Cl^-} \quad (\text{合計}2)$$

$$\Delta T_f = K_f \times m$$

$$= 1.86 \times \left(\underbrace{\frac{0.35\ \mathrm{g}}{58.5\ \mathrm{g/mol}}}_{\mathrm{mol(NaCl)}} \times ② \div \frac{1000}{1000}\,\mathrm{kg} \right)$$

$$= 0.0222\cdots\mathrm{K}$$

純水の凝固点は0℃なので，この水溶液の凝固点は，凝固点降下によって，

$$0 - 0.0222\cdots \fallingdotseq -0.022\ ℃$$

となる。

凝固点降下は温度変化の幅を表す。1K変化することと，1℃変化することは同じ意味である。

答 (1) 50g (2) −0.022℃

第5章 物質の状態

問題 061

浸透圧(1)

1回目 月 日
2回目 月 日

37℃におけるヒトの血液(血漿)の浸透圧は7.4×10^5Paである。ヒトの血液と同じ浸透圧のグルコース$C_6H_{12}O_6$(分子量180)水溶液を1.0Lつくるには，グルコースが何g必要か。溶液は希薄溶液とし，気体定数$R=8.3\times10^3$〔Pa·L/(K·mol)〕とする。有効数字2桁で記せ。

(兵庫医科大)

解説 **溶媒分子は通すが，溶質粒子は通さない半透膜**(はんとうまく)で純溶媒と溶液を仕切ると，純溶媒から溶液へと移動する溶媒量が多くなる。これをつり合わせるために**溶液側から余分に加える圧力**を**浸透圧**(しんとうあつ)といい，希薄溶液では次のPointのような関係式が成立する。これは**ファントホッフの法則**という。

Point ファントホッフの法則

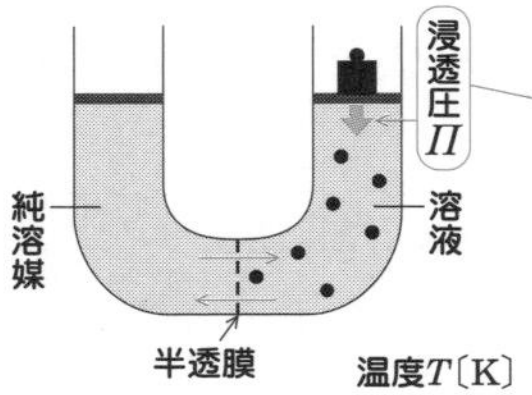

$$\Pi = CRT$$

(R：気体定数，C：溶液のモル濃度)

ここで用いる溶液のモル濃度C〔mol/L〕は，溶質の種類，分子，イオンの区別をせず，独立して運動している全溶質粒子の溶液1Lあたりの物質量をさしている。

必要なグルコース(ブドウ糖)の質量をx〔g〕とすると，ファントホッフの法則より，

$$\underbrace{7.4\times10^5}_{\Pi〔Pa〕} = \underbrace{\left(\frac{x〔g〕}{180\ g/mol}\div1.0\ L\right)}_{C〔mol/L〕}\times\underbrace{8.3\times10^3}_{R}\times\underbrace{(37+273)}_{T〔K〕}$$

グルコースは非電解質である

よって，$x=51.7\cdots$ g ≒ 52

答 52g

問題 062

浸透圧(2)

1回目 □月□日
2回目 □月□日

次のⓐ～ⓓの4種類の水溶液について，浸透圧の大きいものから順に記号で答えよ。ただし，温度は一定とし，NaClと$CaCl_2$は完全に電離するものとする。また，グルコースの分子量は180，NaClの式量は58.5，$CaCl_2$の式量は111である。

ⓐ　グルコース$C_6H_{12}O_6$ 225mgを溶かした100mLの水溶液
ⓑ　NaCl 23.4mgを溶かした100mLの水溶液
ⓒ　分子量1.00×10^4のタンパク質500mgを溶かした100mLの水溶液
ⓓ　$CaCl_2$ 55.5mgを溶かした100mLの水溶液

（千葉大）

解説　ファントホッフの法則（$\varPi=CRT$）より，温度一定のもとでは，$\varPi$はCに比例する。このときのCは全溶質粒子のモル濃度〔mol/L〕である。まず，ⓐ～ⓓのモル濃度〔mol/L〕を求める。

ⓐ $\dfrac{225\times10^{-3}\,\text{g}}{180\,\text{g/mol}}\div\dfrac{100}{1000}\,\text{L}=1.25\times10^{-2}\,\text{mol/L}$

ⓑ $\dfrac{23.4\times10^{-3}\,\text{g}}{58.5\,\text{g/mol}}\div\dfrac{100}{1000}\,\text{L}=4.00\times10^{-3}\,\text{mol/L}$

ⓒ $\dfrac{500\times10^{-3}\,\text{g}}{1.00\times10^{4}\,\text{g/mol}}\div\dfrac{100}{1000}\,\text{L}=5.00\times10^{-4}\,\text{mol/L}$

ⓓ $\dfrac{55.5\times10^{-3}\,\text{g}}{111\,\text{g/mol}}\div\dfrac{100}{1000}\,\text{L}=5.00\times10^{-3}\,\text{mol/L}$

NaClと$CaCl_2$は電離するので全溶質粒子の濃度は，ⓑとⓓでは，

$NaCl \longrightarrow Na^+ + Cl^-$なので2倍する

ⓑ $4.00\times10^{-3}\times②=8.00\times10^{-3}\,\text{mol/L}$

$CaCl_2 \longrightarrow Ca^{2+} + Cl^- + Cl^-$なので3倍する

ⓓ $5.00\times10^{-3}\times③=1.50\times10^{-2}\,\text{mol/L}$

Cが大きいほど$\varPi$が大きくなるので，ⓓ＞ⓐ＞ⓑ＞ⓒ　となる。

答　ⓓ＞ⓐ＞ⓑ＞ⓒ

第5章 物質の状態

問題 063

コロイド

☑ 1回目 □月□日
☑ 2回目 □月□日

次の文章を読み，文中の□にもっとも適切な語句を記せ。

沸騰水中に塩化鉄(Ⅲ)の飽和水溶液を加えると，酸化水酸化鉄(Ⅲ)のコロイド溶液が生じる。この溶液をセロハンの袋に入れて流水中に浸しておくと，コロイドが精製される。この操作を［ア］という。

このコロイド溶液に，少量の塩を加えるとコロイドが凝集して沈殿する。この現象を凝析という。酸化水酸化鉄(Ⅲ)が疎水コロイドであるのに対して，デンプンや卵白の水溶液は親水コロイドである。親水コロイドの水溶液は，少量の塩を加えても沈殿を生じないが，多量の塩を加えると沈殿を生じる。この現象を［イ］という。

コロイド粒子は，正または負に帯電しており，酸化水酸化鉄(Ⅲ)のコロイド溶液に直流電圧をかけると，コロイド粒子が陰極のほうへ移動する。この現象を［ウ］という。

（松山大）

解説 **直径が10^{-7}～10^{-5}cm程度の粒子を**コロイド粒子という。コロイド粒子が他の物質に分散している状態をコロイドという。沸騰水中に塩化鉄(Ⅲ)$FeCl_3$水溶液を加えると，赤褐色(せきかっしょく)の酸化水酸化鉄(Ⅲ)のコロイド粒子ができる。

$$FeCl_3 + 2H_2O \longrightarrow FeO(OH) + 3HCl$$

実際は複雑な組成をもつが便宜的にこう表す

酸化水酸化鉄（Ⅲ）のように**水との親和性が小さなコロイドを含む溶液**を疎水(そすい)コロイドという。これに対し，タンパク質やデンプンのような**水との親和性が大きなコロイドを含む溶液**を親水(しんすい)コロイドという。前者は無機物，後者は有機物のコロイドが多い。

Point　コロイドの性質

❶ **透析**（とうせき）ア

　コロイド粒子がセロハン膜のような半透膜を通過できないことを利用して，コロイド粒子と低分子を分離することでコロイドを精製すること。

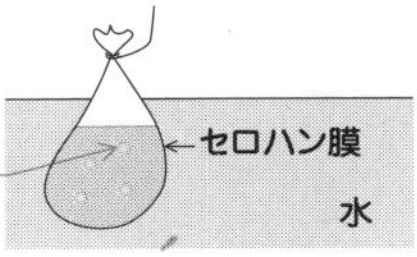

❷ **チンダル現象**

　強い光線（こうせん）をあてると，コロイド粒子が光を散乱（さんらん）し，光の通路が輝（かがや）いて見える現象。

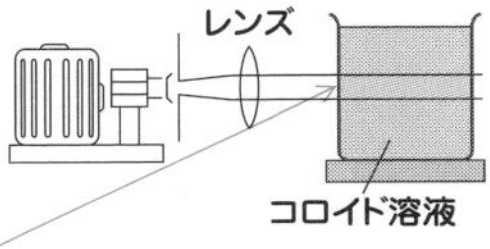

❸ **ブラウン運動**

　周囲の溶媒分子などがコロイド粒子に衝突（しょうとつ）するために起こるコロイド粒子の不規則な運動。限外顕微鏡（げんがいけんびきょう）で観察できる。

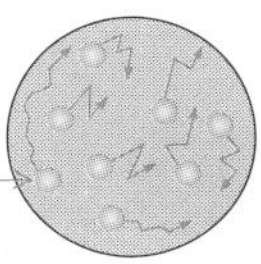

❹ **電気泳動**（でんきえいどう）ウ

　コロイド粒子がもつ電荷と反対符号の電極に向かって移動する。

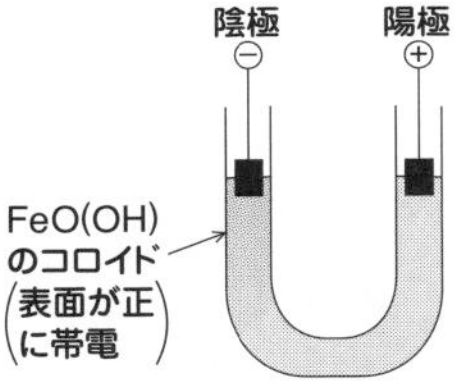

❺ **凝析**（ぎょうせき）と**塩析**（えんせき）イ

　コロイド溶液に塩（えん）を適当量加えると沈殿が生じる。

　疎水コロイドに少量の塩を加えるとコロイド粒子が沈殿する現象を凝析，親水コロイドに多量の塩を加えるとコロイド粒子が沈殿する現象を塩析という。

名称	コロイド	加える塩の量	沈殿する理由
凝析	疎水コロイド	少	表面電荷による反発を小さくする
塩析	親水コロイド	多	表面の水和水の除去

答　ア：透析　　イ：塩析　　ウ：電気泳動

第6章 化学反応とエネルギー

問題 064 エンタルピー変化を付した反応式

☑ 1回目 □月□日
☑ 2回目 □月□日

次の(1)〜(3)の化学変化をエンタルピー変化を付した反応式で表せ。ただし，水が生じるときは液体として扱う。

(1) 黒鉛と酸素(気)から二酸化炭素(気)が1mol生じるとき，394kJの熱が発生する。

(2) 水素(気)と酸素(気)から水が1mol生じるとき，286kJの熱が発生する。

(3) メタン(気)1molを完全燃焼させると，892kJの熱が発生する。

（岩手大・改）

解説 化学反応における熱の発生や吸収は，エンタルピーHの変化量であるエンタルピー変化ΔH（デルタ）で表される。

$$\Delta H = \left(\begin{array}{l}\text{生成物がもつ}\\ \text{エンタルピーの和}\end{array}\right) - \left(\begin{array}{l}\text{反応物がもつ}\\ \text{エンタルピーの和}\end{array}\right)$$

エンタルピー変化ΔHを付した反応式は，次のPointの手順で書くとよい。

Point エンタルピー変化を付した反応式の書き方

❶ 化学反応式を書く。ただし，係数は着目する物質の係数が1となるようにする。他の物質の係数は分数になることもある。

↓

❷ 物質がもつエンタルピーは状態により異なるので，化学式には(固)，(液)，(気)などの状態をならべて書く。

↓

❸ 化学反応式の横にエンタルピー変化ΔH(単位はkJ)を書く。ΔHは，発熱反応では負の値($\Delta H<0$)，吸熱反応では正の値($\Delta H>0$)になる。

(1) Pointの手順❶❷にしたがって化学反応式を書くと，次のようになる。

$$C(黒鉛) + O_2(気) \longrightarrow CO_2(気)$$ ←1molのときは係数の1は省略する

発熱反応では，熱を放出すると生成物がもつエンタルピーは小さくなる。そのため，発熱反応では$\Delta H<0$になる。

$$\underset{反応物}{\underline{C(黒鉛) + O_2(気)}} \longrightarrow \underset{生成物}{\underline{CO_2(気)}} \quad \underset{発熱反応では\Delta H<0}{\underline{\Delta H = -394\,kJ}}$$

注 黒鉛とダイヤモンドでは物質がもつエンタルピーが異なるので，同素体が存在するときは，C(黒鉛)のように書く。

(2) 化学反応式で表すと，次のようになる。

$$2H_2 + O_2 \longrightarrow 2H_2O$$

今回は，液体の水が1mol生じるので，右辺のH_2O(液)の係数が1になるように両辺を$\frac{1}{2}$倍して，(1)と同様に書けばよい。

$$H_2(気) + \frac{1}{2}O_2(気) \longrightarrow H_2O(液) \quad \Delta H = -286\,\text{kJ}$$

発熱反応では$\Delta H < 0$

(3) 完全燃焼(かんぜんねんしょう)(完全に燃(も)える)とは，指示がなければ，反応物中の炭素原子Cと水素原子Hは，すべて酸素O_2と反応し，それぞれ二酸化炭素CO_2と，水H_2Oになる。化学反応式で表すと，次のようになる。

$$CH_4 + 2O_2 \longrightarrow CO_2 + 2H_2O$$

$C \longrightarrow CO_2$　$4H \longrightarrow H_2O \times 2$

(1)，(2)同様，Pointの手順にしたがって書くと，次のようになる。

$$CH_4(気) + 2O_2(気) \longrightarrow CO_2(気) + 2H_2O(液) \quad \Delta H = -892\,\text{kJ}$$

発熱反応では$\Delta H < 0$

(1)〜(3)では，いずれも熱が発生し，エンタルピーが減少する。エンタルピー変化を表した図(エネルギー図)にまとめると次のようになる。

(1)
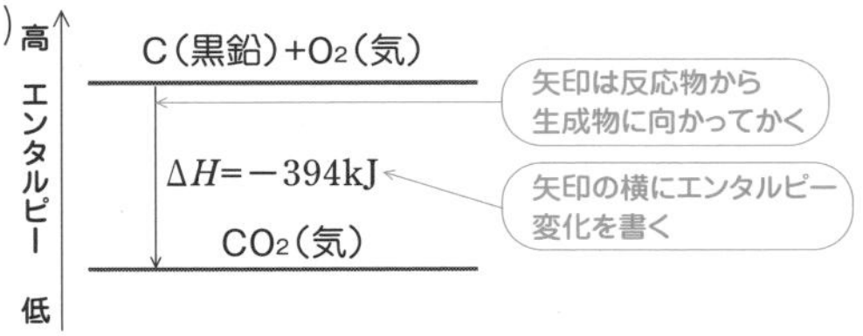

(2)
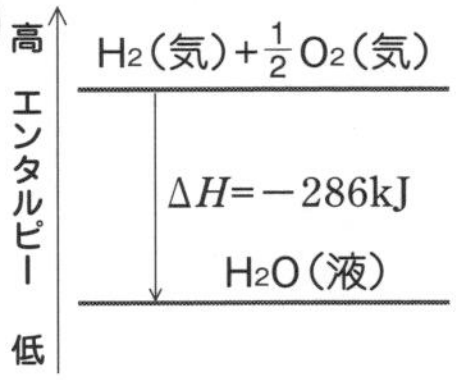

(3)
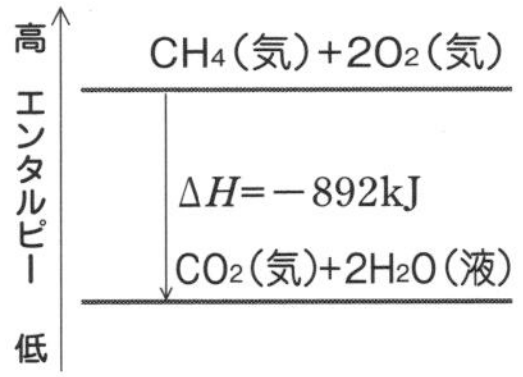

答

(1) $C(黒鉛) + O_2(気) \longrightarrow CO_2(気) \quad \Delta H = -394\,\text{kJ}$

(2) $H_2(気) + \frac{1}{2}O_2(気) \longrightarrow H_2O(液) \quad \Delta H = -286\,\text{kJ}$

(3) $CH_4(気) + 2O_2(気) \longrightarrow CO_2(気) + 2H_2O(液) \quad \Delta H = -892\,\text{kJ}$

問題 065

反応エンタルピー

1回目 月 日
2回目 月 日

次の(1)〜(5)に示すエンタルピー変化を付した反応式が表す反応エンタルピーの種類を，ⓐ〜ⓓから選び記号で答えよ。

(1) CH_4(気) + $2O_2$(気) ⟶ CO_2(気) + $2H_2O$(液) $\Delta H = -892\,\mathrm{kJ}$

(2) NaCl(固) + aq ⟶ NaClaq $\Delta H = 3.88\,\mathrm{kJ}$

(3) $2H_2$(気) + C(黒鉛) ⟶ CH_4(気) $\Delta H = -74.5\,\mathrm{kJ}$

(4) HClaq + NaOHaq ⟶ NaClaq + H_2O(液) $\Delta H = -56.5\,\mathrm{kJ}$

(5) 2C(黒鉛) + H_2(気) ⟶ C_2H_2(気) $\Delta H = 228\,\mathrm{kJ}$

ⓐ 生成エンタルピー　ⓑ 中和エンタルピー　ⓒ 燃焼エンタルピー
ⓓ 溶解エンタルピー

（福岡工業大・改）

解説　反応エンタルピーには，反応の種類によって分類され決まった名称をもつものがある。反応エンタルピーは着目する物質1molあたりの熱量(単位はkJ/mol)で表される。

Point　反応エンタルピーの種類

発熱反応では$\Delta H<0$，吸熱反応では$\Delta H>0$になる。

名称	定義内容	
生成エンタルピー	化合物1molが成分元素の単体から生成するときの反応エンタルピー	$\Delta H>0$，$\Delta H<0$の吸熱反応　発熱反応どちらもありうる
溶解エンタルピー	溶質1molが多量の溶媒(水の場合はaqと書く)に溶けて，溶液(水溶液の場合は化学式にaqをつける)になるときの反応エンタルピー	
燃焼エンタルピー	物質1molが完全燃焼するときの反応エンタルピー	常に$\Delta H<0$になる発熱反応
中和エンタルピー	酸と塩基が反応(p.52参照)して，水1molが生成するときの反応エンタルピー	

化学変化によりエンタルピーが減少($\Delta H<0$)すると，大気圧のような一定圧力の下ではその差に相当するエンタルピーが熱として放出される(発熱反応)。つまり，$\Delta H<0$は発熱反応，$\Delta H>0$は吸熱反応になる。よって，(1)(3)(4)は，

$\Delta H < 0$なので発熱反応，(2)(5)は$\Delta H > 0$なので吸熱反応になる。

(1) メタンCH_4(気)の燃焼エンタルピー：-892 kJ/mol

$1CH_4(気) + 2O_2(気) \longrightarrow CO_2(気) + 2H_2O(液)$　$\Delta H = -892$ kJ

発熱反応

(2) 塩化ナトリウム$NaCl$(固)の溶解エンタルピー：3.88 kJ/mol

$1NaCl(固) + aq \longrightarrow NaClaq$　$\Delta H = 3.88$ kJ

「多量の水」を表す　「水溶液」を表す　吸熱反応

(3) メタンCH_4(気)の生成エンタルピー：-74.5 kJ/mol

$2H_2(気) + C(黒鉛) \longrightarrow 1CH_4(気)$　$\Delta H = -74.5$ kJ

発熱反応

成分元素の単体
{ C ⟶ C(黒鉛)
{ H × 4 → H_2(気) × 2

(4) 中和エンタルピー：-56.5 kJ/mol

$HClaq + NaOHaq \longrightarrow NaClaq + 1H_2O(液)$　$\Delta H = -56.5$ kJ

発熱反応

(5) アセチレンC_2H_2(H−C≡C−H)(気)の生成エンタルピー：228 kJ/mol

$2C(黒鉛) + H_2(気) \longrightarrow 1C_2H_2(気)$　$\Delta H = 228$ kJ

吸熱反応

成分元素の単体
{ C × 2 → 2C(黒鉛)
{ H × 2 → H_2(気)

答 (1) ⓒ　(2) ⓓ　(3) ⓐ　(4) ⓑ　(5) ⓐ

問題 066

☑ 1回目 　月　日
☑ 2回目 　月　日

結合エネルギー(結合エンタルピー)

共有結合を切るために必要なエネルギーを結合エネルギーといい，気体分子内の結合1molあたりの値で示す。例えば，水素分子のH－Hの結合エネルギーは436kJ/molである。したがって，水素分子1molを水素原子2molに解離するには436kJが必要となる。

次表の結合エネルギーの値を用いて，塩化水素HCl(気)の生成エンタルピー〔kJ/mol〕を有効数字3桁で求めよ。

結　合	結合エネルギー〔kJ/mol〕
H－H	436
Cl－Cl	243
H－Cl	432

(九州産業大・改)

解説　HCl(気)の生成エンタルピーをA〔kJ/mol〕とする。HCl(気)の生成エンタルピーA〔kJ/mol〕とは，HCl(気)1molを，その成分元素の単体，すなわち0.5molのH$_2$(気)と0.5molのCl$_2$(気)から合成したときの反応エンタルピーがA〔kJ〕であることを表している。

$$\frac{1}{2}H_2(気) + \frac{1}{2}Cl_2(気) \longrightarrow HCl(気) \quad \Delta H = A〔kJ〕 \quad \cdots①$$

結合エネルギーとは，問題文にあるとおり，**気体分子内の共有結合1molを均等に切断するのに必要なエネルギー**を意味し，吸熱量を表している。

Point　結合エネルギー(結合エンタルピー)

例　X－Yの結合エネルギーがE_{XY}〔kJ/mol〕(E_{XY}は常に正の値になる)の場合

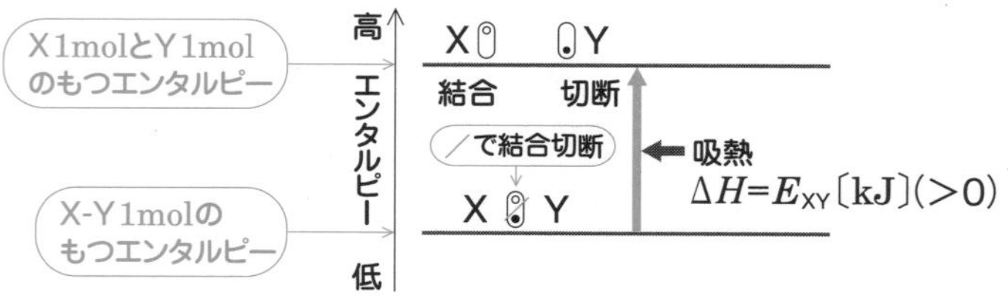

$$X-Y(気) \longrightarrow X(気) + Y(気) \quad \Delta H = E_{XY}〔kJ〕(>0)$$

「反応エンタルピーは，反応の経路(けいろ)によらず，反応のはじめの状態と終わりの状態で決まる。」これをヘスの法則という。

ヘスの法則を利用してAの値を求める。①式は(左辺) ⟶ (右辺)　$\Delta H = A$〔kJ〕なので，$\Delta H < 0$と仮定すると，次のようなエネルギー図で表すことができる。

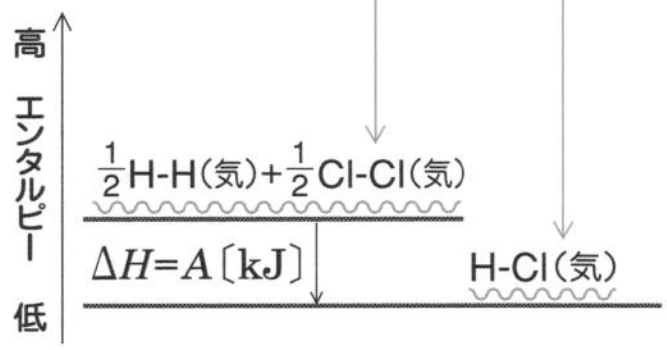

注 この時点では，ΔHは正・負のどちらとも考えられる。このようにΔHの符号がわからない場合は，$\Delta H<0$と仮定して図をかき計算すればよい。$\Delta H>0$だったときは，計算すると正の値で求まる。

問題文中の表に，結合エネルギーの値が与えられているので，結合エネルギーを吸収しエンタルピーが高くなった1 molのH(気)と1 molのCl(気)のもつエンタルピーを図の上に「H(気)＋Cl(気)」と書くとよい。

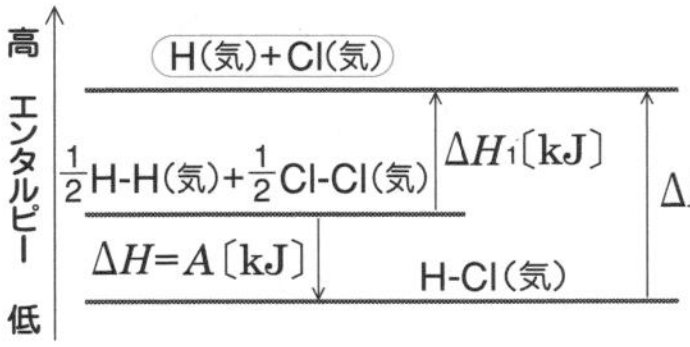

結合エネルギーを利用するときは構造式になおすと考えやすい

エネルギー図のΔH_1〔kJ〕は$\frac{1}{2}$ molのH−H結合と$\frac{1}{2}$ molのCl−Cl結合を切断するのに必要なエネルギー(反応物の結合エネルギーの和)を表している。

$$\Delta H_1 = 436\ \text{kJ/mol} \times \frac{1}{2}\ \text{mol} + 243\ \text{kJ/mol} \times \frac{1}{2}\ \text{mol} = 339.5\ \text{kJ}$$

また，エネルギー図のΔH_2〔kJ〕は1 molのH−Cl結合を切断するのに必要なエネルギー(生成物の結合エネルギーの和)を表している。

$$\Delta H_2 = 432\ \text{kJ/mol} \times 1\ \text{mol} = 432\ \text{kJ}$$

ここで，気体どうしの反応では，反応エンタルピーと結合エネルギーには次の関係が成り立つ。

反応エンタルピー
＝(反応物の結合エネルギーの和)－(生成物の結合エネルギーの和)

よって，$\Delta H = \Delta H_1 - \Delta H_2$となり，

$A = 339.5\ \text{kJ} - 432\ \text{kJ} = -92.5\ \text{kJ}$　　となる。

答 -92.5 kJ/mol

問題 067

ダニエル電池

1回目 月 日
2回目 月 日

右図のように，硫酸銅(Ⅱ)水溶液に銅板を入れ，また硫酸亜鉛水溶液に亜鉛板を入れ，両方の水溶液を素焼き板で隔てた電池をダニエル電池という。(1)～(5)に答えよ。

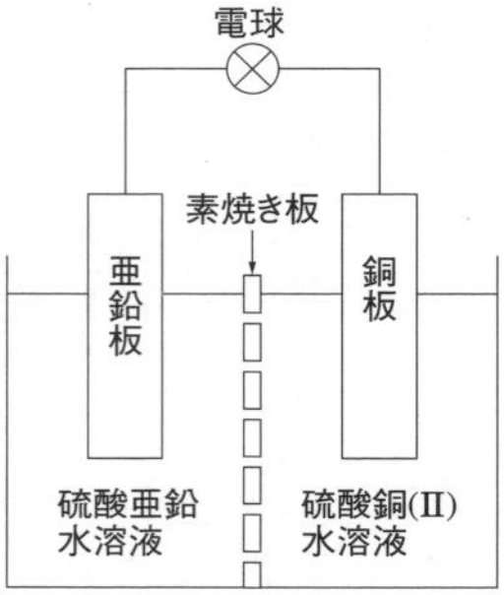

(1) どちらの金属が正極か。電極の金属名で答えよ。

(2) 電極の放電によって，亜鉛板および銅板の重さはどうなるか。

(3) 両極の溶液の濃度が，次の(a)，(b)の場合，電流の流れが大きいのはどちらか。記号で答えよ。
 (a) 1.0 mol/L 硫酸亜鉛水溶液と 0.1 mol/L 硫酸銅(Ⅱ)水溶液
 (b) 0.1 mol/L 硫酸亜鉛水溶液と 1.0 mol/L 硫酸銅(Ⅱ)水溶液

(4) 銅板で起こる反応をイオン反応式で示せ。

(5) 亜鉛板で起こる反応をイオン反応式で示せ。

（大阪歯科大）

解説 **酸化還元反応によって放出されるエネルギーを電気エネルギーの形でとり出す装置**を電池(でんち)という。電池では，還元剤として作用する負極活物質が電子を放出し，酸化剤として作用する正極活物質が電子を吸収することによって，放電する。

代表的な電池であるダニエル電池は，**亜鉛 Zn 板を浸した硫酸亜鉛 $ZnSO_4$ 水溶液と銅 Cu 板を浸した硫酸銅(Ⅱ) $CuSO_4$ 水溶液が素焼き板(すやきばん)などで仕切られた構造**をもつ。

亜鉛 Zn は銅 Cu よりもイオン化傾向が大きい（陽イオンになりやすい）ので，還元剤である Zn が Zn^{2+} となって溶け出す。Zn が放出した電子 e^- は銅板に移動する。銅板の表面で酸化剤である Cu^{2+} が受けとって銅 Cu が析出する。

(1) e^- は負極から正極に移動するので，銅板が正極となる。

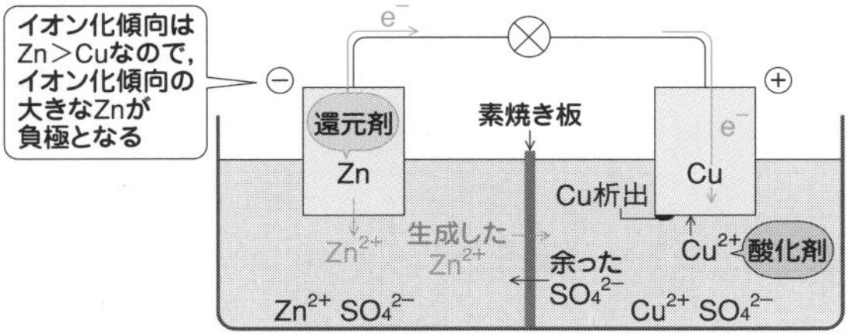

負極：
$Zn \longrightarrow Zn^{2+} + 2e^-$

正極：
$Cu^{2+} + 2e^- \longrightarrow Cu$

(2) 亜鉛板はZn^{2+}となり溶解して軽くなる。銅板はCuが析出するために重くなる。

(3) 硫酸亜鉛水溶液の濃度を小さくするとZnがZn^{2+}として溶け出しやすくなり，硫酸銅(Ⅱ)水溶液の濃度を大きくするとCu^{2+}がCuとして析出しやすくなる。すると電流の流れが大きくなる。

よって，(a)よりも硫酸亜鉛水溶液の濃度が小さく，硫酸銅(Ⅱ)水溶液の濃度が大きな(b)のほうが大きな電流が流れる。

(4) Cu^{2+}がe^-を受けとりCuが析出する。

(5) Znがe^-を放出し，Zn^{2+}となって水溶液中に溶け出す。

Point　電池

電池とは，還元剤と酸化剤を空間的に分離して導線で接続した装置。

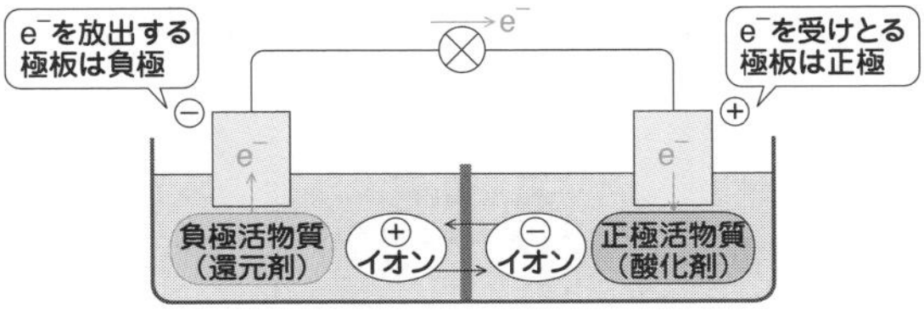

放電時は

負極：還元剤（イオン化傾向の大きな金属など）がe^-を放出する
正極：酸化剤がe^-を受けとる

の反応が起こっている。

素焼き板は，2つの水溶液が混合することを防ぎながら，⊕イオンや⊖イオンを通すことで電気的に接続している。

答

(1) 銅　(2) 亜鉛板：軽くなる　銅板：重くなる　(3) (b)
(4) $Cu^{2+} + 2e^- \longrightarrow Cu$　(5) $Zn \longrightarrow Zn^{2+} + 2e^-$

問題 068

鉛蓄電池

1回目　月　日
2回目　月　日

次の文章を読み，文中の［　］にあてはまる適当な語句または化学式を答えよ。

鉛蓄電池は，希硫酸に負極として［ア］，正極として［イ］を浸した電池である。放電することにより，両極とも水に溶けにくい白色の［ウ］で覆われる。放電後の鉛蓄電池に放電のときとは逆向きに電流を流すと，負極を覆っている［ウ］は［ア］に，正極を覆っている［ウ］は［イ］になる。この操作は［エ］とよばれ，放電と［エ］を繰り返して使える電池を蓄電池あるいは［オ］とよぶ。

（東京学芸大）

解説

鉛蓄電池（なまりちくでんち）は，**鉛Pbと酸化鉛(Ⅳ)PbO_2の極板を希硫酸に浸して導線で結んだ電池**である。

還元剤である［鉛Pb］（ア）が負極，酸化剤である［酸化鉛(Ⅳ)PbO_2］（イ）が正極となる。放電して負極から正極へとe^-が移動すると，PbやPbO_2がともにPb^{2+}に変化する。ここで生成したPb^{2+}が希硫酸中のSO_4^{2-}と結びつき，

$$Pb^{2+} + SO_4^{2-} \longrightarrow PbSO_4$$

水に溶けにくい白色の［硫酸鉛(Ⅱ)$PbSO_4$］（ウ）が生成し，極板の表面が$PbSO_4$で覆われていく。

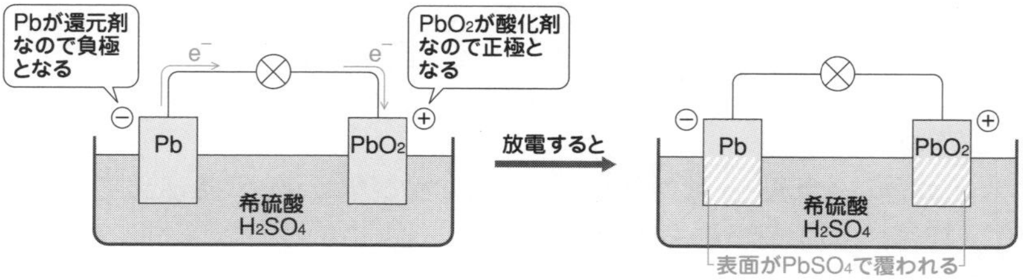

負極では，PbがPb^{2+}に変化し，希硫酸中のSO_4^{2-}と結びつくので，

まとめると…

$$Pb \longrightarrow Pb^{2+} + 2e^- \quad \leftarrow \text{Pb は } Pb^{2+} \text{ へ}$$

$$+)\ Pb^{2+} + SO_4^{2-} \longrightarrow PbSO_4 \quad \leftarrow Pb^{2+} \text{ は } SO_4^{2-} \text{ と結びつく}$$

$$\text{負極：} Pb + SO_4^{2-} \longrightarrow PbSO_4 + 2e^-$$

正極では，PbO_2 も Pb^{2+} に変化し，希硫酸中の $SO_4{}^{2-}$ と結びつくので，

$$PbO_2 + 4H^+ + 2e^- \longrightarrow Pb^{2+} + 2H_2O \quad \leftarrow PbO_2もPb^{2+}へ$$

まとめると…

$$+) \quad Pb^{2+} + SO_4{}^{2-} \longrightarrow PbSO_4 \quad \leftarrow Pb^{2+}はSO_4{}^{2-}と結びつく$$

$$正極：PbO_2 + 4H^+ + SO_4{}^{2-} + 2e^- \longrightarrow PbSO_4 + 2H_2O$$

外部電源を用いて，放電のときとは逆向きに電流を流す(**充電**(じゅうでん))エと，放電時の逆反応を起こすことができる。(このとき，正極を外部電源の正極に，負極を外部電源の負極に接続する。)

$$負極：Pb + SO_4{}^{2-} \underset{充電}{\overset{放電}{\rightleftarrows}} PbSO_4 + 2e^-$$

$$正極：PbO_2 + 4H^+ + SO_4{}^{2-} + 2e^- \underset{充電}{\overset{放電}{\rightleftarrows}} PbSO_4 + 2H_2O$$

負極を覆っている $PbSO_4$ は Pb に，正極を覆っている $PbSO_4$ は PbO_2 にもどる。放電と充電を繰り返して使える電池を蓄(ちく)電池あるいは**二次電池**オとよぶ。

Point 鉛蓄電池

鉛蓄電池 $(-)Pb \mid H_2SO_4aq \mid PbO_2(+)$ を放電すると，

$$\begin{cases} 負極：Pb + SO_4{}^{2-} \longrightarrow PbSO_4 + 2e^- \\ 正極：PbO_2 + 4H^+ + SO_4{}^{2-} + 2e^- \longrightarrow PbSO_4 + 2H_2O \end{cases}$$

となり，充電すればもとに戻る。

二次電池には鉛蓄電池以外にも次のような電池がある。

名称	負極活物質	正極活物質
ニッケル-カドミウム電池	Cd	NiO(OH)
ニッケル-水素電池	水素吸蔵合金	NiO(OH)
リチウムイオン電池	黒鉛とLiの化合物	Li_xCoO_2 $(0 < x < 1)$

答

ア：鉛　または　Pb　　イ：酸化鉛(Ⅳ)　または　PbO_2
ウ：硫酸鉛(Ⅱ)　または　$PbSO_4$　　エ：充電　　オ：二次電池

問題 069

1回目 月 日
2回目 月 日

燃料電池

リン酸型の水素-酸素燃料電池で電流をとり出すとき，負極では水素が消費され，正極では酸素が消費される。この電池を回路につないで電流を流したところ，負極では水素が0℃，1.013×10^5 Paの標準状態に換算して465 mL消費された。このとき，回路を流れた電気量〔C〕はいくらか。次の①～⑧のうちからもっとも近いものを1つ選べ。ただし，0℃，1.013×10^5 Paの標準状態の気体のモル体積は22.4 L/mol，ファラデー定数は9.65×10^4 C/molとする。

① 1.0×10^3　② 2.0×10^3　③ 3.0×10^3
④ 4.0×10^3　⑤ 5.0×10^3　⑥ 6.0×10^3
⑦ 7.0×10^3　⑧ 8.0×10^3

（東京都市大）

解説

還元剤として水素などの燃料（ねんりょう）と酸素などの酸化剤を外から連続的に供給し，反応によって生じるエネルギーを電気エネルギーとしてとり出す装置を**燃料電池**という。

リン酸を電解質に用いた水素-酸素燃料電池から電流をとり出すときは，負極では水素が酸化される。

$$負極：H_2 \longrightarrow 2H^+ + 2e^- \quad \cdots(i)$$

正極では酸素が還元され水が生じる。

$$O_2 + 4e^- \longrightarrow 2O^{2-}$$
$$+)\ (O^{2-} + 2H^+ \longrightarrow H_2O) \times 2$$
$$正極：O_2 + 4H^+ + 4e^- \longrightarrow 2H_2O \quad \cdots(ii)$$

まとめると…

Point 水素–酸素燃料電池（リン酸形）の模式図と反応

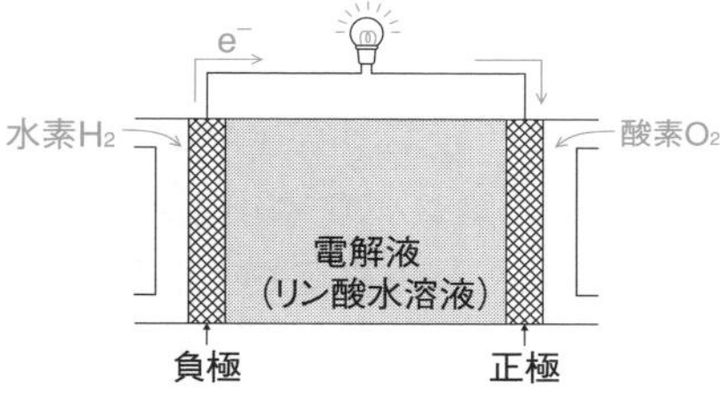

負極：$H_2 \longrightarrow 2H^+ + 2e^-$ …(ⅰ)
正極：$O_2 + 4H^+ + 4e^- \longrightarrow 2H_2O$ …(ⅱ)

全体：(ⅰ)×2＋(ⅱ)より，全体の化学反応式が得られる。

$2H_2 + O_2 \longrightarrow 2H_2O$

負極から流れた電子の物質量 n_{e^-} は消費した H_2 の物質量の2倍である。

$$n_{e^-} = \frac{465\times10^{-3}\,\mathrm{L}}{22.4\,\mathrm{L/mol}} \times \frac{2\,\mathrm{mol(e^-)}}{1\,\mathrm{mol(H_2)}} = 4.15\cdots\times10^{-2}\,\mathrm{mol(e^-)}$$

負極で消費した mol(H2)　（ⅰ）式より H2 1mol から e⁻ 2mol が生じる

Point ファラデー定数

電子1molあたりの電気量の絶対値をファラデー定数という。

$\overset{\text{ファラデー定数}}{F} = 9.65\times10^4\,\mathrm{C/mol}$

ファラデー定数 $9.65\times10^4\,\mathrm{C/mol}$ は，電子 e^- 1molがもつ電気量を表しているので，4.15×10^{-2} molの電子が回路を流れるとき，その電気量は，

$$4.15\times10^{-2} \times \frac{9.65\times10^4\,\mathrm{C}}{1\,\mathrm{mol(e^-)}} = 4.00\cdots\times10^3\,\mathrm{C}$$

mol(e⁻)

よって，④が正しい。

答 ④

1回目 月 日
2回目 月 日

問題070 電気分解と反応

次の文章を読み，文中の□に適切な電子を含む反応式を書け。

濃度が0.01mol/Lの硫酸水溶液の電気分解を，両極ともに白金電極を用いて行った。このとき，それぞれの電極で起こる化学反応は，

陽極：［ ア ］　　陰極：［ イ ］

（埼玉大）

解説

電気エネルギーを用いて酸化還元反応を起こすことを**電気分解**（でんきぶんかい）という。水溶液の電気分解は，❶～❻の流れで考える。

❶ **陽極と陰極を決定し，溶質（電解質）の電離と水H_2Oの電離も考える。**

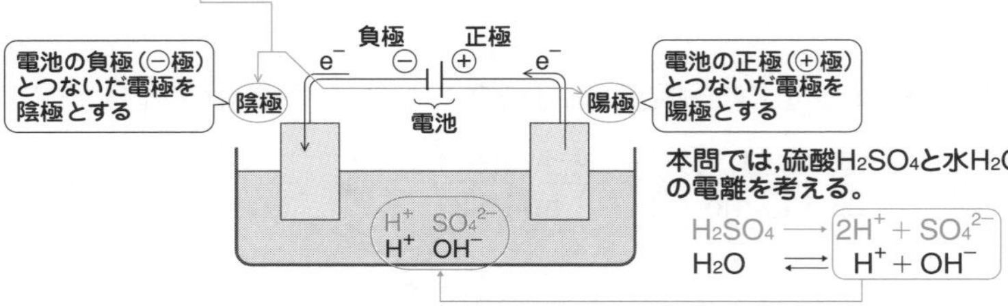

❷ **水溶液の液性（酸性・中性・塩基性）を調べる。**

本問の場合，硫酸水溶液を使っているので［酸性］とわかる。

陽極における反応式

❸ **陽極に使われている極板の種類をチェックする。**

❸₁ **陽極の極板がC，Pt，Au以外のときは，極板自身が酸化されて溶ける。**

例 陽極にCu板を使っているとき ➡ $Cu \longrightarrow Cu^{2+} + 2e^-$

❸₂ **陽極の極板がC，Pt，Auの場合，水溶液中の陰イオンを探す。**

(a) Cl^-を見つけたら ➡ $2Cl^- \longrightarrow Cl_2 + 2e^-$ と書く。

(b) Cl^-が見つからなければ ➡ $4OH^- \longrightarrow O_2 + 2H_2O + 4e^-$ と書く。

→本問の場合はコレ!!

$4OH^-$の変化先は$O_2 + 2H_2O$と覚えよう!!

❹ **陽極でOH^-が反応しているとき，❷で調べた水溶液の液性（酸性・中性・塩基性）に合わせて反応式を調整する。**

(a) 塩基性の水溶液の場合 ➡ $4OH^- \longrightarrow O_2 + 2H_2O + 4e^-$ のままでOK。

(b) 酸性や中性の水溶液の場合 ➡ 両辺にH^+を加えてOH^-をH_2Oにする。

→本問の場合はコレ!!

OH⁻をH₂Oにするために，両辺に4H⁺を加える

$$4OH^- \longrightarrow O_2 + 2H_2O + 4e^-$$
$$4H^+ \qquad\qquad 4H^+ \quad (+$$ まとめると…

$$\cancel{4H_2O} \longrightarrow O_2 + \cancel{2H_2O} + 4H^+ + 4e^-$$ 答

$2H_2O$

H_2Oは左辺に2個余る

陰極における反応式

❺ 水溶液中の陽イオンを探し，イオン化傾向の小さな陽イオンから還元される。

小　イオン化傾向　大

$Ag^+ > Cu^{2+} > H^+ > \cdots > Zn^{2+} > \cdots > Li^+$

本問の場合，H^+のみが存在しているため，

$2H^+ + 2e^- \longrightarrow H_2$　となる。

❻ 陰極でH^+が反応しているとき，❷で調べた水溶液の液性（酸性・中性・塩基性）に合わせて反応式を調整する。

(a) 酸性の水溶液の場合 ➡ $2H^+ + 2e^- \longrightarrow H_2$ 答 のままでOK。

→本問の場合はコレ!!

(b) 中性や塩基性の水溶液の場合 ➡ 両辺にOH^-を加えてH^+をH_2Oにする。

H^+をH_2Oにするために，両辺に$2OH^-$を加える

$$2H^+ + 2e^- \longrightarrow H_2$$
$$2OH^- \qquad\qquad 2OH^- \quad (+$$ まとめると…

$$2H_2O + 2e^- \longrightarrow H_2 + 2OH^-$$

完成!!

Point　電気分解

水溶液の電気分解は，❶〜❻の流れ作業でマスターしよう。陽極は，極板の種類をチェックすることを忘れない!!

注 水溶液でなく，塩を融解し液体状態にして行う溶融塩電解（ようゆうえんでんかい）（融解塩電解（ゆうかいえん））の場合も，陰極でイオン化傾向の小さな陽イオンから還元されていくと考える。

答 ア：$2H_2O \longrightarrow O_2 + 4H^+ + 4e^-$　イ：$2H^+ + 2e^- \longrightarrow H_2$

問題 071

電気分解の計算(1)

☑ 1回目 □月□日
☑ 2回目 □月□日

白金板を電極として，水酸化ナトリウム水溶液を電気分解すると，以下の反応が起こる。次の(1)～(3)の答えを下の①～⑩から選べ。

陽極： $4OH^- \longrightarrow 2H_2O + O_2 + 4e^-$

陰極： $2H_2O + 2e^- \longrightarrow H_2 + 2OH^-$

(1) 電子を4mol流すと，発生する酸素は何molか。

(2) 陽極に酸素が0.2mol発生した場合，流れた電子は何molか。

(3) (2)のときに，陰極で発生した水素は何molか。

①	0.1	②	0.2	③	0.3	④	0.4	⑤	0.5
⑥	0.6	⑦	0.7	⑧	0.8	⑨	0.9	⑩	1

（神奈川工科大）

解説

(1) 酸素O_2は陽極で発生する。陽極の反応式から，電子e^- 4molが流れるとO_2 1 molが発生する。

(2) 陽極の反応式から，O_2 1molが発生した場合，電子e^- 4molが流れたことがわかる。この問題では，0.2molのO_2が発生したので，

$$\underset{O_2\text{〔mol〕}}{0.2} \times \frac{4}{1}\ \text{e}^-\text{〔mol〕} = 0.8\ \text{mol}$$

のe^-が流れている。

(3) 陰極の反応式から，e^- 2molが流れるとH_2 1molが発生する。
(2)よりe^-が0.8mol流れたので，

$$\underset{e^-\text{〔mol〕}}{0.8} \times \frac{1}{2}\ H_2\text{〔mol〕} = 0.4\ \text{mol}$$

のH_2が発生している。

答 (1) ⑩　(2) ⑧　(3) ④

問題 072

☑ 1回目 　月　日
☑ 2回目 　月　日

電気分解の計算(2)

次の(1)，(2)の文章を読み，文中の［ア］，［イ］に適する反応式を書き，［ウ］～［カ］には数値を入れよ。ただし，0℃，1.013×10^5 Paの標準状態で気体のモル体積は22.4 L/mol，ファラデー定数は96500 C/molとする。

(1) 硝酸銀水溶液に，2本の白金電極を用いて電流を流した。陽極では［ア］，陰極では［イ］の反応が起こる。

(2) 2.00アンペアの電流を32分10秒流したとき，発生した気体の体積は0℃，1.013×10^5 Paの標準状態で［ウ］.［エ］［オ］［カ］Lである。（川崎医科大）

解説

(1) 各極で次の反応が起こる。

$Ag^+NO_3^-$
(H^+OH^-)
$AgNO_3$水溶液は塩基性ではない

陽極(Pt)（↑極板チェック）
$4OH^- \longrightarrow O_2 + 2H_2O + 4e^-$ ←Cl^-は見つからないので
$4H^+$ 　　$4H^+$ ←塩基性ではないので
$2H_2O \longrightarrow O_2 + 4H^+ + 4e^-$

陰極(Pt)
$Ag^+ + e^- \longrightarrow Ag$ ←イオン化傾向が小さな陽イオンが反応する

(2)

Point 電気量〔C〕＝電流〔A〕×時間〔秒〕で，アンペア〔A〕は $A=\frac{C}{秒}$，ファラデー定数96500 C/mol だから，（→ e^- 1molあたりを表している）

電流I〔A〕を時間t〔秒〕間流したときの，電子e^-の物質量〔mol〕は，

$$\frac{I〔C〕}{1〔秒〕}\times t〔秒〕\times\frac{1\ \text{mol}}{96500\ C}$$

気体は陽極のみで発生し，e^- 4molあたりO_2が1mol発生するから，

$$2.00\times1930\times\frac{1}{96500}\times\frac{1}{4}\times22.4=0.224\ \text{L}$$ となる。

（2.00：〔A〕，×1930まで：〔C〕，$\frac{1}{96500}$まで：e^-〔mol〕，$\frac{1}{4}$まで：O_2〔mol〕，22.4まで：O_2〔L〕）
32分10秒＝1930秒より
0℃，1.013×10^5 Paの標準状態で1mol＝22.4Lより

答
ア：$2H_2O \longrightarrow O_2 + 4H^+ + 4e^-$　　イ：$Ag^+ + e^- \longrightarrow Ag$
ウ：0　エ：2　オ：2　カ：4

第7章　反応速度と化学平衡

問題 073

反応速度

☑ 1回目　□月□日
☑ 2回目　□月□日

　ある反応について，反応速度に与える濃度，温度の効果を調べた。得られた結果を次のⓐ，ⓑに示す。下の(1)，(2)に答えよ。

ⓐ　反応物の濃度を低くすると反応は遅くなった。
ⓑ　温度を変えると反応の速さは変化した。

(1)　ⓐの理由を説明せよ。
(2)　ⓑで温度を低くすると，この反応の速さはどう変化するか。

（琉球大）

解説　反応速度は，**単位時間あたりの物質の濃度の変化量**である。

Point　反応速度の定義

$$反応速度 = \frac{反応時間内での物質の濃度の変化量}{反応時間}$$

(1)　反応物の濃度を大きくし，粒子の衝突回数が増えると，反応する確率が上がり，反応速度は大きくなる。

(2)　一般に，反応は，**エネルギー的に高い不安定な状態**（遷移状態（せんい）または**活性化状態**（かっせい か））を経（へ）て起こるため，**反応が起こるには一定のエネルギー**（活性化エネルギー）が必要となる。温度を上げると，このエネルギーより大きな運動エネルギーをもつ分子の割合が増えるので，反応速度は大きくなる。

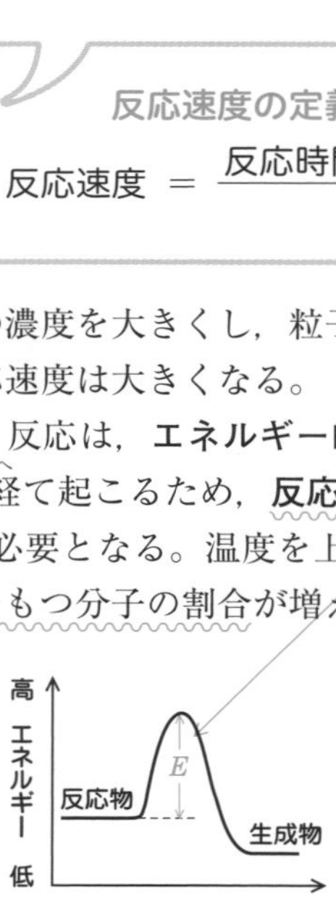

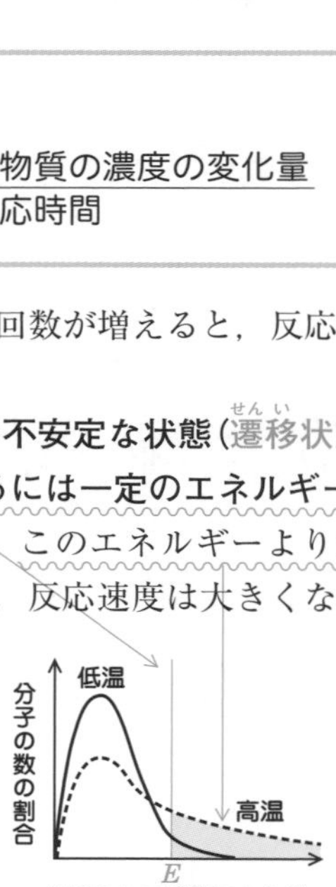

答　(1)　反応物粒子の衝突回数が減少するから。　(2)　遅くなる。

問題 074

1回目 月 日
2回目 月 日

反応速度式(1)

水溶液中の過酸化水素は，常温では非常にゆっくり分解するが，少量のFe^{3+}や酸化マンガン(Ⅳ)が存在すると，激しく分解する。この反応でFe^{3+}や酸化マンガン(Ⅳ)は触媒としてはたらく。

過酸化水素の分解反応では，反応の速さvは過酸化水素濃度に比例し，$v=k[H_2O_2]$と表される。この式は反応速度式，比例定数kは反応速度定数といわれる。一般にkは温度が上がるとともに値が大きくなる。

H_2O_2水溶液中に少量の塩化鉄(Ⅲ)を加え，常温でH_2O_2の濃度変化を測定したところ，右表の結果が得られた。1分ごとの反応の速さをmol/(L·min)単位で，H_2O_2の平均濃度をmol/L単位で，また1分ごとのkの値を1/min単位で求め，有効数字2桁で答えよ。

時間〔min〕	H_2O_2濃度〔mol/L〕
0	0.650
1	0.596
2	0.546
3	0.502

（日本女子大）

解説

化学反応式

$$aA + bB \xrightarrow{v} cC \quad (a,\ b,\ c\text{は係数})$$

では，反応速度vは次のPointのように表される。

Point 反応速度式

$$v=k[A]^x[B]^y$$ （[　]は各物質のmol/L単位で表される量）

kは反応速度定数といい，温度によって変化する。（xやyについてはp.123 問題075参照。）

過酸化水素H_2O_2はFe^{3+}やMnO_2を触媒（p.125 問題077参照）に用いると，次のように分解する。

$$2H_2O_2 \longrightarrow O_2 + 2H_2O$$

反応速度vは，$v=k[H_2O_2]$と表され，平均の濃度$\overline{[H_2O_2]}$と平均の反応速度$\overline{v}$を用いると，$\overline{v}=k\overline{[H_2O_2]}$と表せる。$k$は，$k=\dfrac{\overline{v}}{\overline{[H_2O_2]}}$によって求められる。

なお，$\overline{[H_2O_2]}$ と $\bar{v}$ は次の Point のように求められる。

Point 平均の濃度と平均の反応速度の求め方

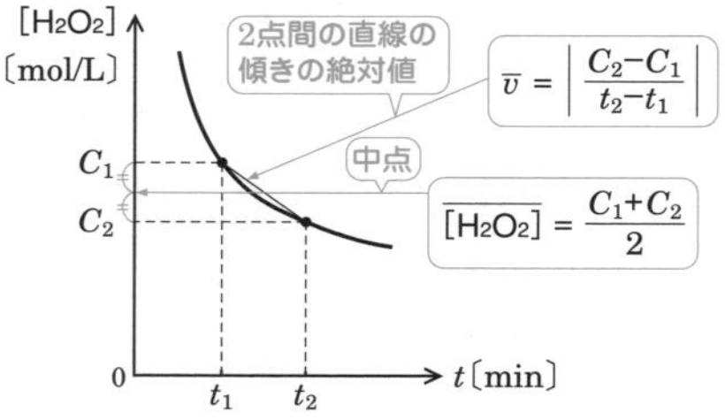

そこで，表の値より，

t〔min〕	$\bar{v}$〔mol/(L·min)〕	$\overline{[H_2O_2]}$〔mol/L〕	k〔1/min〕
0〜1	$\left\|\dfrac{0.596-0.650}{1-0}\right\| = \boxed{0.054}$	$\dfrac{0.650+0.596}{2} = \boxed{0.62}3$	$\dfrac{0.054}{0.623} = \boxed{0.08\overset{7}{66}\cdots}$
1〜2	$\left\|\dfrac{0.546-0.596}{2-1}\right\| = \boxed{0.050}$	$\dfrac{0.596+0.546}{2} = \boxed{0.57}1$	$\dfrac{0.050}{0.571} = \boxed{0.08\overset{8}{75}\cdots}$
2〜3	$\left\|\dfrac{0.502-0.546}{3-2}\right\| = \boxed{0.044}$	$\dfrac{0.546+0.502}{2} = \boxed{0.52}4$	$\dfrac{0.044}{0.524} = \boxed{0.08\overset{4}{39}\cdots}$

反応速度定数 k の値は，0.08〜0.09の範囲におさまり，一定とみなせる。

答 上記の表中の値参照。

問題 075

☑ 1回目 月 日
☑ 2回目 月 日

反応速度式(2)

AとBを反応物とする反応がある。実験の結果，この反応の一定温度での反応速度vは，AおよびBの濃度を[A]，[B]，反応速度定数をkとすると次のように表された。

$$v = k[\mathrm{A}]^a[\mathrm{B}]^b$$

ここで，Aの濃度をもとの2倍にすると，反応速度はもとの4倍になり，Bの濃度をもとの2倍にすると，反応速度はもとの2倍となった。AおよびBの濃度をもとの3倍にすると，反応速度はもとの何倍になるか。整数値で答えよ。

（産業医科大）

解説

Point 反応速度式の次数

$$\mathrm{A} + \mathrm{B} \xrightarrow{v} \mathrm{C}$$

$v = k[\mathrm{A}]^x[\mathrm{B}]^y$ の次数xやyは，実験で求める。

$v = k[\mathrm{A}]^a[\mathrm{B}]^b$で，[A]を2倍にすると，$v$が4倍$=2^2$倍となるので，$a = 2$である。[B]を2倍にすると，$v$が2倍$=2^1$倍となるので，$b = 1$である。

そこで反応速度式は，$v = k[\mathrm{A}]^2[\mathrm{B}]$ と表される。

Aの濃度を[A]から3[A]，Bの濃度を[B]から3[B]としたときの反応速度をv'とすると，

$$v' = k(3[\mathrm{A}])^2(3[\mathrm{B}])$$
$$= 27k[\mathrm{A}]^2[\mathrm{B}]$$
$$= 27v$$

となる。

よって，反応速度はもとの27倍になる。

答 27倍

問題 076

半減期

1回目 □月□日
2回目 □月□日

炭素の同位体 $^{14}_{6}C$ は，β 線を出しながら壊変し約5700年で半減する放射性同位体である。ある地層から出土した木片の中の $^{14}_{6}C$ の存在比が現在の12.5%であるとき，この木片の木が生存していたのは約何年前だと推定できるか。整数値で答えよ。

（南山大）

解説

放射性同位体は，半減期 (T) が経つごとに半分の量になる。$^{14}_{6}C$ では，$T=$ 約5700年 である。

Point 半減期

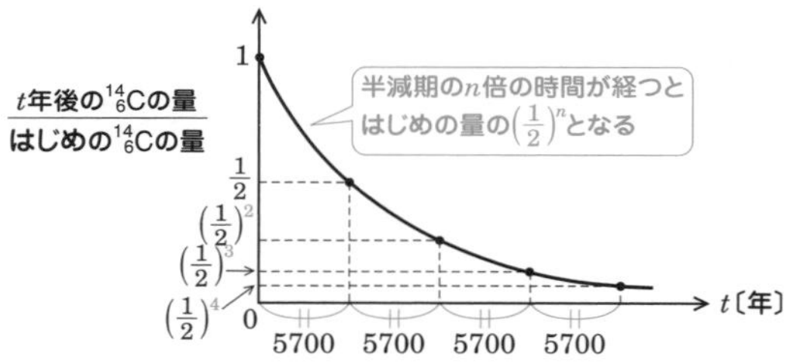

$^{14}_{6}C$ は，一般には宇宙線などによって再生産され，大気中で一定の割合となっている。また，光合成を通して植物中でも $^{14}_{6}C$ は一定の割合を保っている。しかし，死んで光合成が止まると植物に含まれる $^{14}_{6}C$ は β 線（電子の流れ）を出しながら壊変（放射線を出して壊れ，別の原子に変わる変化）し，$^{14}_{7}N$ に変化する。

中性子が陽子に変化し，原子番号が１つ大きくなる。このとき，電子が放出される

$$^{14}_{6}C \longrightarrow {}^{14}_{7}N + \beta \text{線（電子の流れ）}$$

そこで，$^{14}_{6}C$ の量が12.5%，すなわち，$\dfrac{12.5}{100}=\dfrac{1}{8}=\left(\dfrac{1}{2}\right)^3$ まで減少している木片は，約 $5700\times3=17100$ 年前に死んだ木のものと考えられる。

答 約17100年前

問題 077

1回目 月 日
2回目 月 日

触媒

触媒を用いると，活性化エネルギーがより小さい経路で反応が進むため，反応速度は大きくなる。右図は，ある反応について，触媒がある場合とない場合の反応経路とエネルギーの関係を示している。次の(1)〜(4)を図中のa〜cを用いて表せ。なおa〜cはいずれもエネルギーの大きさを表すものとする。

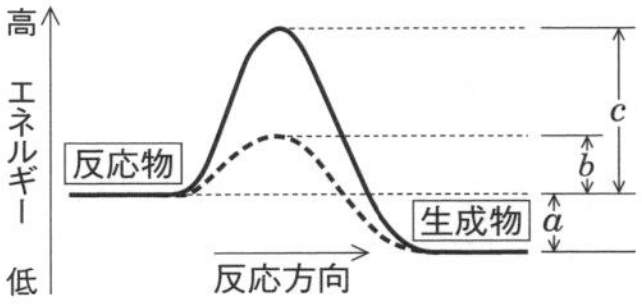

〈反応経路とエネルギーとの関係〉

(1) 触媒がない場合の活性化エネルギー
(2) 触媒がある場合の活性化エネルギー
(3) 触媒がない場合の反応エンタルピー
(4) 触媒がある場合の反応エンタルピー

（鳥取大・改）

解説 触媒（しょくばい）とは，**反応の前後でそれ自体は変化しないが，反応速度を上げる物質**のことである。触媒がある場合，ない場合と比べて，より活性化エネルギーの小さな経路で反応が進むので，反応できる分子の割合が増える。そのため，反応速度が大きくなるのである。

なお，触媒を加えても，反応物と生成物のエネルギーの差は変化しないので，反応エンタルピーの大きさは変わらない。

Point

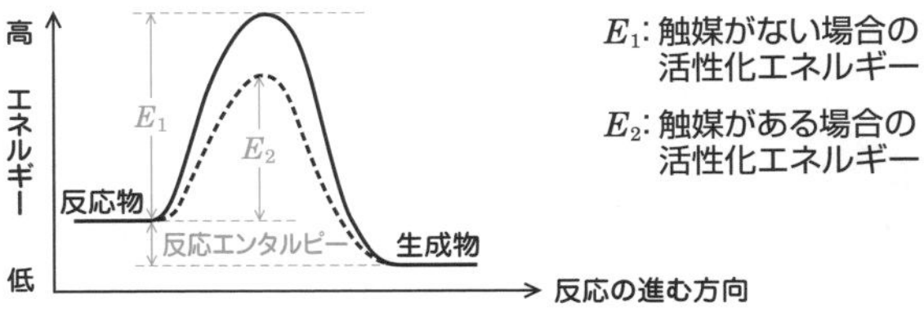

そこで，(1) 触媒がない場合の活性化エネルギー＝c
(2) 触媒がある場合の活性化エネルギー＝b
(3) 触媒がない場合の反応エンタルピー＝$-a$
(4) 触媒がある場合の反応エンタルピー＝$-a$

答 (1) c　(2) b　(3) $-a$　(4) $-a$

問題 078

反応速度と化学平衡

☑ 1回目 月 日
☑ 2回目 月 日

次の文章を読み，下の(1)，(2)に答えよ。

密閉した容器にN_2O_4を入れて温度を一定に保ったとき，図1に示すように時間とともにN_2O_4は減少し，NO_2は増加する。時間t_e以後は各濃度は変化していない。この状態を［ア］という。この反応は，①式に示すように右向き（⟶）にも左向き（⟵）にも起こっているので，［イ］反応という。

$N_2O_4 \rightleftarrows 2NO_2$ …①

この反応の速さの時間変化を図2に示す。右向き（⟶）の反応の速さを正反応の速さ(v_1)，左向き（⟵）の反応の速さを逆反応の速さ(v_2)とすると，v_2は図2中の曲線［ウ］で表される。

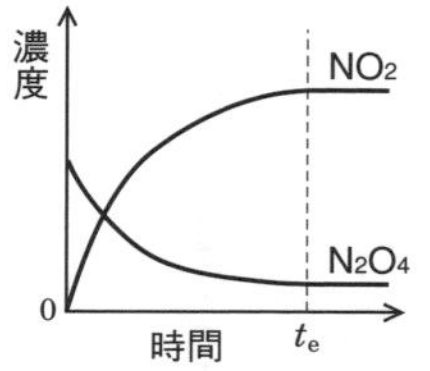

〈図1 N_2O_4とNO_2の濃度の時間変化〉

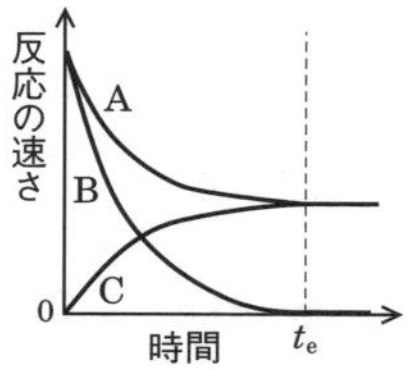

〈図2 反応の速さの時間変化〉

(1) 文中の［　］に適切な語句または記号を入れよ。

(2) 時間t_e以後，速度の差($v_1 - v_2$)はどうなるか。次の ⓐ～ⓒ から1つ選び記号で答えよ。

ⓐ $v_1 - v_2 > 0$　　ⓑ $v_1 - v_2 = 0$　　ⓒ $v_1 - v_2 < 0$

（九州産業大）

解説

四酸化二窒素（しさんかにちっそ）N_2O_4は常温，常圧で無色の気体であり，時間とともに次のように分解し，赤褐色の二酸化窒素（にさんかちっそ）NO_2の気体が生じる。

$N_2O_4 \longrightarrow 2NO_2$

ただし，密閉容器中ではふたたびNO_2がN_2O_4となる逆（ぎゃく）向きの反応が起こる。

$2NO_2 \longrightarrow N_2O_4$

これを逆向きの2本の矢印を用いて①式のように表し，［可逆（かぎゃく）］$_{イ}$反応という。

$N_2O_4 \rightleftarrows 2NO_2$ …①

そして，**右向き（⟶）**を正（せい）反応，**左向き（⟵）**を逆反応という。

右向き(正反応)の反応速度v_1と左向き(逆反応)の反応速度v_2は次のようになる。

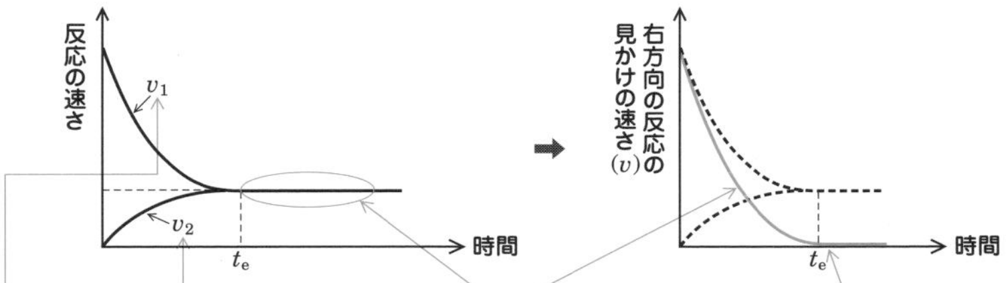

v_1(曲線A)は最初N_2O_4の濃度が高いので大きいが，N_2O_4が減少するにつれて小さくなる。

v_2(曲線C)は最初NO_2が存在しないので0(ゼロ)であるが，N_2O_4がNO_2へと分解しNO_2の濃度が高くなるので，大きくなる。

また，**見かけ上の右向きの速度vは，正反応と逆反応の速度の差となり，$v=v_1-v_2$(曲線B)**と表される。**t_e以後は，$v=0$すなわち$v_1=v_2$($v_1-v_2=0$)となり，止まって見える。**これを化学平衡の状態(かがくへいこう)(ア)という。

Point 化学平衡の状態

化学平衡の状態とは，正反応と逆反応の速度がつり合い，見かけ上は反応が止まって見える状態である。

答

(1) ア：化学平衡の状態(平衡状態)　イ：可逆　ウ：C

(2) ⓑ

問題 079

平衡定数

1回目 月 日
2回目 月 日

$$H_2(気) + I_2(気) \rightleftarrows 2HI(気)$$

で表される反応の平衡状態における平衡定数Kは，次式のように表される。

$$K = \frac{[HI]^2}{[H_2][I_2]}$$

容積3.0Lの容器に，水素とヨウ素を2.0molずつ入れて密閉し，一定温度に保って平衡状態に到達させたところ，ヨウ化水素が3.0mol生成した。このときの平衡定数Kの値を有効数字2桁で求めよ。

(東京理科大)

解説

初期量からx〔mol〕のH_2が反応して，平衡状態になったとすると，H_2とI_2が1molずつ反応し，HIが2mol生じるので，x〔mol〕のH_2とI_2が減少すると$2x$〔mol〕のHIが生じ，平衡状態での各成分の物質量は次のように表せる。

	H_2(気)	+ I_2(気)	⇄ 2HI(気)	
初期量	2.0	2.0	0	〔mol〕
変化量	$-x$	$-x$	$+2x$	〔mol〕
平衡量	$2.0-x$	$2.0-x$	$2x$	〔mol〕

平衡状態でHIは3.0mol生成しているので，

$$2x = 3.0$$

よって，$x = 1.5$

となり，H_2，I_2は平衡状態では，

$$\begin{cases} H_2 : 2.0-x = 2.0-1.5 = 0.50\ \text{mol} \\ I_2 : 2.0-x = 2.0-1.5 = 0.50\ \text{mol} \end{cases}$$

存在する。

そこで，平衡状態で単位体積あたりに含まれる物質量〔mol/L〕は

$$\left.\begin{aligned} [H_2] &= \frac{0.50\ \text{mol}}{3.0\ \text{L}} \\ [I_2] &= \frac{0.50\ \text{mol}}{3.0\ \text{L}} \\ [HI] &= \frac{3.0\ \text{mol}}{3.0\ \text{L}} \end{aligned}\right\} \cdots ①$$

となる。

Point 化学平衡の法則(質量作用の法則)

$$xA + yB + \cdots \rightleftarrows zC + wD + \cdots$$

(x, y, z, wは係数，A，B，C，Dは化学式)

の可逆反応が平衡状態にあるとき，

$$\frac{[C]^z[D]^w \cdots}{[A]^x[B]^y \cdots} = K$$

([　]は単位体積あたりの物質量やモル濃度を表す)

Kは**平衡定数**といい，温度が一定ならば一定の値となる。

$K = \dfrac{[HI]^2}{[H_2][I_2]}$に，①の値を代入すると，

$$K = \frac{\left(\dfrac{3.0}{3.0}\right)^2}{\left(\dfrac{0.50}{3.0}\right) \times \left(\dfrac{0.50}{3.0}\right)}$$

$$= \frac{3.0^2}{0.50 \times 0.50}$$

$$= 36$$

答 36

1回目 □月□日
2回目 □月□日

問題 080 平衡移動とルシャトリエの原理

無色の四酸化二窒素 N_2O_4 が分解して，赤褐色の二酸化窒素 NO_2 になる気体反応は可逆反応であり，①式で表すことができる。

$$N_2O_4(気) \rightleftarrows 2NO_2(気) \quad \Delta H = 57.2\,\mathrm{kJ} \quad \cdots ①$$

①式の反応が平衡状態にあるとき，次の(1)〜(3)の操作を行った。このとき，平衡はどのように移動するか。下のⓐ〜ⓒから1つ選び記号で答えよ。

〔操作〕 (1) 温度を一定に保ち，圧力を加える。
(2) 圧力を一定に保ち，加熱する。
(3) 温度と圧力を一定に保ち，触媒を加える。

〔平衡の移動〕 ⓐ N_2O_4(気)の分解の方向に移動する。
ⓑ N_2O_4(気)の生成の方向に移動する。
ⓒ どちらにも移動しない。

（九州大・改）

解説 **可逆反応が平衡状態にあるときに，平衡状態をくずすような条件の変更を外から行うと，その影響をやわらげる方向に変化が進み，新しい平衡状態になる。**これをルシャトリエの原理という。

Point ルシャトリエの原理

外からの変化をやわらげる方向に反応が進む。

	平衡状態にある可逆反応に対し	➡	反応がどちらへ進むか
濃度	反応式中の成分の 濃度を大きくすると 濃度を小さくすると	➡	 反応によりその成分が消費される方向へ 反応によりその成分が補給される方向へ
圧力	圧縮して 圧力を高くすると 膨張させて圧力を低くすると	➡	気体分子の総数が減少する方向へ 気体分子の総数が増加する方向へ
温度	温度を高くすると 温度を低くすると	➡	吸熱反応が起こる方向($\Delta H > 0$の方向)へ 発熱反応が起こる方向($\Delta H < 0$の方向)へ

(1) 温度を一定に保ち，圧力を加えて気体を圧縮すると，ルシャトリエの原理より，気体の分子数が減少する方向へ進み，新たな平衡状態となる。

右へ進むと N_2O_4 1分子が NO_2 2分子になり，逆に左に進むと NO_2 2分子が N_2O_4 1分子となるので，気体分子数が減少するのは左方向である。すなわちⓑの N_2O_4 が生成する方向に進む。

(2) 圧力を一定に保ち加熱すると温度が高くなるので，ルシャトリエの原理より，吸熱方向（$\Delta H > 0$ の方向）へ進み，新たな平衡状態となる。

①の反応は，右方向 ⟶ がエンタルピー変化 $\Delta H > 0$ なので，吸熱反応である。すなわちⓐの N_2O_4 が分解する方向に進む。

(3) 触媒は反応速度を大きくし，平衡状態に達するまでの時間を短くするが，平衡状態での量は変化しない。よって，平衡状態で触媒を加えても，どちらにも平衡は移動しない。したがって，ⓒである。

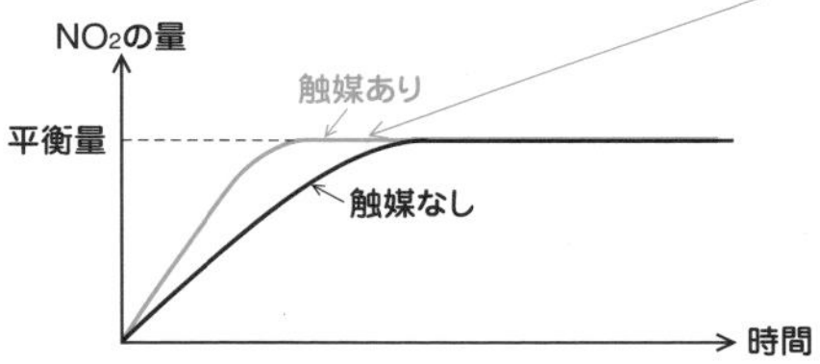

Point ルシャトリエの原理と触媒

触媒を加えても，平衡に達する時間が短くなるだけで，平衡状態での量は変化しない。

答 (1) ⓑ (2) ⓐ (3) ⓒ

問題 081

1回目 月 日
2回目 月 日

水のイオン積

次の文章を読み，文中の(　　)に適当な数値(有効数字2桁)，語句，式などを記入せよ。[　]は物質のモル濃度を表すものとする。原子量はH＝1.0，O＝16とする。

水分子H_2Oはごくわずかに電離しており，水素イオンH^+と水酸化物イオンOH^-を生じ，次のような電離平衡が成立している。

$H_2O \rightleftarrows H^+ + OH^-$　　…(ア)

(ア)式の電離定数Kは次のように表される。

$K = \dfrac{(\ 1\ )}{[H_2O]}$　　…(イ)

ここで，$[H_2O]$は一定とみなされるので，$K[H_2O]$は一定値となり，次の式が成り立つ。

$K[H_2O] = (\ 1\ ) = K_w$　　…(ウ)

K_wは，水の(2)とよばれ，25℃での値は，$1.0 \times 10^{-14}(mol/L)^2$であり，純水においては，$[H^+]$と$[OH^-]$が等しく，(3)mol/Lとなり，このときのpHは(4)である。また，水の密度を1.0 g/mLとすると，純水1.0L中の水の物質量は(5)molである。

(富山県立大)

解説

水は，ごくわずかに電離している。

$H_2O \rightleftarrows H^+ + OH^-$　…(ア)

このとき，それぞれの分子やイオンのモル濃度〔mol/L〕を$[H_2O]$，$[H^+]$，$[OH^-]$とすると，水の電離における平衡定数(電離定数)Kは，

$K = \dfrac{\boxed{[H^+][OH^-]}}{[H_2O]}$　…(イ)　(1)

温度一定でKは一定の値となる

と表せる。ここで，水の濃度$[H_2O]$は一定とみなされるので，$K[H_2O]$は一定値となり，$K[H_2O] = K_w$とおくと，次の式が成り立つ。

$K[H_2O] = [H^+][OH^-] = K_w$　…(ウ)

(K：一定，$[H_2O]$：一定，K_w：一定)

ここで，K_wは水の[イオン積(せき)](2)とよばれ，一定温度では一定の値になる。例えば，25℃では，

$K_w = 1.0 \times 10^{-14}\ (\mathrm{mol/L})^2$
である。

Point　水のイオン積

$K_w = [H^+][OH^-]$

$K_w = 1.0 \times 10^{-14}\ (\mathrm{mol/L})^2$　　(25℃)

K_wは，純水だけでなく，薄い水溶液中も成り立つ。

純水中のH^+をx〔mol/L〕とすると，

$H_2O \rightleftarrows 1H^+ + 1OH^-$

x〔mol/L〕　x〔mol/L〕←H^+とOH^-は同じx〔mol/L〕ずつ存在している

$[H^+] = [OH^-] = x$〔mol/L〕となり，上のPointより25℃の純水中で次の式が成り立つ。

$[H^+][OH^-] = K_w$より，

$x \times x = 1.0 \times 10^{-14}\ (\mathrm{mol/L})^2$

よって，$[H^+] = [OH^-] = x =$ $\boxed{1.0 \times 10^{-7}}_{3}$ mol/L　となる。

Point　水素イオン指数pH

$[H^+] = 10^{-n}$〔mol/L〕　のとき，

$\mathrm{pH} = n$

とする。

Pointより，$[H^+] = 1.0 \times 10^{-7}$ mol/Lなので，このときのpHは$\boxed{7.0}_{4}$となる。

水の密度を1.0 g/mLとすると，H_2Oの分子量が18なので，モル質量は18 g/molである。したがって，純水1.0 L中には，

$$1.0\ \mathrm{L} \times \frac{10^3\ \mathrm{mL}}{1\ \mathrm{L}} \times \frac{1.0\ \mathrm{g}}{1\ \mathrm{mL}} \times \frac{1\ \mathrm{mol}}{18\ \mathrm{g}} = \boxed{\overset{6}{55.5}}_{5}\ \mathrm{mol}$$

H_2O〔mL〕　H_2O〔g〕　H_2O〔mol〕

の水分子が存在する。

答　1：$[H^+][OH^-]$　2：イオン積　3：1.0×10^{-7}　4：7.0
5：56

問題 082

☑ 1回目 　月　日
☑ 2回目 　月　日

強酸・強塩基のpH

次の(1)，(2)の文中の［　］に該当する適切な答えを①～⑩から1つずつ選べ。ただし，塩酸および水酸化ナトリウムの電離度を1.0，水のイオン積を $1.0\times10^{-14}(\mathrm{mol/L})^2$ とする。

(1)　0.10mol/Lの塩酸のpHは［　］である。

(2)　0.010mol/Lの水酸化ナトリウム水溶液のpHは［　］である。

①　0.10	②　0.52	③　1.0	④　1.48	⑤　1.52
⑥　2.0	⑦　2.48	⑧　11	⑨　12	⑩　13

（東洋大）

解説

(1)　$0.10\ \mathrm{mol/L}=10^{-1}\ \mathrm{mol/L}$ の塩酸は，電離度が1.0とあるので，水溶液中でHCl分子は完全に電離している。

	HCl	⟶	①H^+	+	①Cl^-
電離前	10^{-1}mol/L				
電離後	0		$10^{-1}\times$①mol/L		$10^{-1}\times$①mol/L

↑ 電離度が1.0つまり100%電離している

よって，$[H^+]=10^{-1}\times1=10^{-1}\ \mathrm{mol/L}$　となり，pH＝［1.0］である。

(2)　$0.010\ \mathrm{mol/L}=10^{-2}\ \mathrm{mol/L}$ の水酸化ナトリウム水溶液は，電離度が1.0とあるので，水溶液中でNaOHは完全に電離している。

	NaOH	⟶	①Na^+	+	①OH^-
電離前	10^{-2}mol/L				
電離後	0		$10^{-2}\times$①mol/L		$10^{-2}\times$①mol/L

よって，$[OH^-]=10^{-2}\times1=10^{-2}\ \mathrm{mol/L}$　となる。

ここで，$K_w=[H^+][OH^-]=1.0\times10^{-14}\ (\mathrm{mol/L})^2$　より，

$$[H^+]\times10^{-2}=1.0\times10^{-14}$$

$$[H^+]=1.0\times10^{-12}$$

となり，pH＝［12］である。

答　(1)　③　　(2)　⑨

1回目 月 日
2回目 月 日

問題 083 弱酸・弱塩基のpH

次の文章を読み，文中の□にあてはまる数値を①～⑤から1つ選べ。

0.10mol/Lの酢酸水溶液がある。この溶液の電離度が，25℃で0.010であるとき，pHは□である。

① 1　② 2　③ 3　④ 4　⑤ 5

（湘南工科大）

解説

Point　弱酸水溶液の水素イオン濃度[H⁺]と電離度

C〔mol/L〕の酢酸 CH_3COOH 水溶液（電離度 α）の[H^+]を求めてみる。

電離した CH_3COOH は，電離度が α なので $C\alpha$〔mol/L〕となり，反応式の係数から，CH_3COOH 1molが電離すると CH_3COO^- と H^+ が1molずつ生成するため，CH_3COO^- は $C\alpha$〔mol/L〕，H^+ も $C\alpha$〔mol/L〕生成する。

	CH_3COOH	$\rightleftarrows$	CH_3COO^-	+	H^+
電離前	C〔mol/L〕				
電離後	$C-C\alpha$〔mol/L〕		$C\alpha$〔mol/L〕		$C\alpha$〔mol/L〕

↑電離せずに残っているのは，C から電離した $C\alpha$ を引いたもの

よって，[H^+]＝$C\alpha$〔mol/L〕　となる。

C＝0.10 mol/L，α＝0.010なので，上のPointより，

$$[H^+] = C\alpha = 0.10 \times 0.010 = 1.0 \times 10^{-3}\ \text{mol/L}$$

となり，$pH = -\log_{10}(1.0 \times 10^{-3}) = 3$　である。

なお，問題とは関係ないが，弱塩基の場合も次のPointにまとめておく。

Point　C〔mol/L〕のアンモニア NH_3 水（電離度 α）の場合は，

	NH_3	$+ H_2O \rightleftarrows$	NH_4^+	+	OH^-
電離前	C〔mol/L〕				
電離後	$C-C\alpha$〔mol/L〕		$C\alpha$〔mol/L〕		$C\alpha$〔mol/L〕

よって，[OH^-]＝$C\alpha$〔mol/L〕　となる。

答　③

1回目 月 日
2回目 月 日

問題 084 弱酸のpH

次の文章を読み，下の(1)，(2)に答えよ。

濃度c〔mol/L〕の弱酸HAの水溶液が25℃で電離平衡にある。電離度をαとすると各物質のモル濃度は，

	HA	⇄	H^+	＋	A^-	…(1)
（電離後のモル濃度）	$c-c\alpha$		［ア］		［ア］	

のようになる。したがって，(1)式で示される電離平衡の電離定数K_aは，cとαを用いて(2)式のように表される。

$$K_a=\frac{［イ］}{［ウ］}\quad\cdots(2)$$

ここで，弱酸の濃度cが大きいときは，αは1に比べて著しく小さいので，［ウ］≒1とみなすことができ，K_aは(3)式のようになる。

$$K_a=［イ］\quad\cdots(3)$$

よって，(3)式をαについて解くと，

$$\alpha=\sqrt{\frac{［エ］}{［オ］}}\quad\cdots(4)$$

また，水素イオンH^+のモル濃度を$[H^+]$とすると$[H^+]=$［ア］なので，(4)式を代入すると，(5)式のようになる。

$$[H^+]=\sqrt{［カ］}\quad\cdots(5)$$

(1)　文中の［　］を適切に埋めよ。

(2)　0.10 mol/Lの酢酸水溶液のpHを計算せよ。ただし，25℃における酢酸のK_aを1.8×10^{-5} mol/L，$\log_{10}1.8=0.26$とする。もっとも近い数値は次の①～⑩のうちどれか。

①　2.9　②　3.0　③　3.2　④　3.4　⑤　3.6
⑥　3.8　⑦　4.0　⑧　4.2　⑨　4.4　⑩　4.6

（愛知工業大）

解説

(1)　c〔mol/L〕の弱酸HA（電離度α）の各物質のモル濃度は，

	HA	⇄	H^+	＋	A^-	…(1)
電離前	c					
電離後	$c-c\alpha$		$c\alpha$ ア		$c\alpha$	

となり，(1)式における電離定数K_aは(2)式のようになる。

└酸（acid）を意味する添え字

$$K_a = \frac{[H^+][A^-]}{[HA]} = \frac{c\alpha \cdot c\alpha}{c - c\alpha} = \frac{c^2\alpha^2}{c(1-\alpha)} = \frac{\boxed{c\alpha^2}^{\,イ}}{\boxed{1-\alpha}_{\,ウ}} \quad \cdots(2)$$

ここで，αが1に比べて著(いちじる)しく小さいときには，(2)式の分母$1-\alpha \fallingdotseq 1$とみなすことができるので，

$$K_a = \frac{c\alpha^2}{1-\alpha} \fallingdotseq c\alpha^2 \quad \cdots(3)$$

となり，(3)式をαについて解くと，

$$K_a = c\alpha^2 \quad より，\quad \alpha^2 = \frac{K_a}{c} \qquad \alpha > 0だから，\quad \alpha = \sqrt{\frac{\boxed{K_a}^{\,エ}}{\boxed{c}_{\,オ}}} \quad \cdots(4)$$

$\boxed{ア}$より，$[H^+] = c\alpha$なので(4)式を代入すると，(5)式のようになる。

$$[H^+] = c\alpha = c \cdot \sqrt{\frac{K_a}{c}} = \sqrt{c^2 \cdot \frac{K_a}{c}} = \sqrt{\boxed{cK_a}_{\,カ}} \quad \cdots(5)$$

Point $[H^+]$と電離定数

c〔mol/L〕の弱酸HAの$[H^+]$は，$[H^+] = c\alpha = \sqrt{cK_a}$

(2) $pH = -\log_{10}[H^+]$から，pHは次の(6)式のようになる。

$$pH = -\log_{10}\sqrt{cK_a} = -\log_{10}(cK_a)^{\frac{1}{2}} = -\frac{1}{2}\log_{10}cK_a$$
$$= -\frac{1}{2}(\log_{10}c + \log_{10}K_a) \quad \cdots(6) \quad \leftarrow \log_{10}MN = \log_{10}M + \log_{10}N$$

$c = 0.10 = 10^{-1}$ mol/L，$K_a = 1.8 \times 10^{-5}$ mol/Lを(6)式に代入すると，

$$pH = -\frac{1}{2}\{\log_{10}10^{-1} + \log_{10}(1.8 \times 10^{-5})\}$$
$$= -\frac{1}{2}(\log_{10}10^{-1} + \log_{10}1.8 + \log_{10}10^{-5})$$
$$= -\frac{1}{2}(-1 + 0.26 - 5) \quad \leftarrow \begin{array}{l}\log_{10}10^{-a} = -a\log_{10}10 = -a \\ \log_{10}1.8 = 0.26\end{array}$$
$$= 2.87 \fallingdotseq 2.9$$

答

(1) ア：$c\alpha$　イ：$c\alpha^2$　ウ：$1-\alpha$　エ：K_a　オ：c　カ：cK_a

(2) ①

1回目 月 日
2回目 月 日

問題085 緩衝液

酢酸は，水溶液中で(1)式のように電離して平衡状態になる。酢酸は弱酸であり，電離度は小さい。

$CH_3COOH \rightleftarrows CH_3COO^- + H^+$ …(1)

一方，酢酸ナトリウムは，電離度がほぼ1の塩であり，水溶液中で(2)式のように電離する。

$CH_3COONa \longrightarrow CH_3COO^- + Na^+$ …(2)

これらの酢酸と酢酸ナトリウムを溶解した混合水溶液に少量の酸や塩基を加えてもpHはほとんど変化しない。これを緩衝作用という。

問1 0.10 molの酢酸と0.10 molの酢酸ナトリウムを溶解した1.0 Lの混合水溶液のpHとして適切な値をⓐ～ⓕの中から1つ選べ。ただし，酢酸の電離定数K_aは2.0×10^{-5} mol/Lとし，$\log_{10} 2.0 = 0.3$とする。

ⓐ 3.3　ⓑ 3.7　ⓒ 4.3　ⓓ 4.7　ⓔ 5.3　ⓕ 5.7

問2 緩衝作用を示す物質の組み合わせをⓐ～ⓔの中から1つ選べ。

ⓐ 塩酸と塩化ナトリウム　ⓑ 硝酸と硝酸ナトリウム

ⓒ 水酸化カリウムと塩化カリウム　ⓓ アンモニアと塩化アンモニウム

ⓔ 水酸化ナトリウムと塩化ナトリウム

（東海大（医））

解説

弱酸とその弱酸の塩（もしくは，弱塩基とその弱塩基の塩）の混合水溶液は，**少量の酸や塩基を加えてもpHが変化しにくい性質**をもつ。これを緩衝作用（かんしょう）といい，**このような性質をもつ溶液**を緩衝液という。

Point 緩衝作用

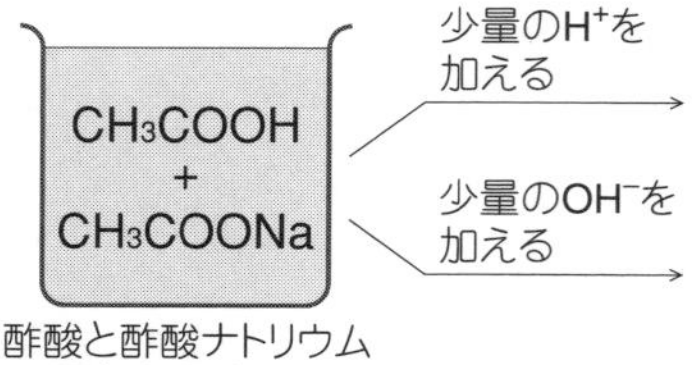

酢酸と酢酸ナトリウムの混合水溶液

$CH_3COO^- + H^+ \longrightarrow CH_3COOH$
によって，H^+の増加を抑（おさ）える

$CH_3COOH + OH^- \longrightarrow CH_3COO^- + H_2O$
によって，OH^-の増加を抑える

⬇

pHがあまり変化しない

問1

$$CH_3COOH \rightleftarrows CH_3COO^- + H^+$$

混合水溶液1.0L中で0.10molのCH_3COONaが(2)式のように電離しているため，最初から0.10molのCH_3COO^-が存在

	CH_3COOH	CH_3COO^-	H^+	
初期量	0.10	0.10	0	〔mol/L〕
電離量	$-x$	$+x$	$+x$	〔mol/L〕
平衡量	$0.10-x$	$0.10+x$	x	〔mol/L〕

CH_3COO^-が多く存在すると，ルシャトリエの原理より，CH_3COOHの電離平衡が左に移動するから，CH_3COOHの電離度は非常に小さくなる。

よって，$0.10-x \fallingdotseq 0.10$，$0.10+x \fallingdotseq 0.10$ と近似してよい。

$$K_a = \frac{[CH_3COO^-][H^+]}{[CH_3COOH]} = \frac{(0.10+x)\times x}{0.10-x} \fallingdotseq \frac{0.10\times x}{0.10} = x$$
$$= 2.0\times10^{-5}$$

$[H^+]=x=2.0\times10^{-5}$ mol/Lなので，この水溶液のpHは，

$$pH = -\log_{10}[H^+] = 5-\log_{10}2.0 = 5-0.3 = 4.7$$ となる。

よって，ⓓが正しい。

問2 ⓐ，ⓑは強酸とその強酸の塩，ⓒ，ⓔは強塩基とその強塩基の塩の組み合わせなので，緩衝作用を示さない。弱塩基とその弱塩基の塩であるⓓの NH_3+NH_4Cl の混合溶液が緩衝作用を示す。ⓓに少量の酸や塩基を加えると次のような変化が起こり，H^+やOH^-の増加を抑(おさ)える。

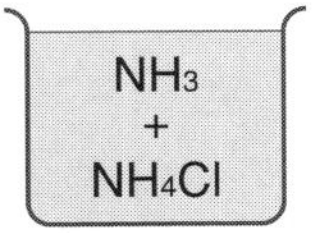

アンモニアと塩化アンモニウムの混合水溶液

少量のH^+を加える → $NH_3 + H^+ \longrightarrow NH_4^+$
によって，H^+の増加を抑える

少量のOH^-を加える → $NH_4^+ + OH^- \longrightarrow NH_3 + H_2O$
によって，OH^-の増加を抑える

答 問1 ⓓ　問2 ⓓ

問題 086

溶解度積

☑ 1回目 □月□日
☑ 2回目 □月□日

次の文章を読み，下の(1)，(2)に答えよ。

固体の塩化銀AgClは水に溶けにくいが，次式の溶解平衡式のように，ごくわずかが溶けている。

$$\mathrm{AgCl(固)} \rightleftarrows \mathrm{Ag^+} + \mathrm{Cl^-}$$

そのため，塩化銀の飽和水溶液では，温度が一定であれば水溶液中の銀イオン濃度$[\mathrm{Ag^+}]$と塩化物イオン濃度$[\mathrm{Cl^-}]$の積は次式のように一定になる。

$$[\mathrm{Ag^+}][\mathrm{Cl^-}] = K_{\mathrm{AgCl}}\text{(一定)}$$

このK_{AgCl}を塩化銀の溶解度積という。

(1) 塩化銀の飽和水溶液中の塩化物イオンの濃度を有効数字1桁で求めよ。なお，$K_{\mathrm{AgCl}} = 1 \times 10^{-10}\ (\mathrm{mol/L})^2$とする。

(2) 塩化銀は，水よりも塩化ナトリウムNaCl水溶液に溶けにくい。この理由を説明せよ。

（島根大）

解説

塩化銀AgClは塩化ナトリウムNaClに比べて水に溶けにくく，ごくわずかに水に溶けて，次のような溶解平衡(ようかいへいこう)の状態になる。

$$\mathrm{AgCl(固)} \rightleftarrows \mathrm{Ag^+} + \mathrm{Cl^-}$$

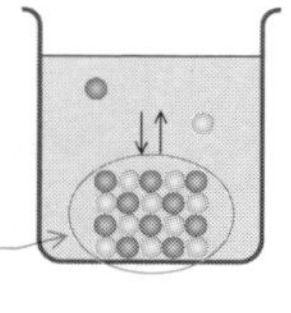

化学平衡の法則より，平衡定数をKとすると，

$$\frac{[\mathrm{Ag^+}][\mathrm{Cl^-}]}{[\mathrm{AgCl(固)}]} = K$$

となる。分母の$[\mathrm{AgCl(固)}]$は，固体の単位体積あたりの物質量であり，一定と見なせる。そこで，

$$[\mathrm{Ag^+}][\mathrm{Cl^-}] = K[\mathrm{AgCl(固)}]$$

と変形し，右辺をK_{AgCl}とすると，

$$[\mathrm{Ag^+}][\mathrm{Cl^-}] = K_{\mathrm{AgCl}}$$

となり，K_{AgCl}を**溶解度積**(ようかいどせき)という。

Point 溶解度積

一般に，M^{a+}とN^{b-}からなるイオン結晶M_xN_yが，次のような溶解平衡にあるとき，

$$M_xN_y(固) \rightleftarrows xM^{a+} + yN^{b-}$$

溶液中での各イオンの濃度により，溶解度積K_{sp}は次のように表せる。

$$[M^{a+}]^x[N^{b-}]^y = K_{sp}$$

溶解度積(solubility product)の意味

K_{sp}は，温度一定の場合は一定となる。

(1) AgClが水に溶解するとAg^+とCl^-に電離するので，飽和溶液中のAg^+のモル濃度とCl^-のモル濃度は等しく，$[Cl^-] = x$〔mol/L〕とすると，$[Ag^+] = x$〔mol/L〕となる。

$[Ag^+][Cl^-] = K_{AgCl} = 1 \times 10^{-10}\ (mol/L)^2$　より，

x〔mol/L〕$\times x$〔mol/L〕$= 1 \times 10^{-10}\ (mol/L)^2$

$x^2 = 1 \times 10^{-10}$

$x > 0$なので，

$x = 1 \times 10^{-5}$ mol/L

(2) 塩化ナトリウムNaClは水によく溶けて，次のように電離する。

$$NaCl \longrightarrow Na^+ + Cl^-$$

塩化銀が溶解平衡を形成しているとき，上ずみ液にNaClを加えると溶けて電離するので，飽和溶液中の塩化物イオン濃度$[Cl^-]$が大きくなる。

するとルシャトリエの原理より，AgClの溶解平衡は$[Cl^-]$を小さくする方向，すなわち左向きに平衡移動する。そのため，AgClの電離度は小さくなり，溶解量が減少する。

$$AgCl(固) \rightleftarrows Ag^+ + Cl^-$$

このように，電解質水溶液に共通するイオンを加えると平衡移動が起こり，電離度や溶解度が小さくなる。この現象を，**共通イオン効果**という。

答

(1) 1×10^{-5} mol/L

(2) 塩化ナトリウムの電離によって，塩化物イオン濃度が大きくなり，ルシャトリエの原理より，塩化銀の溶解平衡が電離を抑える方向に移動するから。

第８章　無機物質

問題 087

ハロゲン（17族）

☑ 1回目　月　日
☑ 2回目　月　日

フッ素，塩素，臭素およびヨウ素に関する次の記述(a)〜(e)のうち，正しいものの組み合わせはどれか。下の①〜⑨から選び，番号で答えよ。

(a)　単体は，いずれも水によく溶ける。
(b)　単体は，いずれも常温・常圧において有色である。
(c)　水素化合物のうち，沸点のもっとも高いものはヨウ化水素である。
(d)　水素化合物の水溶液は，いずれも強酸となる。
(e)　水素化合物の水溶液のうち，ガラス容器で保存できないものがある。

①　(a)と(b)　②　(a)と(c)　③　(a)と(d)　④　(b)と(c)
⑤　(b)と(d)　⑥　(b)と(e)　⑦　(c)と(d)　⑧　(c)と(e)
⑨　(d)と(e)

（福岡大）

解説　**周期表17族に属する元素を**ハロゲンといい，価電子を7個もち，電子を1個受け入れ1価の陰イオンになりやすい。

例　$_{9}F$　K(2)L(7)　は，$_{9}F^{-}$　K(2)L(8)　になりやすい。

Point　ハロゲンの単体と化合物の性質

単体

	常温・常圧で	色	酸化力	水との反応
F_2	気体	淡黄	大	$2F_2 + 2H_2O \longrightarrow 4HF + O_2$
Cl_2	気体	黄緑	↑	$Cl_2 + H_2O \rightleftarrows HCl + HClO$
Br_2	液体	赤褐	↑	$Br_2 + H_2O \rightleftarrows HBr + HBrO$
I_2	固体	黒紫	小	水に溶けにくく，反応しにくい

化合物

ハロゲン化水素	水溶液	沸点
HF	弱酸	大
HCl	強酸	小
HBr	強酸	↓
HI	強酸	大

HF←分子間の水素結合（p.69参照）によりハロゲン化水素の中では最も沸点が高い

HCl〜HI←分子量が大きいほどファンデルワールス力が強く，沸点が高い

(a)（誤り） フッ素は水と激しく反応し，H_2Oを酸化しO_2が発生する。

$$2\underset{0}{F_2} + 2H_2\underset{-2}{O} \longrightarrow 4H\underset{-1}{F} + \underset{0}{O_2}$$ ← 酸化数

塩素は水に少し溶け，その一部が反応して塩化水素と次亜塩素酸（じあえんそさん）を生じる。

次亜塩素酸

$$\underset{0}{Cl_2} + H_2O \rightleftarrows H\underset{-1}{Cl} + H\underset{+1}{Cl}O$$ ← 構造式ではCl−O−Hであり，HOCl のように書くこともある

次亜塩素酸は強い酸化作用をもち，塩素水は漂白剤や殺菌剤などに用いられる。酸化剤として作用するとき，次のように変化する。

$$H\underset{+1}{Cl}O + 2e^- + H^+ \longrightarrow \underset{-1}{Cl^-} + H_2O$$

臭素は塩素より水に溶けにくいものの，塩素と同様の反応をする。

次亜臭素酸

$$\underset{0}{Br_2} + H_2O \rightleftarrows H\underset{-1}{Br} + H\underset{+1}{Br}O$$

ヨウ素はほとんど水に溶けず，水とは反応しにくい。ただし，ヨウ化カリウム水溶液には次の反応が右に進んで溶解する。

三ヨウ化物イオン

$$I_2 + I^- \rightleftarrows I_3^-$$ ← 褐色

(b)（正しい） フッ素は淡黄色，塩素は黄緑色の気体である。臭素は赤褐色の液体，ヨウ素は黒紫色の固体である。

(c)（誤り） ハロゲン化水素の沸点は，分子間で水素結合を形成するフッ化水素がもっとも高い。

(d)（誤り） フッ化水素の水溶液（フッ化水素酸）は他のハロゲン化水素の水溶液と異なり，弱酸である。

(e)（正しい） フッ化水素酸は，ガラスの主成分である二酸化ケイ素SiO_2やケイ酸塩と反応し，ガラスを溶かす。

$$SiO_2 + 6HF \longrightarrow H_2SiF_6 + 2H_2O$$

ヘキサフルオロケイ酸

このため，フッ化水素酸はガラス容器ではなく，ポリエチレン製の容器で保存する。

以上より，(b)と(e)が正しい。

答 ⑥

☑ 1回目 □月□日
☑ 2回目 □月□日

問題 088 硫黄（16族）

硫黄は化学的に活性で，多くの元素と結びついて硫化物をつくる。空気中で点火すると，青色の炎を上げて燃焼して，二酸化硫黄を生じる。

硫黄の化合物である硫酸は，以下の方法で工業的に製造される。まず，硫黄を燃焼させ，二酸化硫黄をつくる。次に酸化バナジウム(V)を触媒として用いて二酸化硫黄を空気中の酸素と反応させて，三酸化硫黄とする。生成した三酸化硫黄を［ a ］に吸収させて発煙硫酸を得る。これを［ b ］で薄めて濃硫酸にする。この硫酸の工業的製法を［ c ］という。

問1 文中の［ a ］，［ b ］にあてはまるもっとも適切なものを，次の㋐～㋔の中からそれぞれ1つずつ選べ。

㋐ 王水　㋑ 希硫酸　㋒ 混酸　㋓ 水酸化ナトリウム水溶液
㋔ 濃硫酸

問2 文中の［ c ］にあてはまるもっとも適切なものを，次の㋐～㋔の中から1つ選べ。

㋐ オストワルト法　㋑ 接触法　㋒ ソルベー法　㋓ 電解精錬
㋔ ハーバー・ボッシュ法

問3 硫酸の工業的製法により硫黄が完全に硫酸に変えられるとすると，硫黄16.0kgから理論上，質量パーセント濃度98.0%の濃硫酸は何kg得られるか。原子量はH＝1.0，O＝16，S＝32とし，もっとも近い値を，次の㋐～㋔の中から1つ選べ。

㋐ 49.0　㋑ 50.0　㋒ 96.0　㋓ 196　㋔ 200

（千葉工業大）

解説

問1，2 Sの同素体には，斜方硫黄（しゃほういおう），単斜硫黄（たんしゃ），ゴム状硫黄などがある。斜方硫黄は常温で安定で，空気を断って加熱すると単斜硫黄やゴム状硫黄に変化する。

同素体	斜方硫黄	単斜硫黄	ゴム状硫黄（無定形硫黄）
外観	黄色，塊状（かいじょう）結晶	淡黄色，針状（しんじょう）結晶	褐色（純度が高いと黄色），ゴム状固体
分子の構成	 環状分子S_8	 環状分子S_8	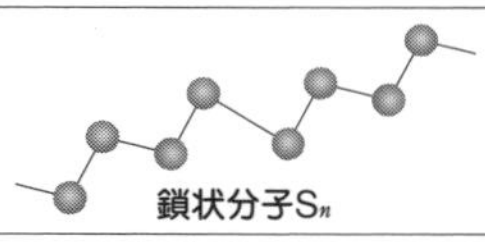 鎖状分子S_n

Sを空気中で燃やすと，二酸化硫黄SO_2を発生する。

$$S + O_2 \longrightarrow SO_2$$

酸化バナジウム(V)V_2O_5を触媒とし，SO_2をO_2と反応させるとSO_3が得られる。

$$2SO_2 + O_2 \longrightarrow 2SO_3$$

生じたSO_3を濃硫酸(a)に吸収させて得られる発煙(はつえん)硫酸を希硫酸(b)で薄めて濃硫酸をつくる。

$$SO_3 + H_2O \longrightarrow H_2SO_4$$

この**硫酸の製造法**を接触法(せっしょくほう)(c)という。

Point　接触法

$$S \xrightarrow{O_2} SO_2 \xrightarrow[{[V_2O_5]}]{O_2} SO_3 \xrightarrow{\text{濃硫酸}} \text{発煙硫酸} \xrightarrow{\text{希硫酸}} \text{濃硫酸}$$

問3　S原子に注目すれば，Sが最終的にH_2SO_4に変化しているので，S 1 molからH_2SO_4が1 mol得られることがわかる。質量パーセント濃度98.0%の濃硫酸（溶液100gあたりH_2SO_4を98.0g含む）がx〔kg〕生じたとする。

H_2SO_4の分子量 ＝ 1.0×2＋32＋16×4 ＝ 98 なので，次式が成立する。

$$\frac{16.0 \times 10^3\,\text{g}}{32\,\text{g/mol}} \times \frac{1\,\text{mol}(H_2SO_4)}{1\,\text{mol}(S)} = x \times 10^3 \times \frac{98.0}{100} \div 98$$

kgをgに（10^3）

16.0kgに含まれるSの物質量 → mol(S)

x〔kg〕の98.0%濃硫酸に含まれるH_2SO_4の質量〔g〕 → g(H_2SO_4)

→ mol(H_2SO_4)

よって，x＝50.0 kg

したがって，㋑が正解である。

答　**問1**　a：㋔　b：㋑　**問2**　㋑　**問3**　㋑

問題 089

☑ 1回目 月 日
☑ 2回目 月 日

窒素（15族）

次の文章を読み，文中の［　　］にあてはまる物質名を1つずつ答えよ。

窒素の水素化合物であるアンモニアは，アンモニウム塩と強塩基との反応でつくられる。工業的には［ア］を主成分とする触媒を用いて，窒素と水素から高圧下においてつくられる。この製法は，ハーバー・ボッシュ法とよばれている。窒素の酸化物の1つである［イ］は，銅と希硝酸との反応によって発生する気体で，水にほとんど溶けず，空気中では酸化される。工業的には白金を触媒として，アンモニアを酸化することによってつくられる。［イ］を空気酸化し，生成物である［ウ］を温水と反応させると硝酸が得られる。このアンモニアから硝酸をつくる製法は，オストワルト法とよばれている。

（埼玉大）

解説　工業的には［四酸化三鉄］（ア）Fe_3O_4 を主成分とする触媒を用いて，400～600℃，1×10^7～3×10^7Paの条件で，ハーバー・ボッシュ法により N_2 と H_2 **からアンモニア** NH_3 **がつくられる**。

$$N_2 + 3H_2 \rightleftarrows 2NH_3$$

窒素の酸化物である［一酸化窒素］（イ）NOはCuと希硝酸，二酸化窒素 NO_2 はCuと濃硝酸から発生させることができる。

$$3Cu + 8HNO_3 \longrightarrow 3Cu(NO_3)_2 + 2NO + 4H_2O$$

$$Cu + 4HNO_3 \longrightarrow Cu(NO_3)_2 + 2NO_2 + 2H_2O$$

硝酸は NH_3 を原料にしてオストワルト法で製造される。

Point　オストワルト法

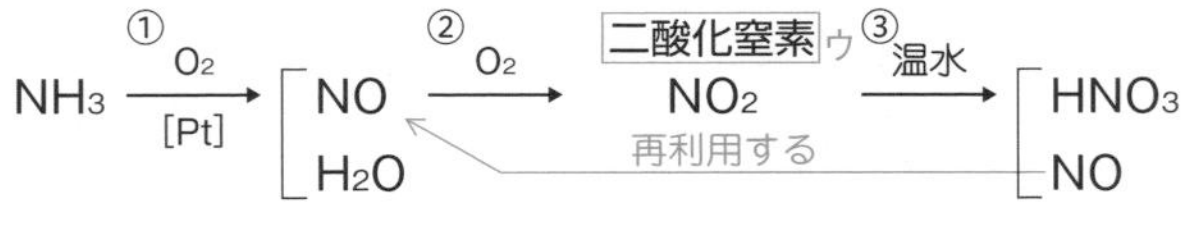

① $4NH_3 + 5O_2 \longrightarrow 4NO\uparrow + 6H_2O$

② $2NO + O_2 \longrightarrow 2NO_2$

③ $3NO_2 + H_2O \longrightarrow 2HNO_3 + NO\uparrow$

答　ア：四酸化三鉄　イ：一酸化窒素　ウ：二酸化窒素

問題 090

1回目 □月□日
2回目 □月□日

リン(15族)

次の文章を読み，文中の□にあてはまる語句を下の①～⑧から選べ。

リンの ア には，黄リンと赤リンがある。このうち，黄リンは淡黄色の固体で，空気中では自然発火するため イ に保存する。また，黄リンは毒性が ウ が，赤リンは毒性が エ 。

① 強い	② ほとんどない	③ 石油(灯油)中	④ 水中
⑤ 空気中	⑥ 同位体	⑦ 同素体	⑧ 化合物

(東北工業大)

解説

リンの[同素体](ア)には，黄(おう)リン(もしくは白(はく)リン)や赤(せき)リンがある。黄リンは淡黄色の固体で，空気中で自然発火(はっか)するために[水中](イ)に保存する。また，黄リンは毒性が[強い](ウ)が，赤リンは毒性が[ほとんどない](エ)。

Point リン

黄リン(分子式P_4)は淡黄色・有毒な固体で，空気中で自然発火することがあるので水中に保存する。

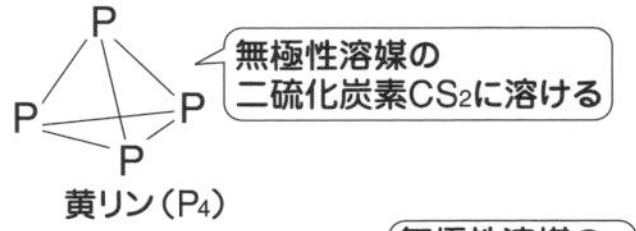

赤リン(組成式P)は赤褐色・毒性の少ない粉末で，マッチの摩擦(まさつ)面に使われている。

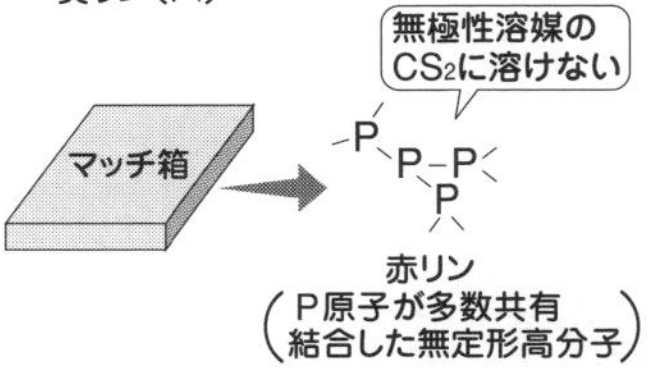

同素体	黄リン(分子式P_4)	赤リン(組成式P)
外観	淡黄色，ろう状固体	赤褐色，粉末
発火点	低い(35℃)	高い(260℃)
二硫化炭素CS_2への溶解	溶ける	溶けない
特徴	空気中で自然発火する ➡水中に保存する	マッチ箱の発火剤に使用
毒性	猛毒	毒性は少ない

答 ア：⑦　イ：④　ウ：①　エ：②

☑ 1回目 □月□日
☑ 2回目 □月□日

問題091 ケイ素(14族)

次の文章を読み，下の(1)〜(3)に答えよ。

ケイ素は周期表［ア］族に属する典型元素で価電子を［イ］個もっている。単体は天然には存在しないが，①二酸化ケイ素を電気炉中で融解し，コークスを用いて還元すると，一酸化炭素を発生して単体が人工的に得られる。ケイ素の単体は，多数の原子が［ウ］結合で結ばれた②ダイヤモンドの炭素の結合構造と同じ三次元構造をしていて融点も高い。

二酸化ケイ素は［エ］，［オ］などとしてほぼ純粋な形で天然に存在する。また，③二酸化ケイ素は，水酸化ナトリウムと反応してケイ酸ナトリウムになる。ケイ酸ナトリウムに水を加えて加熱すると，粘性の大きな［カ］ができる。

［カ］の水溶液に塩酸を加えると［キ］が沈殿する。この沈殿を水で洗ったのち，乾燥させたものを［ク］という。これは表面に親水性の［ケ］基をもち，また小さなすきまが多数あるので水分を吸収しやすく乾燥剤や脱臭剤として使われる。

(1) 文中の［　］に適切な語または数字を入れよ。
(2) 下線①，③を化学反応式で示せ。
(3) 下線②の構造とはどのような構造か，その基本となる立体の名称を示せ。

（弘前大）

解説

Siは［14］(ア)族元素で，電子配置は ${}_{14}$Si K(2)L(8)M(4) となり，価電子は［4］(イ)個である。単体のSiは天然には存在せず，二酸化ケイ素SiO_2をコークスCで還元してつくる。

$SiO_2 + 2C \longrightarrow Si + 2CO$ ←(2)下線①

Siの単体は，多数のSi原子が［共有］(ウ)結合で結ばれたダイヤモンドと同じ正四面体構造をしている。←(3)

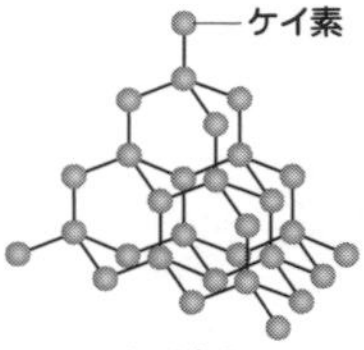

ケイ素Si

SiO_2は自然界には，［石英(せきえい)］(エまたはオ)(透明度が高い石英の大きな結晶は［水晶(すいしょう)］(エまたはオ)という)や［ケイ砂］(エまたはオ)として存在する。また，酸性酸化物であるSiO_2は$NaOH$やNa_2CO_3と高温で反応してケイ酸ナトリウムNa_2SiO_3となる。

$$\begin{cases} SiO_2 + 2NaOH \longrightarrow Na_2SiO_3 + H_2O \\ SiO_2 + Na_2CO_3 \longrightarrow Na_2SiO_3 + CO_2 \end{cases}$$ ←(2)下線③

Point　ケイ酸ナトリウムからシリカゲルをつくる

ケイ酸ナトリウムNa_2SiO_3に水を加えて加熱すると，粘性(ねんせい)の大きな水ガラス(みず)［カ］となる。これに塩酸を加えると弱酸のケイ酸［キ］H_2SiO_3が沈殿する。

$$Na_2SiO_3 + 2HCl \longrightarrow H_2SiO_3 + 2NaCl$$

このケイ酸を水で洗い，乾燥させたものをシリカゲル［ク］という。シリカゲルは表面にヒドロキシ［ケ］基をもち，小さなすきまが多数あり，乾燥剤や吸着剤などに利用される。

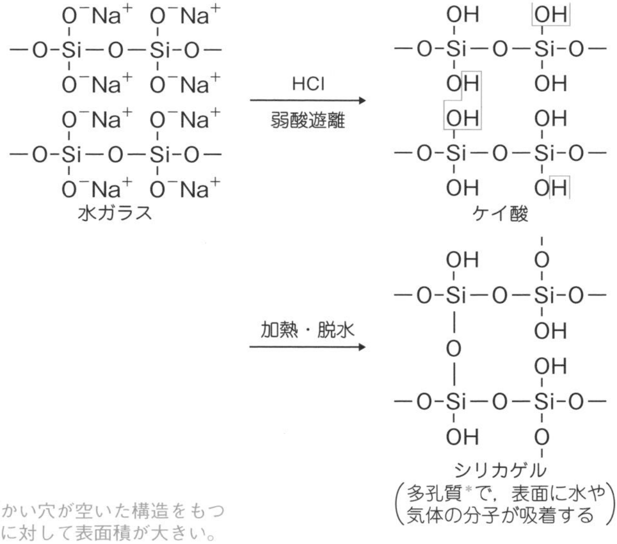

*多くの細かい穴が空いた構造をもつこと。体積に対して表面積が大きい。

答

(1) ア：14　イ：4　ウ：共有
エ，オ：石英，水晶，ケイ砂から2つ（順不同）　カ：水ガラス
キ：ケイ酸　ク：シリカゲル　ケ：ヒドロキシ

(2) ①　$SiO_2 + 2C \longrightarrow Si + 2CO$
③　$SiO_2 + 2NaOH \longrightarrow Na_2SiO_3 + H_2O$

(3) 正四面体

問題 092

気体の性質と製法

☑ 1回目　月　日
☑ 2回目　月　日

次の気体発生反応①〜⑤から，有色の気体が発生するものを1つ選べ。

① 硫化鉄(Ⅱ)に希塩酸を加える。

② 塩化アンモニウムと水酸化カルシウムの混合物を加熱する。

③ 塩化ナトリウムに濃硫酸を加えて加熱する。

④ 酸化マンガン(Ⅳ)に濃塩酸を加えて加熱する。

⑤ 銅に希硝酸を加える。

（獨協医科大）

解説

気体発生のパターン1〜3を覚えよう。

パターン1 酸・塩基反応を使って，弱酸性や弱塩基性の気体を発生させる。
（弱酸性 → H_2Sなど　弱塩基性 → NH_3）

① FeSのS^{2-}とHClのH^+が結びつき，H_2Sが発生する。

$$S^{2-} + 2H^+ \longrightarrow H_2S$$

両辺にFe^{2+}と$2Cl^-$を加えると

$$FeS + 2HCl \longrightarrow H_2S + FeCl_2$$ ←①の反応式

② NH_4ClのNH_4^+が$Ca(OH)_2$のOH^-にH^+を奪われて，NH_3が発生する。

$$NH_4^+ + OH^- \longrightarrow NH_3 + H_2O$$

（H^+がNH_4^+からOH^-へ移る）

$Ca(OH)_2$は2価なので全体を2倍する

$$2NH_4^+ + 2OH^- \longrightarrow 2NH_3 + 2H_2O$$

両辺に$2Cl^-$とCa^{2+}を加えると

$$2NH_4Cl + Ca(OH)_2 \longrightarrow 2NH_3 + 2H_2O + CaCl_2$$ ←②の反応式

となり，①ではH_2S，②ではNH_3が発生する。

パターン2 揮発性（きはつせい）(液体から気体が生じやすい性質)のちがいを利用して，気体を発生させる。

③ 濃硫酸は不揮発性（ふきはつせい）の液体なので，揮発しやすいHClが発生する。

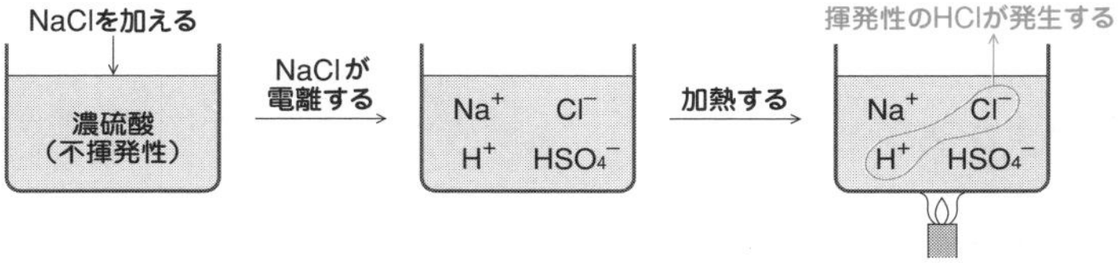

$NaCl + H_2SO_4 \longrightarrow HCl + NaHSO_4$ ←③の反応式

となり，③ではHClが発生する。

パターン3 酸化・還元反応を使って，気体を発生させる。

④ **Cl^-とMnO_2の酸化・還元反応により，Cl_2が発生する。**
(Cl^-→還元剤，MnO_2→酸化剤)

$$\begin{cases} 2Cl^- \longrightarrow Cl_2 + 2e^- & \cdots(i) \\ MnO_2 + 4H^+ + 2e^- \longrightarrow Mn^{2+} + 2H_2O & \cdots(ii) \end{cases}$$

←Cl^-はCl_2へ
←MnO_2はMn^{2+}へ

(i)式＋(ii)式より，

両辺に$2Cl^-$を加えると

$$MnO_2 + 4H^+ + 2Cl^- \longrightarrow Mn^{2+} + Cl_2 + 2H_2O$$

$$MnO_2 + 4HCl \longrightarrow MnCl_2 + Cl_2 + 2H_2O$$ ←④の反応式

⑤ **CuやAgと，熱濃硫酸が反応してSO_2，濃硝酸が反応してNO_2，希硝酸が反応してNOが発生する。**

$$\begin{cases} Cu \longrightarrow Cu^{2+} + 2e^- & \cdots(i) \\ HNO_3 + 3H^+ + 3e^- \longrightarrow NO + 2H_2O & \cdots(ii) \end{cases}$$

←CuはCu^{2+}へ
←HNO_3(希)はNOへ

(i)式×3＋(ii)式×2より，

両辺に$6NO_3^-$を加えると

$$3Cu + 2HNO_3 + 6H^+ \longrightarrow 3Cu^{2+} + 2NO + 4H_2O$$

$$3Cu + 8HNO_3 \longrightarrow 3Cu(NO_3)_2 + 2NO + 4H_2O$$ ←⑤の反応式

となり，④ではCl_2，⑤ではNOが発生する。

Point 常温・常圧で，有色(ゆうしょく)の気体として次の4つを覚えよう!!

F_2(淡黄色(たんおうしょく))　Cl_2(黄緑色(おうりょくしょく))　NO_2(赤褐色)　O_3(淡青色(たんせいしょく))

Pointより，黄緑色の気体であるCl_2が発生する④が答え。

答 ④

問題 093

気体の捕集法

☑ 1回目 　月　日
☑ 2回目 　月　日

実験室で塩素を発生させるために，図に示す装置を用いフラスコに酸化マンガン(Ⅳ)を入れ，濃塩酸を滴下して加熱した。下の(1)〜(4)に答えよ。

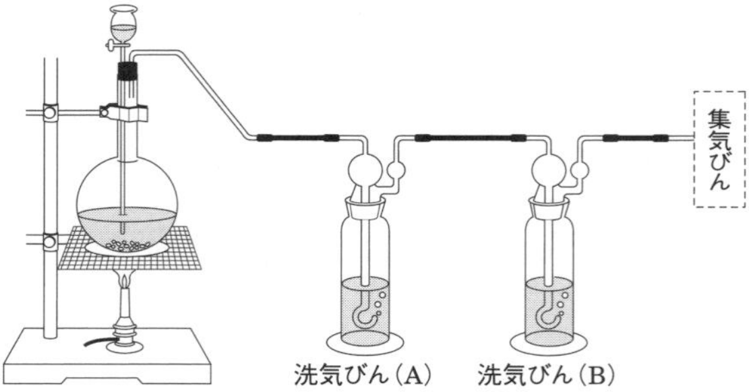

(1) 塩素発生時に反応容器中で進行する反応の化学反応式を書け。

(2) 洗気びん(A)には水が入れてあり，発生した気体は水を通る。この水の役割を具体的に述べよ。

(3) 洗気びん(B)に入れるべき試薬として正しいものを，次のⓐ〜ⓔから選び記号で答えよ。

ⓐ 濃硝酸　ⓑ 濃塩酸　ⓒ 水酸化ナトリウム水溶液
ⓓ 濃硫酸　ⓔ 蒸留水

(4) 塩素の捕集方法として適切なものを，次のⓐ〜ⓒから選び記号で答えよ。

ⓐ 上方置換　ⓑ 下方置換　ⓒ 水上置換

(大阪薬科大)

解説

(1) p.150 問題092 でつくった反応式を書く。

$$MnO_2 + 4HCl \longrightarrow MnCl_2 + Cl_2 + 2H_2O$$ 答

なお，この反応は加熱しないと進まない。覚えておくこと。

(2)〜(4) 濃塩酸から揮発した塩化水素HClや水蒸気が塩素Cl_2に混ざって出てくる。そこで，右ページの図のように装置を組み立ててHClやH_2Oを除き，下方置換(かほうちかん)でCl_2を捕集(ほしゅう)する。

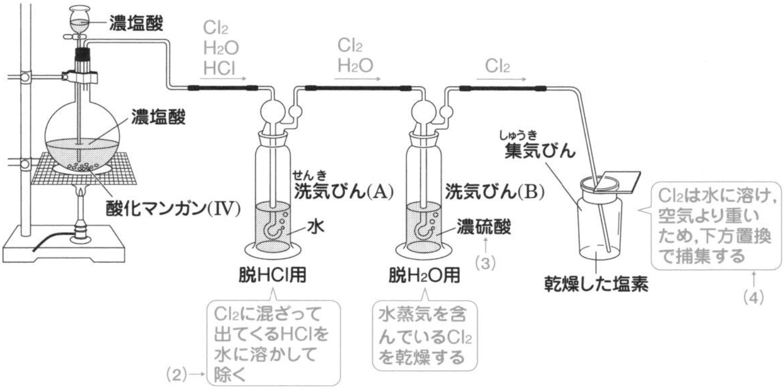

Point 気体の水への溶解性と捕集法

水への溶解性と水溶液の液性	水に溶けにくい気体（中性気体）	NO，CO，H_2，O_2，N_2，CH_4，C_2H_4，C_2H_2
	水に溶け塩基性を示す気体	NH_3 ←塩基性はこれだけ
	水に溶け酸性を示す気体	Cl_2，HF，HCl，H_2S，CO_2，SO_2，NO_2

気体の捕集法もあわせて覚えると効果的！

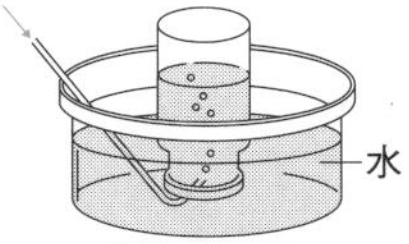

すいじょう
水上置換

水に溶けにくい気体
➡中性気体を集める

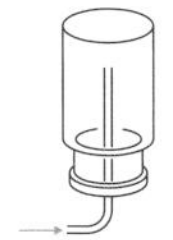

じょうほう
上方置換

水に溶け，空気より軽い気体
➡NH_3を集める

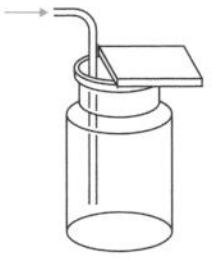

下方置換

水に溶け，空気より重い気体
➡酸性気体を集める

答

(1) $MnO_2 + 4HCl \longrightarrow MnCl_2 + Cl_2 + 2H_2O$
(2) 塩化水素を溶かして除く役割がある。
(3) ⓓ
(4) ⓑ

問題 094

☑ 1回目　月　日
☑ 2回目　月　日

気体の検出

(ア)〜(オ)の気体それぞれにあてはまる現象を，ⓐ〜ⓔから1つだけ選べ。

(ア)　アンモニア　　(イ)　酸素　　(ウ)　二酸化硫黄　　(エ)　硫化水素

(オ)　一酸化窒素

ⓐ　草花の色を漂白する。

ⓑ　火のついた線香を近づけると，線香は炎を上げて燃える。

ⓒ　酢酸鉛(II)水溶液をしみこませたろ紙を黒変させる。

ⓓ　湿った赤色リトマス紙を青変させる。

ⓔ　空気に触れさせると，酸化されて着色する。

（上智大）

解説

検出できる気体	検出法
(ア) NH_3	(1) 塩化水素HClと空気中で反応させると白煙(はくえん)(細かい結晶)を生じる。 $NH_3 + HCl \longrightarrow NH_4Cl$(白煙) (2) 湿った赤色リトマス紙を青変させる。→ⓓ ↑NH₃水は弱塩基性を示すため
(イ) O_2	火のついた線香(せんこう)が炎(ほのお)を上げて燃える →ⓑ ↑O_2には物質が燃えるのを助けるはたらき(助燃性)がある
(ウ) SO_2	(1) H_2S水溶液と反応させると，白濁(はくだく)する。 $2H_2S + SO_2 \longrightarrow 3S\downarrow$(白濁) $+ 2H_2O$ (2) 繊維(せんい)などを漂白(ひょうはく)する。→ⓐ
(エ) H_2S	(1) SO_2水溶液と反応させると，白濁する。 $2H_2S + SO_2 \longrightarrow 3S\downarrow$(白濁) $+ 2H_2O$ (2) 酢酸鉛(II)$(CH_3COO)_2Pb$水溶液をしみこませたろ紙を黒変させる。→ⓒ $Pb^{2+} + S^{2-} \longrightarrow PbS\downarrow$(黒色)
(オ) NO	常温で空気に触(ふ)れると赤褐色になる。→ⓔ $2NO$(無色) $+ O_2 \longrightarrow 2NO_2$(赤褐色)

答　(ア) ⓓ　(イ) ⓑ　(ウ) ⓐ　(エ) ⓒ　(オ) ⓔ

問題 095

イオンの反応と沈殿(1)

1回目 月 日
2回目 月 日

水溶液中でイオンAとイオンB，およびイオンAとイオンCをそれぞれ反応させる。いずれか一方のみに沈殿が生じるA～Cの組み合わせを，次の①～⑤から1つ選べ。

	A	B	C
①	Ca^{2+}	Cl^-	$CO_3{}^{2-}$
②	Fe^{3+}	$NO_3{}^-$	$SO_4{}^{2-}$
③	Zn^{2+}	Cl^-	$SO_4{}^{2-}$
④	Ag^+	OH^-	$CrO_4{}^{2-}$
⑤	Mg^{2+}	Cl^-	$SO_4{}^{2-}$

（センター試験）

解説

陽イオンと陰イオンの組み合わせが，水に溶けにくい組み合わせのときに沈殿する。 └→組み合わせ❶～❻を暗記しよう!!

組み合わせ❶ $NO_3{}^-$ ➡ **どの金属イオンとも沈殿しない。**

組み合わせ❷ Cl^- ➡ **Ag^+，Pb^{2+}などと沈殿する。**

└→ゴロ 現(Ag^+)ナマ(Pb^{2+})で苦労(Cl^-)する

$Ag^+ + Cl^- \longrightarrow AgCl\downarrow$（白色） ←AgClは，光があたると分解しやすい（感光性）

$Pb^{2+} + 2Cl^- \longrightarrow PbCl_2\downarrow$（白色） ←$PbCl_2$は熱湯に溶ける

組み合わせ❸ $SO_4{}^{2-}$ ➡ **Ca^{2+}，Ba^{2+}，Pb^{2+}などと沈殿する。**

└→ゴロ カ(Ca^{2+})バ(Ba^{2+})な(Pb^{2+})硫酸($SO_4{}^{2-}$)

$Ca^{2+} + SO_4{}^{2-} \longrightarrow CaSO_4\downarrow$（白色）

$Ba^{2+} + SO_4{}^{2-} \longrightarrow BaSO_4\downarrow$（白色）

$Pb^{2+} + SO_4{}^{2-} \longrightarrow PbSO_4\downarrow$（白色）

組み合わせ❹ $CO_3{}^{2-}$ ➡ **Ca^{2+}，Ba^{2+}などと沈殿する。**

└→ゴロ カ(Ca^{2+})バ(Ba^{2+})炭酸($CO_3{}^{2-}$)

$Ca^{2+} + CO_3{}^{2-} \longrightarrow CaCO_3\downarrow$（白色）

$Ba^{2+} + CO_3{}^{2-} \longrightarrow BaCO_3\downarrow$（白色）

Point 上記のCl^-，$SO_4{}^{2-}$，$CO_3{}^{2-}$の沈殿は，すべて白色。

① 組み合わせ❷と❹より，Ca^{2+}はCl^-と沈殿を生じないが，$CO_3{}^{2-}$と$CaCO_3$の白色沈殿を生じる。 答

② 組み合わせ❶と❸より，Fe^{3+}は$NO_3{}^-$や$SO_4{}^{2-}$のいずれとも沈殿を生じない。

③ 組み合わせ❷と❸より，Zn^{2+}はCl^-や$SO_4{}^{2-}$のいずれとも沈殿を生じない。

組み合わせ❺ $CrO_4{}^{2-}$ ➡ Ba^{2+}，Pb^{2+}，Ag^+などと沈殿する。

ゴロ パ(Ba^{2+})ナナ(Pb^{2+})を銀(Ag^+)貨でかったら苦労($CrO_4{}^{2-}$)した
バナナと同じ黄色の沈殿を生じる
赤かっ色の沈殿を生じる

$$Ba^{2+} + CrO_4{}^{2-} \longrightarrow BaCrO_4\downarrow \text{(黄色)}$$
$$Pb^{2+} + CrO_4{}^{2-} \longrightarrow PbCrO_4\downarrow \text{(黄色)}$$
$$2Ag^+ + CrO_4{}^{2-} \longrightarrow Ag_2CrO_4\downarrow \text{(赤褐色,あるいは暗赤色)}$$

組み合わせ❻ OH^- ➡ イオン化傾向がNaよりも小さい金属イオンと沈殿する。
（アルカリ金属イオン，Be^{2+}とMg^{2+}を除く２族のイオン）

④ 組み合わせ❻と❺より，Ag^+はOH^-とAg_2Oの褐色（かっしょく）沈殿を生じ，$CrO_4{}^{2-}$ともAg_2CrO_4の赤褐色(暗赤色)の沈殿を生じる。

⑤ 組み合わせ❷と❸より，Mg^{2+}はCl^-や$SO_4{}^{2-}$のいずれとも沈殿を生じない。
よって，①～⑤の中でいずれか一方のみに沈殿が生じるのは，①となる。

Point OH⁻と沈殿する陽イオン

組み合わせ❻のOH^-は，ふつうNaOH水溶液やNH_3水を使う。
また，イオン化列と対応させて覚えるとよい。

Li^+ K^+ Ba^{2+} Ca^{2+} Na^+	Mg^{2+} Al^{3+} Zn^{2+} Fe^{3+} Fe^{2+} Ni^{2+} Sn^{2+} Pb^{2+} Cu^{2+}	Hg^{2+} Ag^+
沈殿しにくい	水酸化物が沈殿	酸化物が沈殿

沈殿しにくい：アルカリ金属イオン，Be^{2+}とMg^{2+}を除く２族のイオン

水酸化物が沈殿：$Mg(OH)_2\downarrow$(白色)，$Al(OH)_3\downarrow$(白色)，$Zn(OH)_2\downarrow$(白色)，水酸化鉄(Ⅲ)*↓(赤褐色)，$Fe(OH)_2\downarrow$(緑白色（りょくはくしょく）)，$Ni(OH)_2\downarrow$(緑色)，$Sn(OH)_2\downarrow$(白色)，$Pb(OH)_2\downarrow$(白色)，$Cu(OH)_2\downarrow$(青白色（せいはくしょく）)

酸化物が沈殿：$HgO\downarrow$(黄色)，$Ag_2O\downarrow$(褐色)

＊水酸化鉄(Ⅲ)はFe^{3+}，OH^-，O^{2-}，H_2Oなどが集まってできた混合物で一定の組成をもたない。

答 ①

問題 096

イオンの反応と沈殿(2)

1回目 月 日
2回目 月 日

次の文中の[　　]にもっとも適するものを，下の①～④から1つ選べ。

Zn^{2+} と Cu^{2+} を含む酸性水溶液に硫化水素を通じた場合，[　　]。

① 白色の沈殿が生成する
② 黒色の沈殿が生成する
③ 濃青色の沈殿が生成する
④ 血赤色の溶液になる

（獨協医科大）

解説

H_2S を通じるときは，その水溶液の液性（酸性・中性・塩基性）によって，硫化物の沈殿の生成のしやすさが変わる。

H_2S (S^{2-}) ➡ イオン化列で　Zn^{2+}～Ni^{2+} は中・塩基性下で，
Sn^{2+}～は液性に関係なく
硫化物の沈殿が生成する。

よって，酸性水溶液中では，Zn^{2+} は H_2S を通じても沈殿が生成しないが，Cu^{2+} は CuS の黒色沈殿が生成するので，②が答えとなる。

Point H_2S との沈殿は，イオン化列と対応させて覚える！

Li^+ K^+ Ba^{2+} Ca^{2+} Na^+ Mg^{2+} Al^{3+}	(Mn^{2+}) Zn^{2+} (Fe^{3+}) Fe^{2+} Ni^{2+}	Sn^{2+} Pb^{2+} Cu^{2+} Hg^{2+} Ag^+ (Cd^{2+})
硫化物の沈殿は生じない	酸性では沈殿しない	液性に関係なく沈殿する

中性～塩基性で H_2S を加えると硫化物の沈殿が生成する
MnS↓（淡赤），ZnS↓（白色），FeS↓（黒色），NiS↓（黒色）
注 Fe^{3+} は H_2S に還元されて Fe^{2+} となるから，
Fe^{3+} と Fe^{2+} はともに FeS↓（黒色）が生じる。

pH に関係なく，H_2S を加えると硫化物の沈殿が生成する
SnS↓（黒褐色），PbS↓（黒色），CuS↓（黒色），
HgS↓（黒色），Ag_2S↓（黒色），CdS↓（黄色）
昇華させると，赤色になる

答 ②

問題 097

☑ 1回目 月 日
☑ 2回目 月 日

錯イオン

次のA～Dの文章のうち，正しいものの組み合わせはどれか。下の㋐～㋔から選べ。

A：金属イオンに陰イオンや分子が配位結合で結合したイオンを錯イオンという。

B：$[Zn(NH_3)_4]^{2+}$ は正方形をした錯イオンである。

C：水中に溶けている金属イオンは水和イオンを形成している。

D：$[Fe(CN)_6]^{3-}$ では，配位数は－3である。

㋐ AとB　㋑ AとC　㋒ BとC　㋓ BとD　㋔ CとD

（自治医科大）

解説

A （正しい） アンモニアNH_3や水H_2O分子，水酸化物イオンOH^-やシアン化物イオンCN^-のような配位子(はいいし)とよばれる**非共有電子対をもった分子や陰イオン**が，Cu^{2+}やAg^+のような金属イオンに**配位結合することでできる複雑なイオン**を錯(さく)イオンという。

B （誤り） $[Cu(NH_3)_4]^{2+}$が正方形の錯イオンであるのに対して，$[Zn(NH_3)_4]^{2+}$は，正四面体形の錯イオンである。

C （正しい） 例えばCu^{2+}を含む水溶液では，4つのH_2O分子がCu^{2+}に配位結合した$[Cu(H_2O)_4]^{2+}$を，さらに多数のH_2O分子が静電気的な引力で取り囲んだ水和イオンの，$Cu^{2+}aq$が生じている。

D （誤り） シアン化物イオンはシアン化水素の電離によって生じる陰イオンである。

$$H-C\equiv N \longrightarrow H^+ + {}^-:C\equiv N$$

配位子の数が2のときはジ，4のときはテトラ，6のときはヘキサ

ヘキサシアニド鉄(Ⅲ)酸イオン$[Fe(CN)_6]^{3-}$は，鉄(Ⅲ)イオンFe^{3+}に⑥つのシアン化物イオンCN^-が配位結合している。シアン化物イオンは1価の陰イオンなので，錯イオン全体の電荷が－3である。**配位数**(はいいすう)は**配位子の数**であり⑥である。

$(+3)+(-1)\times 6=-3$ で，錯イオン全体の電荷が負のときは，「～酸イオン」という語尾にする

Point 錯イオンの例

名称と化学式	ジアンミン銀(Ⅰ)イオン $[Ag(NH_3)_2]^+$ （アンミン：NH_3のこと）	テトラアンミン銅(Ⅱ)イオン $[Cu(NH_3)_4]^{2+}$	テトラアンミン亜鉛(Ⅱ)イオン $[Zn(NH_3)_4]^{2+}$	ヘキサシアニド鉄(Ⅲ)酸イオン $[Fe(CN)_6]^{3-}$ （シアニド：CN^-のこと）
配位数	2	4	4	6
形	直線 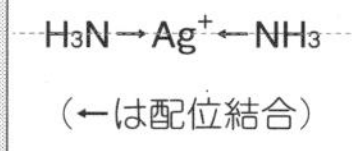	正方形 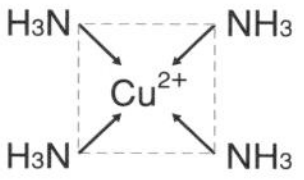	正四面体 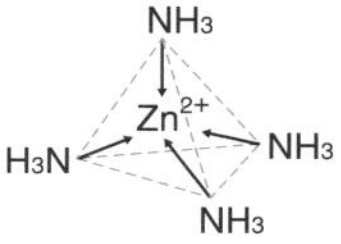	正八面体* 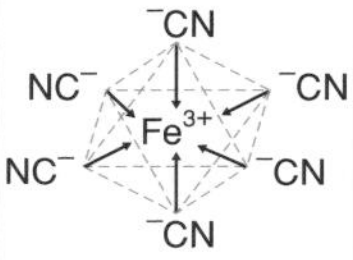

＊正八面体は立方体の６つの面の中心(右図の・)を結んでできた立体である。

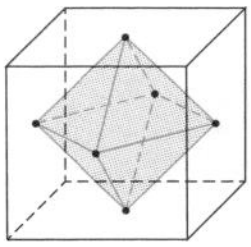

答 ㋑

問題 098

☑ 1回目 　月　日
☑ 2回目 　月　日

錯イオンの形成による沈殿の溶解

金属イオンAを含む水溶液に，水溶液Bを少量加えると沈殿が生じた。これにさらにBを過剰に加えても沈殿は溶けなかった。AとBの組み合わせとしてもっとも適当なものを，右の①〜⑤から1つ選べ。

	A	B
①	Zn^{2+}	水酸化ナトリウム水溶液
②	Pb^{2+}	水酸化ナトリウム水溶液
③	Al^{3+}	アンモニア水
④	Cu^{2+}	アンモニア水
⑤	Ag^{+}	アンモニア水

（センター試験）

解説

NaOH水溶液のような強塩基を過剰（かじょう）に加えたとき，OH^-と錯イオンを形成し，一度できた沈殿が溶けるもの

→ ゴロ あ(Al^{3+})あ(Zn^{2+})すん(Sn^{2+})なり(Pb^{2+})と溶ける

$Al^{3+} \xrightarrow{NaOH} Al(OH)_3\downarrow$（白色）$\xrightarrow{NaOH} [Al(OH)_4]^-$（無色）
テトラヒドロキシドアルミン酸イオン

$Zn^{2+} \xrightarrow{NaOH} Zn(OH)_2\downarrow$（白色）$\xrightarrow{NaOH} [Zn(OH)_4]^{2-}$（無色）
テトラヒドロキシド亜鉛(II)酸イオン

$Sn^{2+} \xrightarrow{NaOH} Sn(OH)_2\downarrow$（白色）$\xrightarrow{NaOH} [Sn(OH)_4]^{2-}$（無色）

$Pb^{2+} \xrightarrow{NaOH} Pb(OH)_2\downarrow$（白色）$\xrightarrow{NaOH} [Pb(OH)_4]^{2-}$（無色）

よって，①Zn^{2+}と②Pb^{2+}は沈殿が溶ける。　実際は不定だが、便宜的に4にしておく

NH_3水を過剰に加えたとき，NH_3と錯イオンを形成し，一度できた沈殿が溶けるもの

→ ゴロ 安(NH_3)どう(Cu^{2+})のあ(Zn^{2+})に(Ni^{2+})は銀(Ag^+)行員

Cu^{2+}（青色）$\xrightarrow{NH_3} Cu(OH)_2\downarrow$（青白色）$\xrightarrow{NH_3} [Cu(NH_3)_4]^{2+}$（深青色（しんせいしょく））

$Zn^{2+} \xrightarrow{NH_3} Zn(OH)_2\downarrow$（白色）$\xrightarrow{NH_3} [Zn(NH_3)_4]^{2+}$（無色）

Ni^{2+}（緑色）$\xrightarrow{NH_3} Ni(OH)_2\downarrow$（緑色）$\xrightarrow{NH_3} [Ni(NH_3)_6]^{2+}$（青紫色（あおむらさき））

$Ag^{+} \xrightarrow{NH_3} Ag_2O\downarrow$（褐色）$\xrightarrow{NH_3} [Ag(NH_3)_2]^{+}$（無色）

よって，④Cu^{2+}と⑤Ag^+は沈殿が溶ける。③Al^{3+}は弱塩基であるNH_3水を過剰に加えても$Al(OH)_3$のままで溶けない。

$Al^{3+} \xrightarrow{NH_3} Al(OH)_3\downarrow$（白色）$\xrightarrow{NH_3} Al(OH)_3\downarrow$　のまま

答 ③

問題 099

アルカリ金属（1族）

☑ 1回目 月 日
☑ 2回目 月 日

ナトリウム単体に関する記述で，正しいものを次の①〜④から1つ選べ。

① ナトリウムの塩やその水溶液は炎色反応を示さない。

② ナトリウムの単体金属は室温で液体として存在する。

③ ナトリウムの単体金属は硬く，工具の材料になっている。

④ ナトリウムの単体金属は電気の良導体である。

（湘南工科大）

解説

Point アルカリ金属

アルカリ金属は，Naを中心に性質をおさえよう。

❶ 価電子を1個もち，1価の陽イオンになりやすい。

例 $_{11}$Na　K(2)L(8)M(1)（価電子1個） —価電子1個を失って→ Na^+になりやすい。

❷ 空気中で酸化され，水と激しく反応して水素H_2を発生するので，石油（灯油）中に保存する。

例 酸素との反応：$4Na + O_2 \longrightarrow 2Na_2O$

水との反応：$2Na + 2H_2O \longrightarrow 2NaOH + H_2$

❸ 特有の炎色反応を示し，Liは赤色，Naは黄色，Kは赤紫色　となる。

① （誤り）　Naは炎色反応で黄色を示す。Point参照。

② （誤り）　Naは室温で固体として存在する。

③ （誤り）　アルカリ金属の単体はいずれもやわらかい。

④ （正しい）　金属は自由電子が電気や熱を伝えるため，電気や熱の良導体である。

答 ④

問題 100

アンモニアソーダ法

☑ 1回目　　月　　日
☑ 2回目　　月　　日

次の文章を読み，文中の□にあてはまるもっとも適当な化学式を記せ。

炭酸ナトリウムは化学工業上，重要な物質である。炭酸ナトリウムの工業的製法では，原材料の1つである［ア］の飽和水溶液に，気体である［イ］を充分に溶解させたあと，さらに気体である［ウ］を吹きこんで，炭酸水素ナトリウムを沈殿させる。その後，沈殿した炭酸水素ナトリウムをろ過し，熱分解することにより炭酸ナトリウムを製造する。

（京都薬科大）

解説　**炭酸ナトリウムNa_2CO_3の工業的製法**をアンモニアソーダ法（ソルベー法）という。

アンモニアソーダ法では，［$NaCl$］（ア）の飽和水溶液に，［NH_3］（イ）を充分に溶かしたあと，さらに［CO_2］（ウ）を吹きこむと，比較的溶解度の小さな$NaHCO_3$が沈殿する。

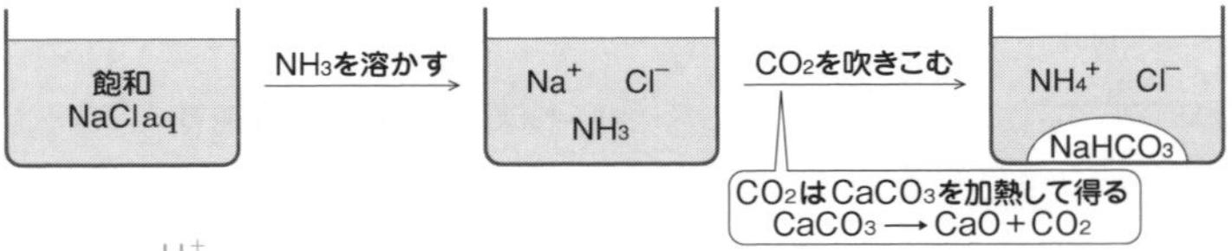

$$NH_3 + CO_2 + H_2O \longrightarrow NH_4^+ + HCO_3^-$$
（H^+が$CO_2 + H_2O$からNH_3へ移る）

$$+)\quad NaCl \longrightarrow Cl^- + Na^+$$
（HCO_3^-とNa^+ → 沈殿する）

$$CO_2 + H_2O + NH_3 + NaCl \longrightarrow NaHCO_3\downarrow + NH_4Cl$$

その後，$NaHCO_3$をろ過し，熱分解するとNa_2CO_3が生成する。

$$2NaHCO_3 \longrightarrow Na_2CO_3 + CO_2\uparrow + H_2O$$ ←生じたCO_2は再利用する

Point　Na_2CO_3はガラスなどの原料に用いる。

$$\begin{cases} CaO + H_2O \longrightarrow Ca(OH)_2 \\ 2NH_4Cl + Ca(OH)_2 \longrightarrow 2NH_3\uparrow + 2H_2O + CaCl_2 \end{cases}$$

によって生じたNH_3を再利用する。

答　ア：$NaCl$　イ：NH_3　ウ：CO_2

問題 101

アルカリ土類金属(2族)

1回目 月 日
2回目 月 日

カルシウムは周期表の2族に属する元素であり，化合物の形で岩石や海水中に存在し，単体として天然には存在しない。

水酸化カルシウムは白色の粉末であり，飽和水酸化カルシウム水溶液を[ア]という。(a)この飽和水溶液に二酸化炭素を通じると，炭酸カルシウムの白色沈殿を生じる。さらに(b)二酸化炭素を通じ続けると，沈殿が溶解し，再び透明な水溶液になる。炭酸カルシウムは，強熱すると分解して二酸化炭素を放出し，[イ]になる。また，(c)炭酸カルシウムは塩酸と反応して二酸化炭素を発生する。硫酸カルシウムは天然に二水和物として産出する。(d)硫酸カルシウム二水和物を加熱すると，白色粉末状の焼きセッコウとなる。

(i) [ア]と[イ]にあてはまる最も適切な語句をそれぞれ記せ。

(ii) 下線部(a)～(d)の化学反応式をそれぞれ記せ。

(広島大)

解説

$Ca(OH)_2$の飽和水溶液を[石灰水](せっかいすい)ア という。石灰水にCO_2を通じると中和されて，水に難溶な炭酸カルシウムが生じて白濁する。

$$Ca(OH)_2 + CO_2 \longrightarrow CaCO_3\downarrow(白) + H_2O \quad (a)$$

塩基　酸性酸化物　塩

さらにCO_2を通じると水溶性の炭酸水素カルシウムが生じ，白濁が消える。

$$CaCO_3 + CO_2 + H_2O \longrightarrow Ca(HCO_3)_2 \quad (b)$$

$CO_3^{2-} + \underbrace{CO_2 + H_2O}_{H_2CO_3} \longrightarrow 2HCO_3^-$ が進む（H^+）

炭酸カルシウムを強く加熱すると[酸化カルシウム]イ が生じる。

$$CaCO_3 \xrightarrow{加熱} CaO + CO_2\uparrow$$

（CaO：生石灰ともいう）

炭酸カルシウムに強酸である塩酸を加えると弱酸遊離反応が起こる。

$$CaCO_3 + 2HCl \longrightarrow CO_2\uparrow + H_2O + CaCl_2 \quad (c)$$

弱酸の塩　強酸　弱酸

カルシウムの硫酸塩$CaSO_4$は，天然に$CaSO_4\cdot 2H_2O$(セッコウ)として産出(さんしゅつ)し，セッコウを加熱すると$CaSO_4\cdot\frac{1}{2}H_2O$(焼(や)きセッコウ)になる。

$$CaSO_4\cdot 2H_2O \xrightarrow{加熱} CaSO_4\cdot\frac{1}{2}H_2O + \frac{3}{2}H_2O \quad (d)$$

答

(i) ア：石灰水　　イ：酸化カルシウム(あるいは生石灰)

(ii) 解説中の下線部参照

問題 102

☑ 1回目 月 日
☑ 2回目 月 日

アルミニウム(13族)

次の文章を読み，下の(1)，(2)に答えよ。

アルミニウムは，[ア]族の元素で価電子を[イ]個もつ。アルミニウムには天然に[ウ]は存在しないが，ケイ素には^{28}Si，^{29}Si，^{30}Siの3種類の[ウ]が存在する。工業的にアルミニウムの単体を得るには，まず，鉱石である[エ]から酸化アルミニウムをつくったのち，これを加熱融解した[オ]に溶かし，炭素を電極に用いて[カ]を行う。

[キ]極では酸化アルミニウムの電離で生じたアルミニウムイオンが[ク]されて，アルミニウムを生じる。空気中ではアルミニウムは表面に[ケ]の被膜を生じ，[コ]が内部まで進行しにくくなる。人工的にこの被膜をつけたアルミニウム製品を[サ]という。アルミニウムは[シ]金属であるので，塩酸とも水酸化ナトリウム水溶液とも反応して溶解する。アルミニウムは建築材料や日用品に利用され，また，銅，マグネシウム，マンガンなどを含むアルミニウムの[ス]は[セ]とよばれ，航空機材料に用いられる。

(1) 文中の[　]にあてはまる適切な語句または数を記せ。

(2) アルミニウムイオンを含む水溶液の電気分解では，アルミニウムが得られない。その理由を説明せよ。(信州大)

解説

Alは[13]族の元素であり，原子番号が13なので，その電子配置はK(2)L(8)M(3)となり，価電子を[3]個もつ。天然に$^{27}_{13}$Al以外の安定な[同位体]が存在せず，**単体は工業的には[溶融塩電解](ようゆうえんでんかい)(融解塩電解(ゆうかいえんでんかい))して得る。**

(ア＝13，イ＝3，ウ＝同位体，カ＝溶融塩電解)

❶ 鉱石(こうせき)である[ボーキサイト](エ)(主成分$Al_2O_3 \cdot nH_2O$)から不純物のFe_2O_3などを除き，純粋なAl_2O_3(アルミナ)をつくる。

↓

❷ 次に，Al_2O_3を加熱融解した[氷晶石](ひょうしょうせき)(オ)に溶かし，炭素を電極に用いて溶融塩電解する。氷晶石を使うことで，融点が2000℃くらいのアルミナを約1000℃で融解させることができる。

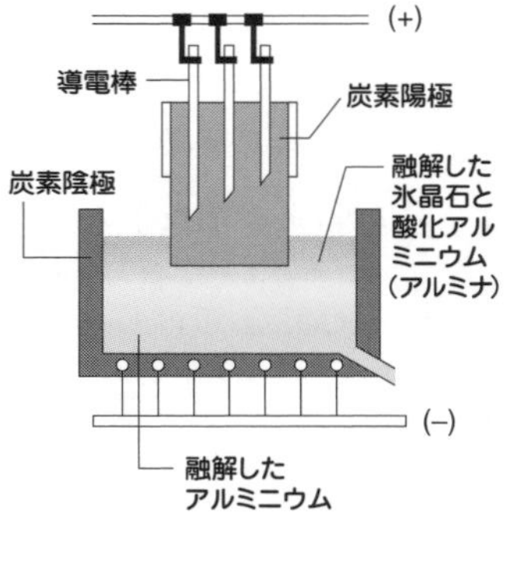

$Al_2O_3 \longrightarrow 2Al^{3+} + 3O^{2-}$
└融解した氷晶石中でイオンに電離している

陰(キ)極では，Al^{3+}が還元(ク)されて，Alが生じる。

陰極：$Al^{3+} + 3e^- \longrightarrow Al$

陽極では，O^{2-}が酸化されて発生したO_2が極板のCと反応してCOやCO_2が発生する。

陽極：
$$\begin{cases} C + O^{2-} \longrightarrow CO + 2e^- \\ C + 2O^{2-} \longrightarrow CO_2 + 4e^- \end{cases}$$

（Al^{3+}を含む水溶液を電気分解しても，Alはイオン化傾向が大きいので陰極ではH_2OのH^+が還元されてH_2が発生し，Alを得ることはできない。
$2H_2O + 2e^- \longrightarrow H_2 + 2OH^-$（p.117参照））←(2)

空気中ではAlは表面に酸化物(ケ)の被膜を生じ，酸化(反応)(コ)が内部まで進みにくくなる。Alの表面に酸化物の被膜を人工的につけたアルミニウム製品をアルマイト(サ)という。

Alは両性(シ)金属で，酸だけでなく強塩基とも反応してH_2が発生する。

$2Al + 6HCl \longrightarrow 2AlCl_3 + 3H_2$

$2Al + 2NaOH + 6H_2O \longrightarrow 2Na[Al(OH)_4] + 3H_2$
テトラヒドロキシドアルミン酸ナトリウム

Point アルミニウムを含む物質

- ジュラルミン(セ)（Al-Cu-Mg-Mn…）：Alの合金(ス)
- ルビー（紅色）：主成分Al_2O_3（Crのイオンを含む）
- サファイア（青色）：主成分Al_2O_3（FeやTiのイオンを含む）
- ミョウバン$AlK(SO_4)_2 \cdot 12H_2O$：2種以上の塩からなる複塩(ふくえん)。無色の正八面体結晶

答

(1) ア：13　イ：3　ウ：同位体　エ：ボーキサイト
オ：氷晶石　カ：溶融塩電解　または　融解塩電解（電気分解も可）
キ：陰　ク：還元　ケ：酸化物　または　酸化アルミニウム
コ：酸化（反応）　サ：アルマイト　シ：両性　ス：合金
セ：ジュラルミン

(2) Al^{3+}を含む水溶液を電気分解しても，Alはイオン化傾向が大きいので，陰極では水素が発生するから。

第8章 無機物質

問題 103

鉄(8族・遷移元素)

☑ 1回目 　月　日
☑ 2回目 　月　日

次の文章を読み，下の(1)～(3)に答えよ。

元素の周期表において，第4周期以降に現れる［ア］族から［イ］族に属する元素を遷移元素という。鉄，銅，銀，金などの元素は遷移元素である。単体の鉄は天然にほとんど存在しないが，地殻中では鉄鉱石として広く存在する。単体の鉄はこの鉄鉱石を石灰石や［ウ］とともに溶鉱炉(高炉)に入れ，高温で還元して得られる。この反応は，①高温で生成した一酸化炭素による還元反応である。このとき得られる鉄は［エ］とよばれ，炭素を約4%含んでいる。高温にした［エ］を転炉に移し，酸素を吹きこみ，不純物や余分な炭素を除くと［オ］が得られる。

鉄を湿った空気中に放置すると，赤さびが生じる。このようなさびから鉄を守るため，その表面を別の金属で被覆することをめっきという。トタンは鉄板の表面を［カ］でめっきしたものである。また，②鉄にクロムとニッケルを添加した合金はさびにくい。

(1) 上の文中の［　］にあてはまる用語または数値を書け。

(2) 鉄鉱石が赤鉄鉱の場合，下線①の反応を化学反応式で示せ。

(3) 下線②の合金の名称を書け。

(岩手大)

解説

遷移元素は，［3］(ア)族から［12］(イ)族に属する。

鉄Feは，工業的には溶鉱炉(ようこうろ)の中に石灰石$CaCO_3$や［コークス］(ウ)Cを入れ，鉄鉱石(てっこうせき)(赤鉄鉱(せきてっこう)Fe_2O_3など)を還元してつくる。この反応は高温でコークスCを空気酸化して生じたCO(還元剤)が鉄鉱石中の酸化鉄を次のように還元する。

$$Fe_2O_3 + 3CO \longrightarrow 2Fe + 3CO_2$$ ←(2)

(鉄鉱石に含まれる二酸化ケイ素は，$CaCO_3$と反応させてスラグ(浮遊物のこと)として除く。
$SiO_2 + CaCO_3 \longrightarrow CaSiO_3 + CO_2$)

このとき溶鉱炉で得られる鉄は［銑鉄］(せんてつ)(エ)とよばれ**炭素の含有量が多く，硬くてもろい**。高温にした銑鉄を転炉(てんろ)に移し，**炭素の含有量を減らした**［鋼］(こう)(オ)を得る。

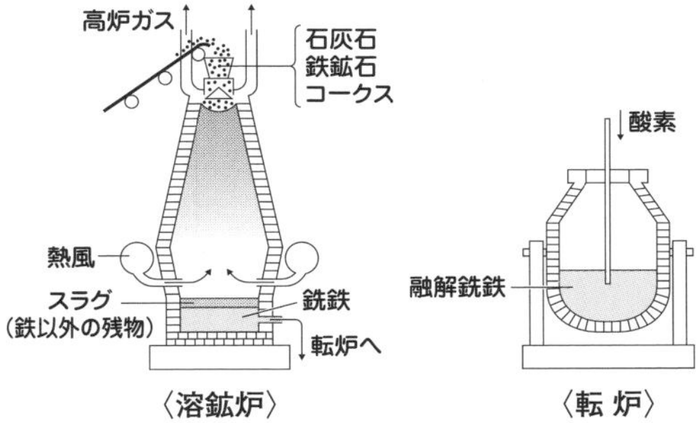

鉄を湿った空気中に放置すると，表面に付着した水に，空気中の酸素が溶けて，次の酸化還元反応が進む。

$$\begin{cases} Fe \longrightarrow Fe^{2+} + 2e^- & (酸化) \\ O_2 + 2H_2O + 4e^- \longrightarrow 4OH^- & (還元) \end{cases}$$

Fe^{2+}がO_2にさらに酸化されてFe^{3+}となり，赤さびが生じる。

Point 鉄のめっき・合金

さびから鉄を守るために，めっきを行ったり，合金にしたりする。

- トタン ➡ Feの表面を亜鉛(カ)Znでめっきしたもの
- ブリキ ➡ Feの表面をスズSnでめっきしたもの

トタンでは，表面に傷(きず)がつき鉄が露出(ろしゅつ)しても，イオン化傾向は Zn＞Fe なのでZnがZn^{2+}となり，Feの腐食(ふしょく)を防止(ぼうし)することができる。しかし，ブリキでは，イオン化傾向は Fe＞Sn なのでFeがFe^{2+}となり，Feの腐食が促進(そくしん)される。

- ステンレス鋼(3) ➡ FeにCrとNiを添加(てんか)した合金で，さびにくい

答

(1) ア：3　イ：12　ウ：コークス　エ：銑鉄
　オ：鋼　カ：亜鉛

(2) $Fe_2O_3 + 3CO \longrightarrow 2Fe + 3CO_2$

(3) ステンレス鋼

問題 104

鉄イオンの反応

☑ 1回目 □月□日
☑ 2回目 □月□日

次の表の空欄にあてはまる化学式または語句を，解答群から選べ。

加える試薬 ＼ 鉄イオン	NaOH水溶液	(③)水溶液	(④)水溶液	チオシアン酸カリウムKSCN水溶液
鉄(Ⅱ)イオンFe^{2+}	(①)色の沈殿が生じる	白～青白色の沈殿が生じる。	濃青色の沈殿が生じる。	変化なし
鉄(Ⅲ)イオンFe^{3+}	(②)色の沈殿が生じる	濃青色の沈殿が生じる。	褐色の溶液になる。	(⑤)色の溶液になる。

（解答群） 白，黒，赤褐，血赤，緑白，青，黄，$K_4[Fe(CN)_6]$，$K_3[Fe(CN)_6]$，NH_3

解説

① $Fe^{2+} + 2OH^- \longrightarrow Fe(OH)_2\downarrow$ が起こり，水酸化鉄(Ⅱ)の 緑白(①) 色の沈殿が生じる。

② 水酸化鉄(Ⅲ)の 赤褐(②) 色の沈殿が生じる。
（水酸化鉄(Ⅲ)：Fe^{3+}，OH^-，O^{2-}，H_2Oなどを含む混合物）

③ Fe^{3+}を含む水溶液にヘキサシアニド鉄(Ⅱ)酸カリウム $K_4[\overset{+2}{Fe}(CN)_6]$(③) の水溶液を加えると，(注)濃青色の沈殿（紺青（こんじょう），ベルリン青，プルシアンブルーとよばれる）が生じる。

④ Fe^{2+}を含む水溶液にヘキサシアニド鉄(Ⅲ)酸カリウム $K_3[\overset{+3}{Fe}(CN)_6]$(④) の水溶液を加えると，(注)濃青色の沈殿（ターンブル青とよばれる）が生じる。

（(注) 理想的な組成式では，$\overset{+3}{Fe}_4[\overset{+2}{Fe}(CN)_6]_3$と表されるが，実際は一定の組成をもたない複雑な物質で，紺青とターンブル青は区別できない。）

⑤ Fe^{3+}を含む水溶液にチオシアン酸カリウムKSCN水溶液を加えると，Fe^{3+}がSCN^-と錯イオンをつくり， 血赤(⑤) 色の溶液になる。

答
① 緑白　② 赤褐　③ $K_4[Fe(CN)_6]$　④ $K_3[Fe(CN)_6]$
⑤ 血赤

問題 105

銅（11族・遷移元素）

☑ 1回目 月 日
☑ 2回目 月 日

⑴ 電解精錬で得られる純銅はどちらの極に析出するか，また，使う電解液は何か，組み合わせとして適当なものを㋐～㋓から1つ選べ。

	㋐	㋑	㋒	㋓
極	陽極	陰極	陽極	陰極
電解液	$CuSO_4$	$CuSO_4$	$NaNO_3$	$NaNO_3$

⑵ 銅がもつ性質についての記述㋐～㋔のうち，誤っているものを1つ選べ。

㋐ 熱・電気の伝導性に優れている。

㋑ 空気中で加熱すると，酸化されて表面が黒色の酸化銅(Ⅱ)になる。

㋒ イオン化傾向が水銀より小さい。

㋓ 湿った空気中では，緑青(ろくしょう)となってさびていく。

㋔ 銅は希硫酸に溶けない。

⑶ 結晶硫酸銅($CuSO_4$・$5H_2O$)を加熱して得られる無水硫酸銅($CuSO_4$)は何の検出に用いられるか，適当なものを㋐～㋔から1つ選べ。

㋐ 水　㋑ アルコール　㋒ 糖　㋓ 油　㋔ デンプン

（北海道工業大）

解説

⑴ ［Cuの電解精錬(せいれん)］黄銅鉱（主成分$CuFeS_2$）から得られる粗銅(そどう)（純度約99％）を陽極，純銅（純度約99.99％）を陰極にして，電解液には硫酸で酸性にした $CuSO_4$ 水溶液を用いて電気分解を行う。

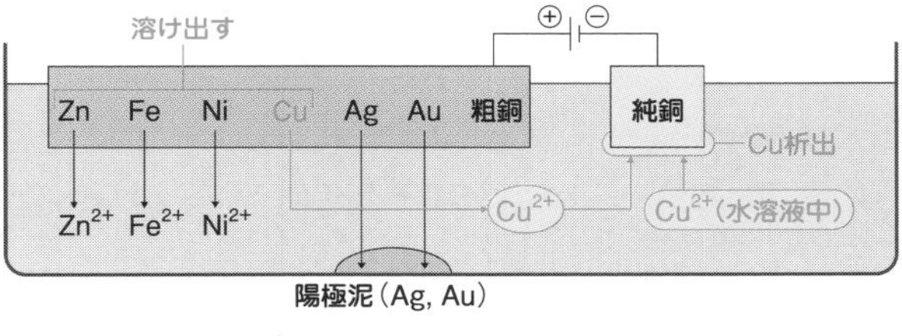

粗銅に含まれるCuはCu^{2+}として溶け出すが，陰極で還元されて再びCuとなり，純銅板に析出し，粗銅が精錬される。
（精錬：純度を高める操作）

粗銅中の銅よりもイオン化傾向の大きなZn，Fe，Niなどの不純物は，Cuよりも先に酸化されて溶け出すが，Zn^{2+}，Fe^{2+}，Ni^{2+}として水溶液中に存在し，Cu^{2+}よりも優先的に陰極で還元されることはない。

銅よりもイオン化傾向の小さなAgやAuなどの不純物は，Cuよりも酸化されにくく，陽極泥(でい)として沈殿する。

Point 電解精錬

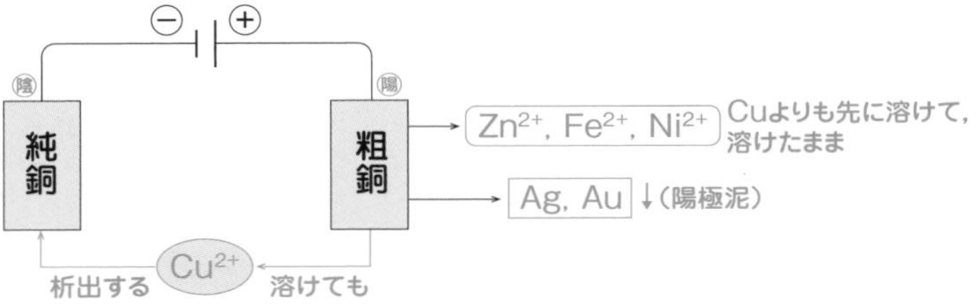

(2) ㋐ （正しい） 11族の金属は熱や電気の伝導性に優れている。
Ag＞Cu＞Au＞Al …の順

㋑ （正しい） 銅を空気中で加熱すると，黒色の酸化銅(II)が生じる。

$$2Cu + O_2 \longrightarrow 2CuO$$

㋒ （誤り） 銅は水銀よりイオン化傾向が大きい。

…＞H_2＞Cu＞Hg＞Ag…（ヒ ド ス ぎる）

㋓ （正しい） 湿った空気中に銅を放置すると，表面に緑色のさびが生じる。これは緑青(ろくしょう)とよばれ，主な成分は$CuCO_3 \cdot Cu(OH)_2$である。

㋔ （正しい） 銅は水素よりもイオン化傾向が小さく，塩酸や希硫酸には溶けない。

$$Cu + 2H^+ \not\longrightarrow$$
反応しない

ただし，酸化力の強い硝酸や熱濃硫酸には溶ける。

$$\begin{cases} Cu + 4HNO_3 \longrightarrow Cu(NO_3)_2 + 2H_2O + 2NO_2\uparrow & \text{(濃硝酸との反応)} \\ 3Cu + 8HNO_3 \longrightarrow 3Cu(NO_3)_2 + 4H_2O + 2NO\uparrow & \text{(希硝酸との反応)} \\ Cu + 2H_2SO_4 \longrightarrow CuSO_4 + 2H_2O + SO_2\uparrow & \text{(熱濃硫酸との反応)} \end{cases}$$

(3) 無水硫酸銅(II)が水を吸収すると水和物に変化するので，白色から青色になる。

$$CuSO_4\text{(白)} + nH_2O \longrightarrow CuSO_4 \cdot nH_2O\text{(青)}$$
$(1 \leqq n \leqq 5)$

よって，水の検出に利用できる。

答 (1) ㋑ (2) ㋒ (3) ㋐

第9章　有機化学の基礎

問題 106　有機化合物の特徴

☑ 1回目　月　日
☑ 2回目　月　日

次の①～⑤から，有機化合物の特徴として正しくないものを1つ選べ。

① おもな構成元素は炭素，水素，酸素である。
② 各原子は，イオン結合により分子を形成する。
③ 融点，沸点が比較的低い。
④ 多くは，水よりも石油やアルコールなどの有機溶媒に溶けやすい。
⑤ 完全燃焼すると，多くのものは二酸化炭素と水を生じる。

（湘南工科大）

解説　有機化合物を構成する元素は，おもに炭素Cと水素Hで，酸素O，窒素N，硫黄Sなどを含んでいることもある。

Point　有機化合物の特徴

有機化合物は，CとHの骨格部分と特有の性質を示す官能基からなる。

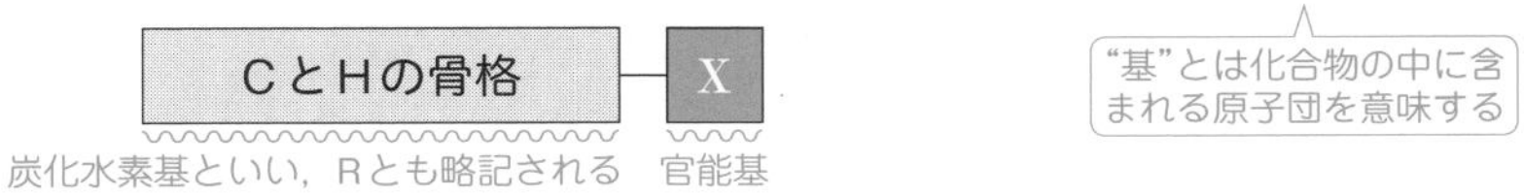

① （正しい）

② （誤り）　各原子は，共有結合で分子を形成している。

③ （正しい）　分子からなる物質が多く，比較的融点や沸点は低い。

④ （正しい）　極性の小さな炭化水素基をもつ有機化合物は，極性の大きな溶媒である水に溶けにくいものが多い。

⑤ （正しい）　完全燃焼すると，CからはCO_2，HからはH_2Oを生じる。

答　②

問題 107

1回目 月 日
2回目 月 日

官能基と有機化合物の分類

次の3つの有機化合物の破線で囲まれた結合や官能基a〜cの名称としてもっとも適当なものを，下の①〜⑧のうちから1つずつ選べ。

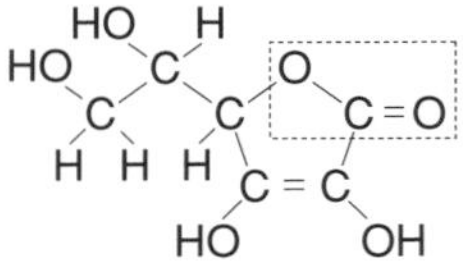
a

ビタミンC

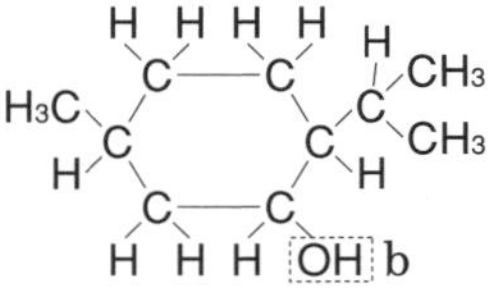
b

ハッカの香味成分

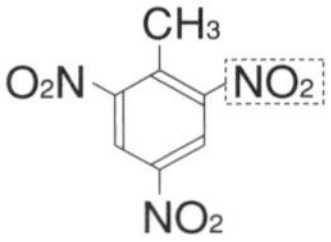
c

爆薬の一種

① アミノ基　② ホルミル基(アルデヒド基)　③ エステル結合
④ エーテル結合　⑤ カルボキシ基　⑥ スルホ基
⑦ ニトロ基　⑧ ヒドロキシ基

(センター試験)

解説

官能基の種類によって有機化合物を分類することができる。次のものは記憶しよう。

Point 官能基と有機化合物の一般名

	官能基	一般名	一般式
b →	ヒドロキシ基 −OH	アルコール	ROH
	ホルミル基(アルデヒド基) −C(=O)−H	アルデヒド	RCHO
	カルボニル基 −C(=O)−	ケトン	RCOR′
	カルボキシ基 −C(=O)−OH	カルボン酸	RCOOH
c →	ニトロ基 $-NO_2$	ニトロ化合物	RNO_2
	アミノ基 $-NH_2$	アミン	RNH_2
	スルホ基 $-SO_3H$	スルホン酸	RSO_3H
a →	エステル結合 −C(=O)−O−C	エステル	RCOOR′
	エーテル結合 C−O−C	エーテル	ROR′
	アミド結合 −C(=O)−N(−H)−	アミド	RCONHR′

←Rがベンゼン環の場合はフェノール類という

カルボニル基にHが結合したものをホルミル基という。カルボニル基の両側がCの場合の一般名をケトンという

これらは両側で他の原子と結びつくので，"〜結合"とよぶ

答 a ③　b ⑧　c ⑦

問題 108

1回目 　月　日
2回目 　月　日

元素分析

ここに炭素，水素，酸素だけからなる有機化合物が試料としてある。この試料7.4mgを次に示す装置を用いて完全燃焼させ，燃焼気体をガラス管A，次にガラス管Bの順に通した。その結果，ガラス管Aの質量は9.0mg増加し，ガラス管Bの質量は17.6mg増加した。

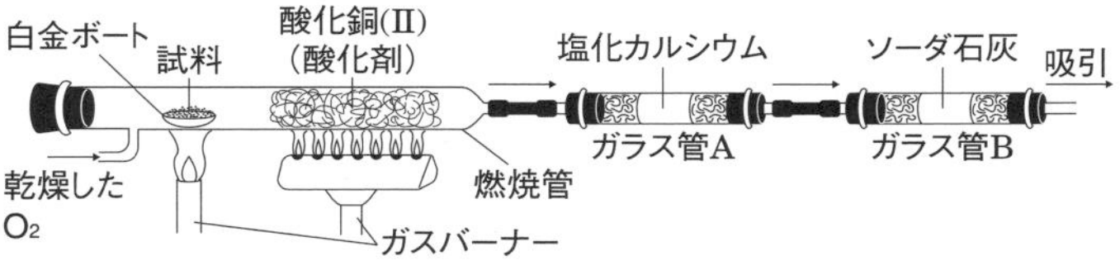

問1　ガラス管Aの塩化カルシウムに吸収されたものは何か。また，ガラス管Bのソーダ石灰に吸収されたものは何か。それぞれ化学式を書け。

問2　ガラス管Aとガラス管Bの配置する順序を逆にしてはいけない理由を述べよ。

問3　最初に試料として与えられた有機化合物の組成式を求めよ。原子量はH＝1.0，C＝12，O＝16とする。

（宮崎大）

解説

問1　有機化合物の燃焼によって，二酸化炭素CO_2と水H_2Oが生じる。まずAで中性乾燥剤の$CaCl_2$がH_2O（A）を吸収し，これが9.0mgの増加分となる。次に，Bのソーダ石灰(水酸化ナトリウムと酸化カルシウムを焼き固めたもの)が酸性酸化物のCO_2（B）を吸収し，これが17.6mgの増加分となる。

問2　ソーダ石灰は塩基性の乾燥剤で，二酸化炭素だけでなく水も吸収する。配置する順序を逆にして，ソーダ石灰を先に通すと，二酸化炭素と水の両方がソーダ石灰に吸収され，別々に質量が測定できなくなる。

問3　組成式（そせいしき）とは，**元素の組成をもっとも簡単な整数比で表した化学式**である。試料中の炭素C，水素H，酸素O，それぞれの原子の物質量を求めて，もっとも簡単な整数比を求めればよい。

第9章 有機化学の基礎

$$（試料中の炭素原子の質量）＝（二酸化炭素の質量）\times\frac{二酸化炭素中の炭素の原子量}{二酸化炭素の分子量}$$

$$=\underbrace{17.6\,\mathrm{mg}}_{\text{Bで吸収}}\times\frac{12}{\underbrace{12+16\times2}_{44}}$$

← CO_2 の分子量44のうち12が炭素に相当

$$=4.8\,\mathrm{mg}$$

$$（試料中の水素原子の質量）＝（水の質量）\times\frac{水分子中の水素の原子量の和}{水の分子量}$$

$$=\underbrace{9.0\,\mathrm{mg}}_{\text{Aで吸収}}\times\frac{1.0\times2}{\underbrace{1.0\times2+16}_{18}}$$

← H_2O の分子量18のうち $1.0\times2=2.0$ が水素に相当

$$=1.0\,\mathrm{mg}$$

$$（試料中の酸素原子の質量）＝（試料の質量）－（炭素の質量）－（水素の質量）$$

$$=7.4\,\mathrm{mg}-4.8\,\mathrm{mg}-1.0\,\mathrm{mg}$$

$$=1.6\,\mathrm{mg}$$

試料は炭素，水素，酸素のみからなることに注意

そこで，試料7.4 mg中の炭素原子，水素原子，酸素原子の物質量の比は，

$$n_C : n_H : n_O=\frac{4.8\times10^{-3}\,\mathrm{g}}{12\,\mathrm{g/mol}}:\frac{1.0\times10^{-3}\,\mathrm{g}}{1.0\,\mathrm{g/mol}}:\frac{1.6\times10^{-3}\,\mathrm{g}}{16\,\mathrm{g/mol}}$$

$$=4.0\times10^{-4}\,\mathrm{mol}:1.0\times10^{-3}\,\mathrm{mol}:1.0\times10^{-4}\,\mathrm{mol}$$

$$=4:10:1$$

となるので，組成式は　$C_4H_{10}O$　となる。

なお，組成式を求めた後，試料の分子量を知ることができれば，分子式を求めることができる。

Point　**有機化合物の組成式**

C：H：O

$$=\frac{\text{C原子の質量}}{12}:\frac{\text{H原子の質量}}{1.0}:\frac{\text{O原子の質量}}{16}$$

$$=\frac{CO_2\text{の質量}\times\frac{12}{44}}{12}:\frac{H_2O\text{の質量}\times\frac{2}{18}}{1.0}:\frac{\text{試料の質量}-(\text{C原子とH原子の質量の和})}{16}$$

（CO_2 の質量）← ソーダ石灰で吸収　（H_2O の質量）← 塩化カルシウムで吸収

答

問1　A：H_2O　　B：CO_2

問2　ソーダ石灰は二酸化炭素だけでなく水も吸収するので，逆に配置すると，これらの質量が別々に測定できなくなるから。

問3　$C_4H_{10}O$

問題 109

示性式と構造式

☑ 1回目 　月　日
☑ 2回目 　月　日

次にあげる化学式のうち，示性式はどれか。①～⑤から1つ選べ。

①	②	③	④	⑤
H：S：H（Sの上下に非共有電子対）	CO_3^{2-}	C_2H_6O		CH_3OH

（玉川大）

解説　有機化合物は，分子式，示性式（しせいしき），構造式などを使って表す。

❶ **分子式：分子をつくっている元素記号とその数を表したもの**
❷ **示性式：分子式の中から，官能基がわかるように表したもの**
❸ **構造式：原子と原子の結合のようすを線(価標ということがある)を使って表したもの**

（注 原子どうしのつながり方がわかる場合には，構造式の線を省略する場合もある。）

Point　分子式・示性式・構造式

例 酢酸

分子式	示性式	構造式	Hとの線を省略した簡易構造式
$C_2H_4O_2$	CH_3-COOH CH_3COOH 官能基であるカルボキシ基を表す	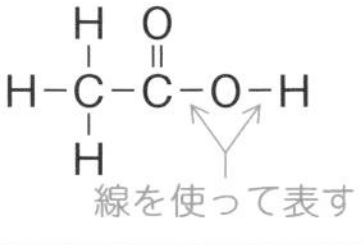	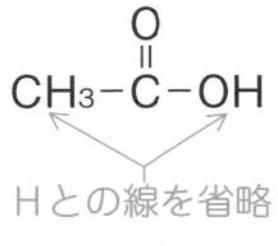

①は電子式，②はイオンを表す化学式，③は分子式，④は構造式，⑤が示性式である。

電子式は，**元素記号のまわりに，非共有電子対も含めて価電子を“・”で表したもの。**

答　⑤

問題 110 異性体(1)

☑ 1回目 　月　日
☑ 2回目 　月　日

次の文章を読み，文中の□にあてはまる適切な語句を記せ。

有機化合物の中には，同じ分子式でありながら分子の構造が異なる化合物が多数存在する。このような化合物を互いに異性体という。異性体の中で，原子や原子団のつながり方が異なる化合物を互いに[a]異性体という。さらに，同じ構造式をもつ化合物の中で，原子や原子団のならび方が空間的に異なる場合があり，このような化合物を互いに[b]異性体という。例えば，4種類の異なる原子や原子団が共有結合した炭素原子を[c]炭素原子といい，1個の[c]炭素原子をもつ化合物では，一対の[b]異性体が存在する。このような一対の化合物を互いに[d]異性体という。[d]異性体は生物が生産する有機化合物に多くみられ，融点などの性質は同じであるが，平面偏光に対する性質や生理作用が異なる。

（北海道大）

解説　**同じ分子式をもち，分子の構造が異なるものどうし**を**異性体**(いせいたい)という。

- 異性体
  - **構造**異性体（a）
  - **立体**(りったい)異性体（b）
    - シス-トランス異性体（幾何(きか)異性体）
    - **鏡像**(きょうぞう)異性体（d）（**光学**(こうがく)異性体（d））

構造異性体とは，**原子や原子団のつながり方が異なるものどうし**をいう。

① C骨格が異なる

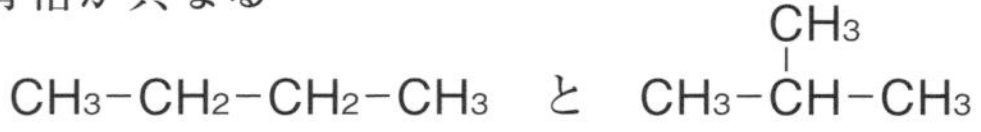

② 官能基が異なる

CH_3-CH_2-OH（ヒドロキシ基）　と　CH_3-O$-CH_3$（エーテル結合）

③ 官能基の位置が異なる

また，**立体異性体**とは，**同じ構造式をもつ化合物の中で，原子や原子団のならび方が空間的に異なり，重ね合わせることができないものどうし**をいう。

❶ シス-トランス異性体(幾何異性体)

C=Cをもつ化合物には，C=Cを軸にした自由回転ができないために，シス形とトランス形の立体異性体が存在することがある。

例

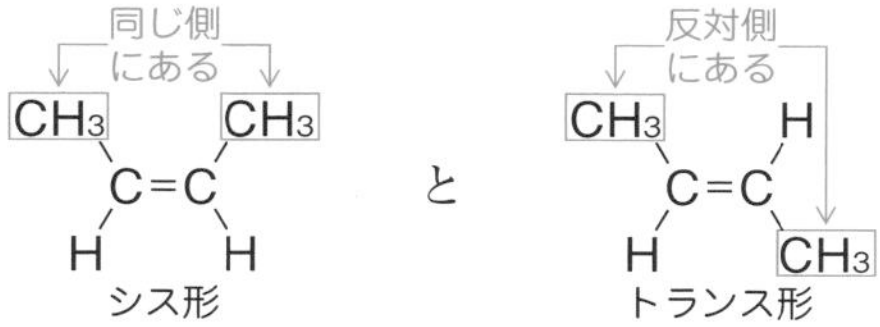

Point

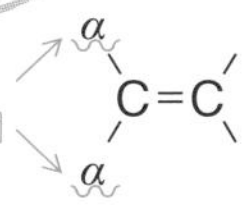

の構造には，シス-トランス異性体は生じない。

❷ 鏡像異性体(光学異性体)

不斉(ふせい)(c)炭素原子をもつ化合物には，「鏡にうつす実物」と「鏡にうつった像」の関係にある一対の立体異性体が存在する。

例 乳酸(にゅうさん)

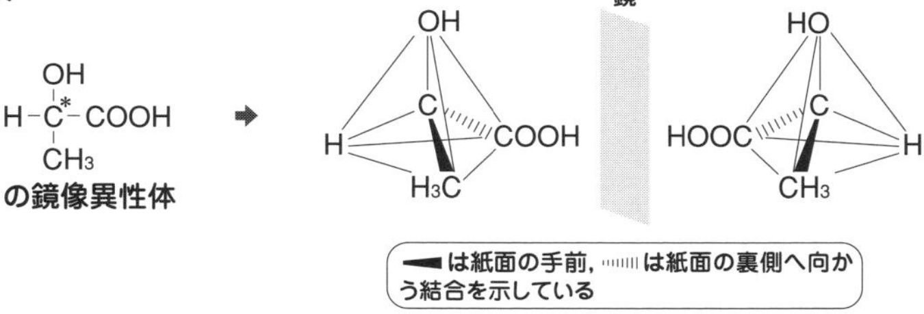

Point 不斉炭素原子と鏡像異性体(光学異性体)

不斉炭素原子 ➡ 4種類の異なる原子や原子団が結合している炭素のこと

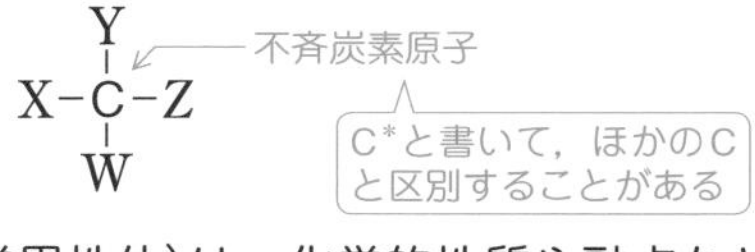

鏡像異性体(光学異性体)は，化学的性質や融点などはほぼ同じであるが，光に対する性質が異なり，においや味などの生理作用が異なる場合がある。

答 a：構造　b：立体　c：不斉　d：鏡像　または　光学

第10章 脂肪族化合物

問題 111 炭化水素の構造と結合による分類・異性体(2)

☑ 1回目 □月□日
☑ 2回目 □月□日

有機化合物の炭素原子間の化学結合には，単結合のほかに二重結合と三重結合がある。二重結合を1つ含む鎖式炭化水素を［ア］とよぶ。また，三重結合を1つ含む鎖式炭化水素を［イ］とよぶ。

二重結合を含む分子式C_4H_8で示される化合物には，<u>数種類の構造異性体</u>が存在する。

問1　文中の［ア］，［イ］に入る適当な語句を答えよ。

問2　下線部について，考えられるすべての構造異性体の構造式を書け。ただし，その中にシス-トランス異性体がある場合には，シス形とトランス形に分けて構造式を書け。

（鹿児島大）

解説

炭化水素は，構造と結合によって次のように分類される。

Point 炭化水素の分類

鎖式炭化水素（脂肪族炭化水素）
- 飽和炭化水素
  - アルカン（単結合のみ）

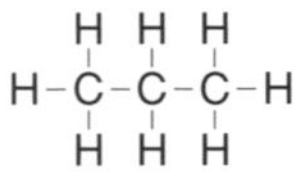

一般式はC_nH_{2n+2}

- 不飽和炭化水素
  - アルケン（C＝Cが1つ）

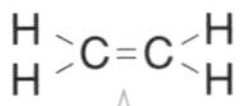

一般式はC_nH_{2n}

  - アルキン（C≡Cが1つ）

H−C≡C−H

一般式はC_nH_{2n-2}

脂環式炭化水素

例 シクロアルカン

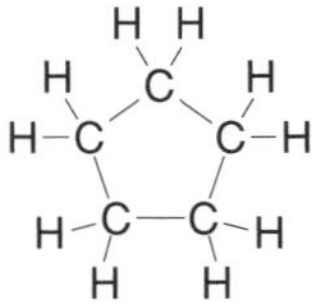

一般式はC_nH_{2n}

芳香族炭化水素

例 ベンゼン

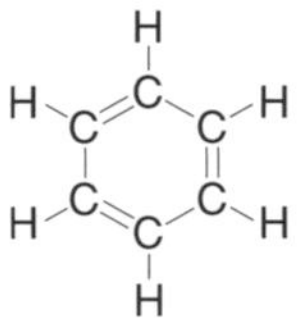

⬡のように略す

問1　鎖式炭化水素は，一般に脂肪族炭化水素とよばれ，すべて単結合のみのものをアルカン，C=Cを1つもつと[アルケン]ア，C≡Cを1つもつと[アルキン]イという。

問2　分子式C_4H_8のアルケンには，次の3つの構造異性体が存在する。矢印はC=C結合になる位置を表している。

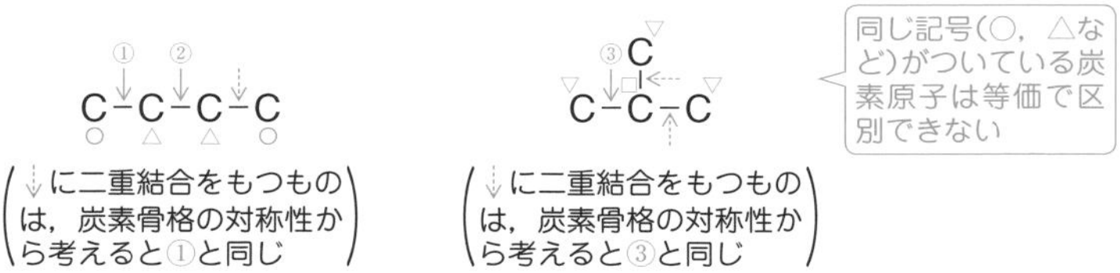

このうち②にC=C結合をもつ2-ブテンは，シス形とトランス形が存在する。

①
$CH_2{=}CH{-}CH_2{-}CH_3$
1-ブテン

②　シス，トランスあり
$CH_3{-}CH{=}CH{-}CH_3$
2-ブテン

③
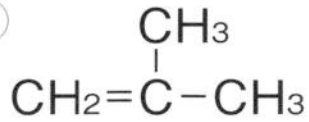

2-メチルプロペン

一般に 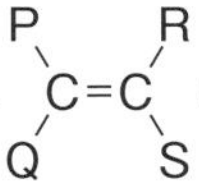 のような構造式で，P≠Q かつ R≠S ならシス-トランス異性体が存在するので注意すること。

②のシス形
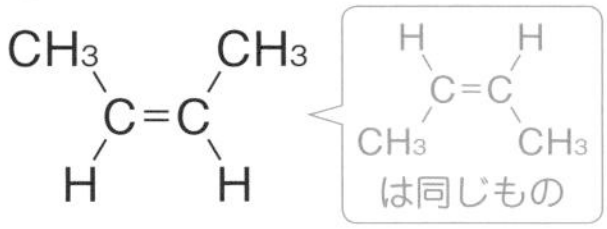

シス-2-ブテン

②のトランス形
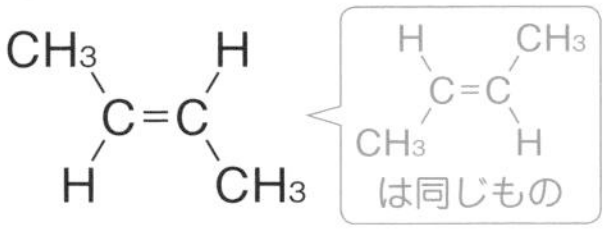

トランス-2-ブテン

答

問1　ア：アルケン　　イ：アルキン

問2

$CH_2{=}CH{-}CH_2{-}CH_3$

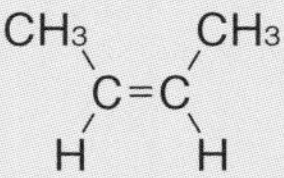

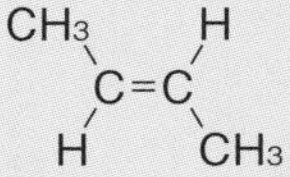

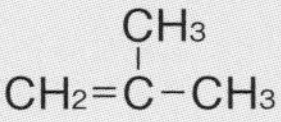

第10章 脂肪族化合物

1回目 □月□日
2回目 □月□日

問題 112 アルカン

メタンは正四面体の立体構造を呈し，その中心に炭素原子が配置されている。また，エタン，プロパン，ブタン，ペンタンは炭素原子間がすべて単結合でつながっており，アルカンと称されている。

アルカンは炭素数が多くなると，同じ分子式であっても炭素原子の並び方が異なる場合が生じてくる。炭素原子が4つあるものでは［A］種類の，5つあるものでは［B］種類の炭素原子の並び方がある。

メタンを塩素と混合して光を当てると次々と［C］反応が起こり，塩素化合物となる。

(1) ［A］～［C］に適切な語句または数字を入れて文章を完成せよ。

(2) 下線部を何と称するか。

（名城大）

解説

アルカンC_nH_{2n+2}は，次のものを覚えよう。

n	分子式	化学式と名称
1	CH_4	CH_4 ←天然ガスの主成分 メタン
2	C_2H_6	CH_3-CH_3 ← C−C結合を軸に両側のメチル基CH_3-が回転できる エタン
3	C_3H_8	$CH_3-CH_2-CH_3$ プロパン
4	C_4H_{10}	↙直鎖 $CH_3-CH_2-CH_2-CH_3$ ブタン CH_3 ↙枝分かれ | $CH_3-CH-CH_3$ 2-メチルプロパン
5	C_5H_{12}	↙直鎖 $CH_3-CH_2-CH_2-CH_2-CH_3$ ペンタン $CH_3-CH-CH_2-CH_3$ | CH_3 ←枝分かれ１つ 2-メチルブタン CH_3 | CH_3-C-CH_3 枝分かれ２つ | CH_3 2,2-ジメチルプロパン

$n=4$：← ［2］種類の構造異性体（A: 2，(2)：構造異性体）

$n=5$：← ［3］種類の構造異性体（B: 3，(2)：構造異性体）

アルカンは化学的には安定な炭化水素であるが，酸素O_2とともに加熱したり，塩素Cl_2とともに光を照射したりすると反応する。

$$CH_4 + 2O_2 \xrightarrow{\text{加熱}} CO_2 + 2H_2O \quad \text{（燃焼反応）}$$

$$CH_4 \xrightarrow[\text{光}]{Cl_2} CH_3Cl \xrightarrow[\text{光}]{Cl_2} CH_2Cl_2 \xrightarrow[\text{光}]{Cl_2} CHCl_3 \xrightarrow[\text{光}]{Cl_2} CCl_4$$

CH_3Cl：クロロメタン（塩化メチル）
CH_2Cl_2：ジクロロメタン（塩化メチレン）
$CHCl_3$：トリクロロメタン（クロロホルム）
CCl_4：テトラクロロメタン（四塩化炭素）

有機化合物の炭素の結合原子数に注目して，反応を分類する。

置換	付加（ふか）	脱離（だつり）

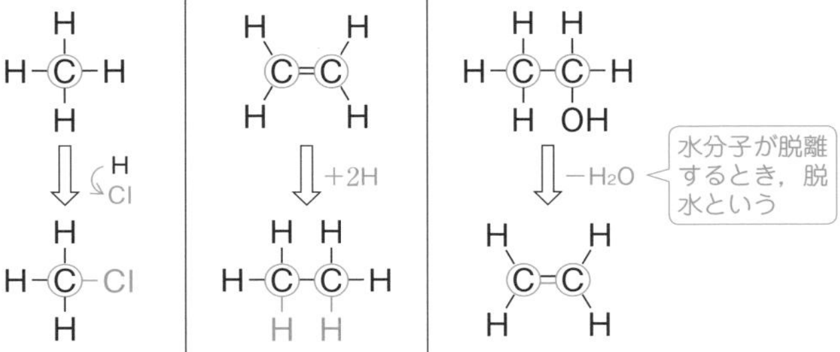

Ⓒの結合原子数	置換	付加	脱離
	変化なし	増える	減る

Point アルカンの置換反応

アルカンは，次のような置換（ちかん）反応が起こる。

答 (1) A：2　B：3　C：置換
(2) 構造異性体

問題 113

1回目 □月□日
2回目 □月□日

アルケン

アルケンの性質に関する次の記述a～eについて，正しい記述の組み合わせを，下の①～⑥のうちから1つ選べ。

a　縮合重合して高分子化合物をつくる。

b　アルカンに比べて一般に反応性に富む。

c　フェーリング液を加えて熱すると，赤色沈殿を生じる。

d　触媒の存在下で水を付加させると，もとのアルケンと炭素数の等しいアルコールを生じる。

e　塩化水素や臭化水素とは付加反応を起こさない。

①　a・b　②　b・c　③　c・d　④　b・d　⑤　c・e
⑥　a・e

（センター試験）

解説

$CH_2=CH_2$ や $CH_2=CH-CH_3$ のように，分子内にC=C結合を1つもつ鎖式炭化水素をアルケンといい，一般式はC_nH_{2n}
（エテン（エチレン）　プロペン（プロピレン））

合を1つもつ鎖式炭化水素をアルケンといい，一般式はC_nH_{2n} $(n \geqq 2)$で表される。C=C結合のうち1本は反応しやすく，酸，水，ハロゲン，水素などがC=Cに対し付加（ふか）する。

Point　アルケンの付加反応

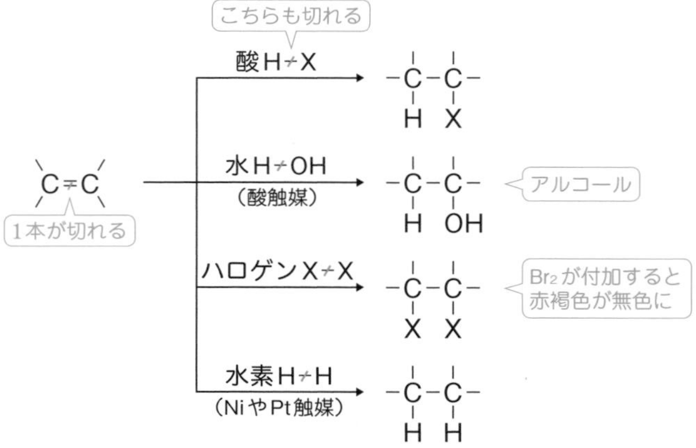

a　（誤り）エテン（エチレン）やプロペン（プロピレン）を適当な条件下で反応させると，付加重合によってポリエチレンやポリプロピレンなどの高分子化合物が得られる（p.185参照）。

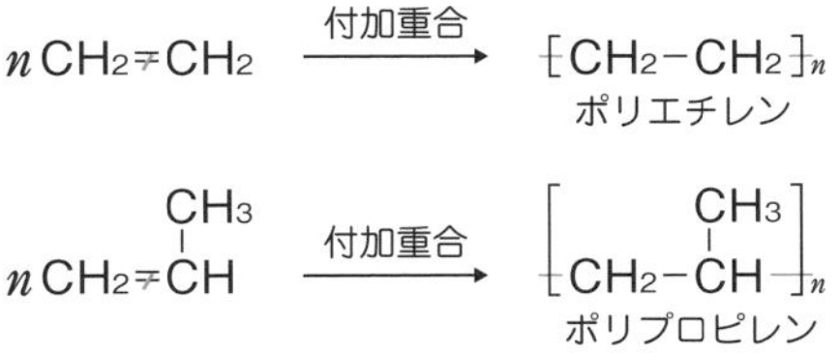

b　（正しい）一般にアルカンは反応性が乏(とぼ)しく，光照射下で塩素を作用させるなどの激しい条件下でないと反応しにくい。それに対し，アルケンはC=C結合をもち，反応性に富んでいる。

c　（誤り）フェーリング液を加えて熱すると赤色沈殿の酸化銅（Ⅰ）Cu_2Oが生じるのは，アルデヒドRCHOである（p.190参照）。アルケンではない。

d　（正しい）C=C に H−OH が付加しても，炭素数に変化はない。

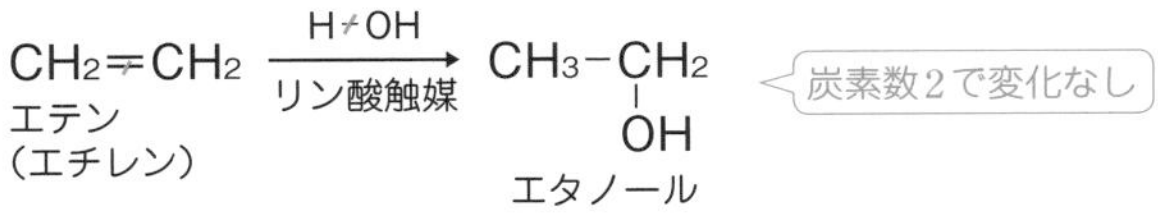

e　（誤り）C=Cに対し，HClやHBrは付加する。

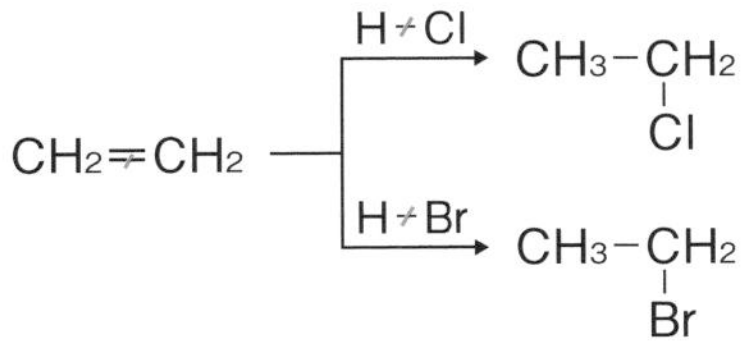

よって，正しい記述は，bとdである。

答　④

第10章 脂肪族化合物

問題 114

☑ 1回目 □月□日
☑ 2回目 □月□日

アルキン(付加反応と付加重合)

次図はアセチレンを中心とする各種の有機化合物の反応経路である。図中の□にあてはまる物質名を書け。

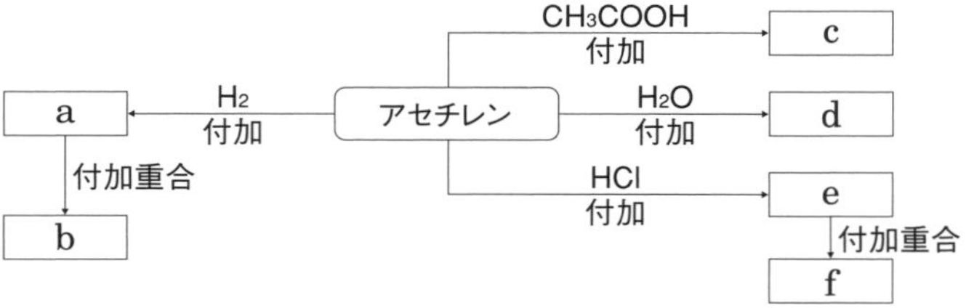

(大阪産業大)

解説　分子内に**C≡C結合を1つもつ鎖式炭化水素**を**アルキン**という。

アルキンC_nH_{2n-2}は，$n=2$のアセチレン(エチン)C_2H_2を覚えておこう。

H−C≡C−H　アセチレン(エチン)
直線形

アセチレンは，炭化カルシウム(カーバイド)に水を加えると発生する。

$$CaC_2 + 2H_2O \longrightarrow Ca(OH)_2 + C_2H_2 \uparrow$$

C≡C結合はC=C結合と同じように付加反応する。よって，アセチレンにハロゲンとしてBr_2，酸としてCH_3COOHやHCl，水素H_2を反応させると次のようになる。

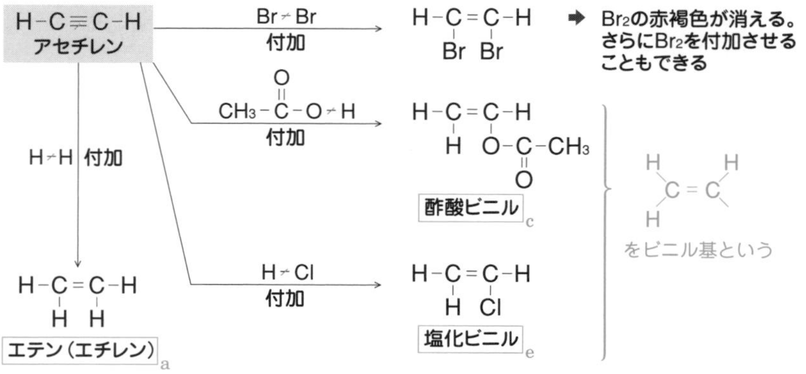

Point C≡CへのH_2Oの付加には注意が必要!!

アセチレンに水銀塩などを触媒にしてH_2Oを付加させると，

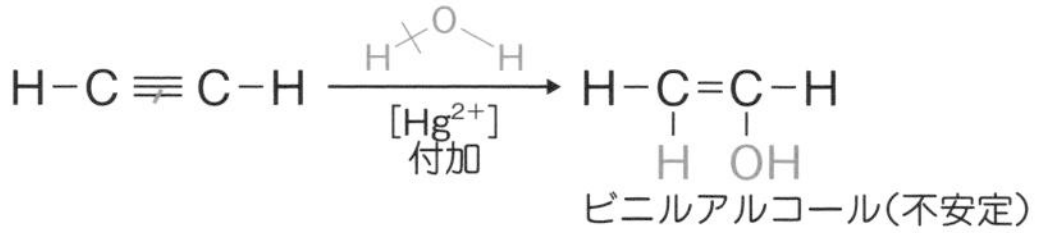

ビニルアルコールが生成するが，不安定なビニルアルコールは構造異性体であるアセトアルデヒド(d)に変化する。

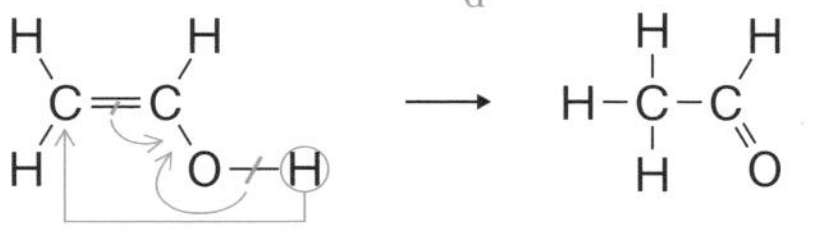

分子量の小さなC=C結合をもつ化合物(モノマー)から，付加反応により，分子量の大きな高分子(ポリマー)をつくることを**付加重合**(ふかじゅうごう)という。付加重合については，次の例を覚えておこう。

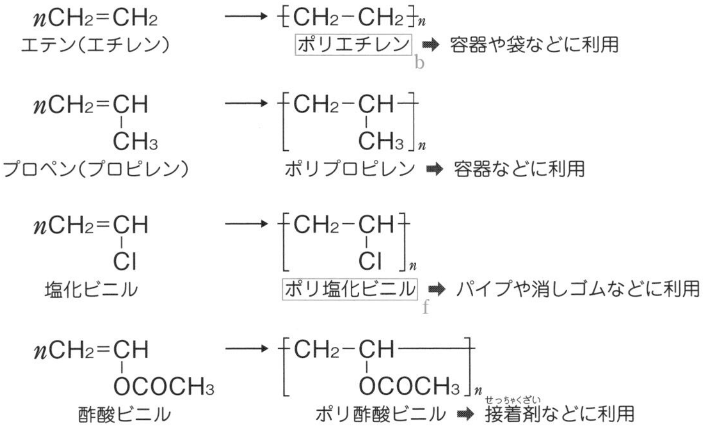

答
a：エテン(エチレン)　b：ポリエチレン　c：酢酸ビニル
d：アセトアルデヒド　e：塩化ビニル　f：ポリ塩化ビニル

問題 115 アルコール(1)

1回目 □月□日
2回目 □月□日

次の記述(1)〜(3)にあてはまる化合物は，㋐〜㋓のうちどれか。

(1) 第一級アルコール
(2) 酸化されにくいアルコール
(3) 鏡像異性体(光学異性体)が存在するアルコール

㋐ 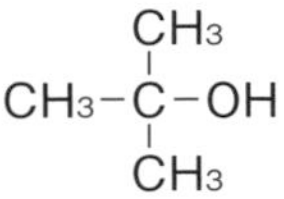

㋑ 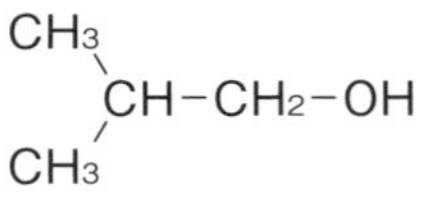

㋒ 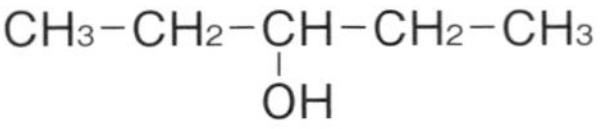

㋓ 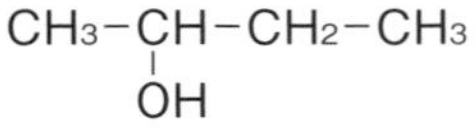

(成蹊大)

解説

炭化水素のHが−OH(ヒドロキシ基)で置き換わったものをアルコールR−OHという。

アルコールは，次のように分類できる。

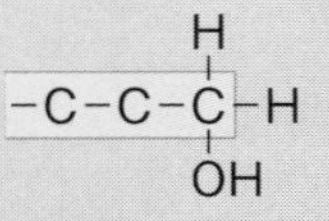

C骨格のはしに−OHがついている
第一級アルコール

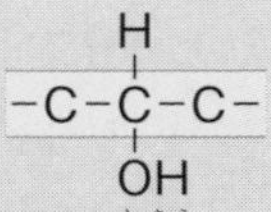

C骨格の途中(とちゅう)に−OHがついている
第二級アルコール

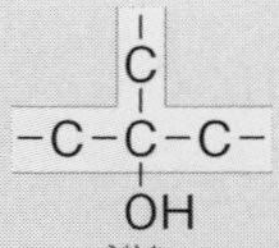

C骨格の枝分(えだわ)かれ部分に−OHがついている
第三級アルコール

よって，㋐〜㋓のアルコールは，

㋐ 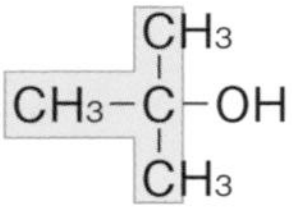

第三級アルコール
C*(不斉炭素原子)なし

㋑ 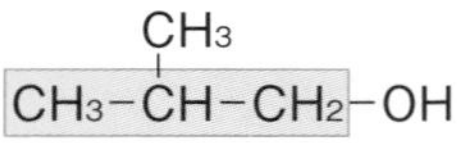

第一級アルコール (1)
C*なし

㋒ 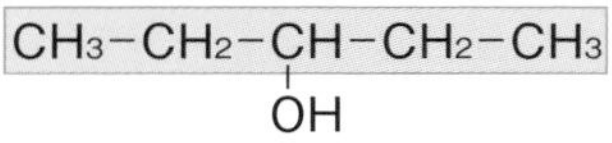

第二級アルコール
C*なし

㋓ 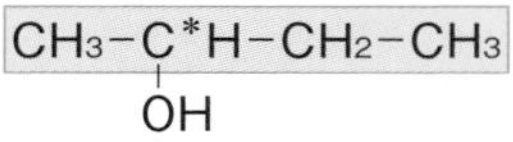

第二級アルコール
C*あり (3)

となる。(1)は㋑，(3)は㋓である。

アルコールを硫酸酸性二クロム酸カリウム$K_2Cr_2O_7$水溶液などの適当な酸化剤で酸化すると，アルコールの級数によって生成物が変わる。酸素Oが結合した炭素CにC−H結合がある限り，反応が続くことに注意しよう。

Point アルコールの酸化

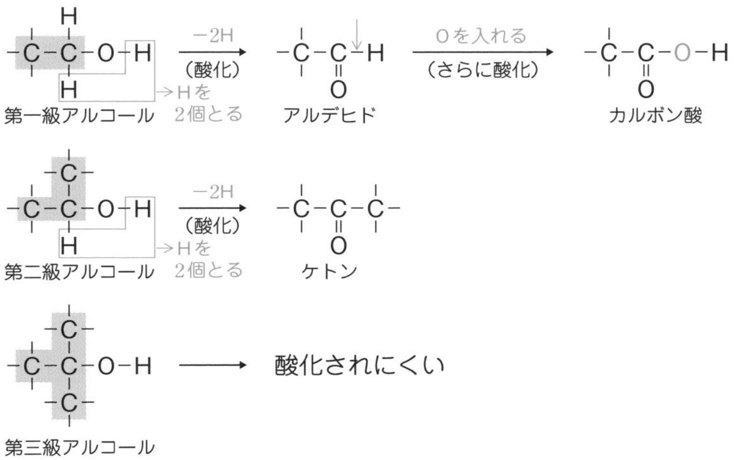

酸化されにくいアルコールは，**Point**より第三級アルコールなので，**(2)**にあてはまるのは㋐である。

答 (1) ㋑　(2) ㋐　(3) ㋓

問題 116　アルコール(2)

1回目 □月□日
2回目 □月□日

アルコールに関する記述として誤りを含むものを，次の①～⑤から1つ選べ。

① メタノールは，触媒を用いて一酸化炭素と水素から合成できる。
② エタノールは，触媒を用いてエテン(エチレン)と水から合成できる。
③ エタノールを，130～140℃に加熱した濃硫酸に加えると，ジエチルエーテルが生成する。
④ 1−プロパノールに二クロム酸カリウムの硫酸酸性水溶液を加えて加熱すると，アセトンが生成する。
⑤ 2−プロパノールにナトリウムを加えると，水素が発生する。

（センター試験）

解説

① (正しい) メタノールは，工業的にはCOとH_2の**混合ガス**(**合成ガス**(ごうせい))から酸化亜鉛ZnOを主体とする触媒を使って高温・高圧でつくる。

$$CO + 2H_2 \xrightarrow[\text{[ZnO]}]{} CH_3OH$$

② (正しい) エタノールは，工業的にはリン酸を触媒としてエテン(エチレン)に水蒸気を付加させてつくる。

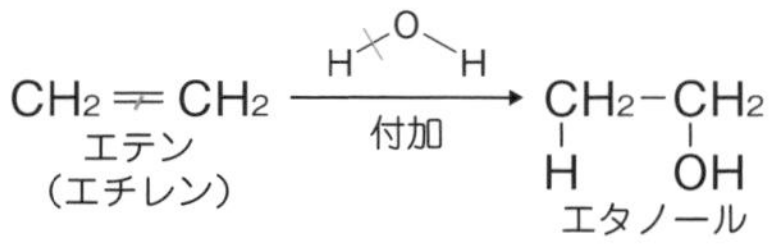

③ (正しい) エタノールCH_3CH_2OHを濃硫酸とともに加熱すると，

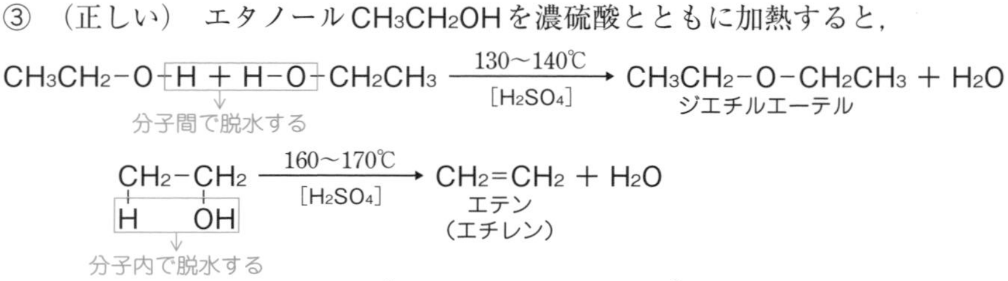

比較的低い温度では分子間，高い温度では分子内から脱水する。

④ (誤り) 1−プロパノールを$K_2Cr_2O_7$で酸化しても，アセトン$CH_3-C(=O)-CH_3$は生成せず，プロピオンアルデヒドやプロピオン酸が生じる。

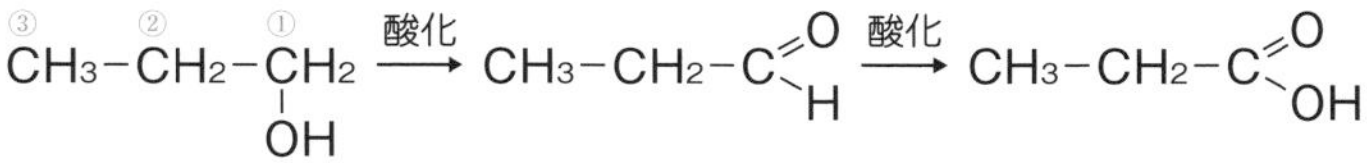

1-プロパノール（第一級アルコール）　プロピオンアルデヒド（アルデヒド）　プロピオン酸（カルボン酸）

酸化してアセトンが生成するアルコールは，2-プロパノールである。

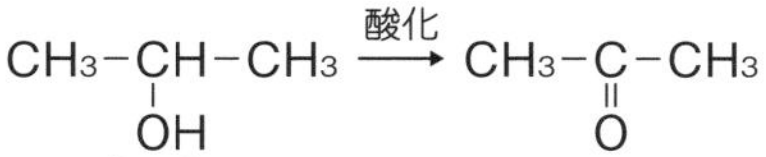

2-プロパノール　アセトン

⑤ （正しい） アルコールにナトリウムNaを加えると，H_2が発生する。

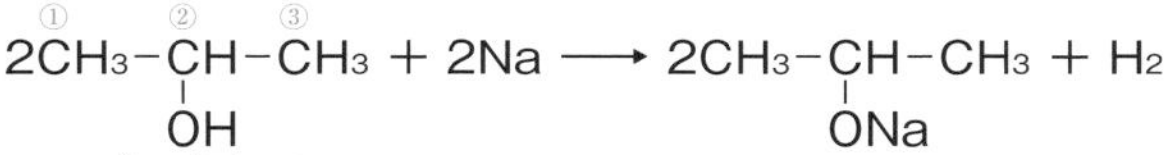

2-プロパノール

Point アルコールの名前と構造式

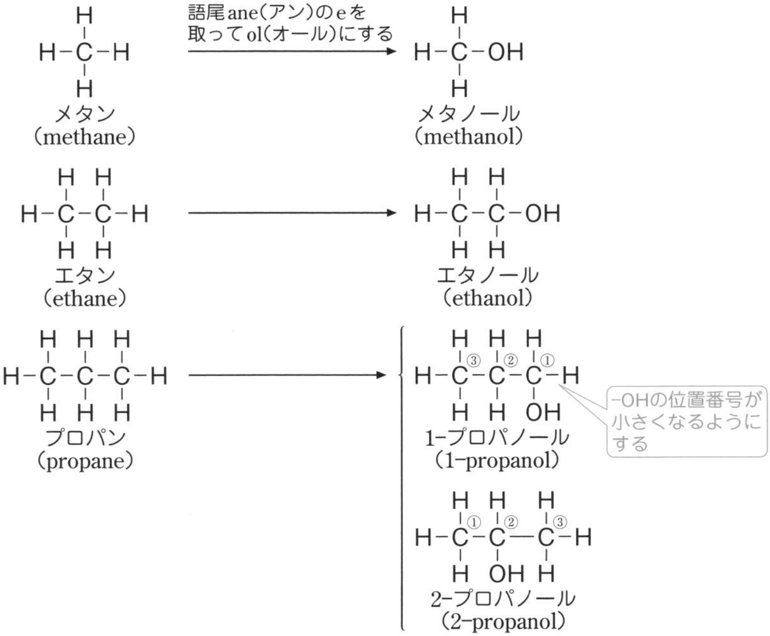

答 ④

問題 117

1回目 月 日
2回目 月 日

アルデヒド・ケトン（カルボニル化合物）

アルデヒドとケトンに関する記述として誤っているものの組み合わせを，下の①～⑩から1つ選べ。

a　アルデヒドをアンモニア性硝酸銀水溶液に加えておだやかに加熱すると，銀が析出する。

b　メタノールを触媒を用いて酸化すると，刺激臭のあるホルムアルデヒドが得られる。

c　アセトンはヨードホルム反応により，特異臭をもつCHI_3の黄色沈殿を生じる。

d　アルデヒドをフェーリング液とともに加熱すると，黒色の酸化銅(I) Cu_2Oが沈殿する。

e　酢酸カルシウム$(CH_3COO)_2Ca$を熱分解すると，炭酸カルシウムとアセトアルデヒドを生じる。

① a・b　② a・c　③ a・d　④ a・e　⑤ b・c
⑥ b・d　⑦ b・e　⑧ c・d　⑨ c・e　⑩ d・e

（成蹊大）

解説

アルデヒドは，
ケトンは，
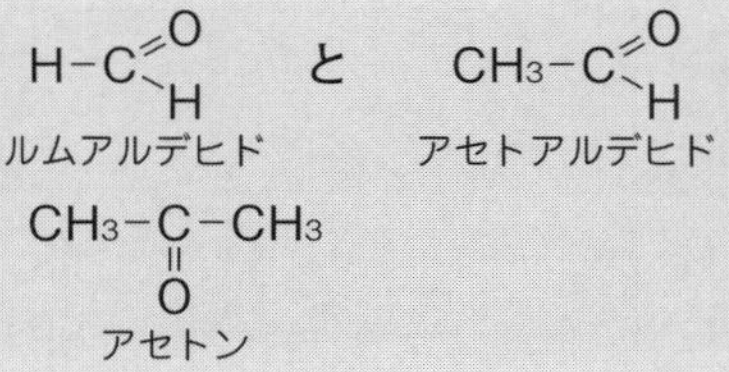

の名称と構造式を覚えておこう。

a，d　アルデヒドは還元性を示すので，次の❶や❷の反応で検出できる。

❶ 銀鏡（ぎんきょう）反応

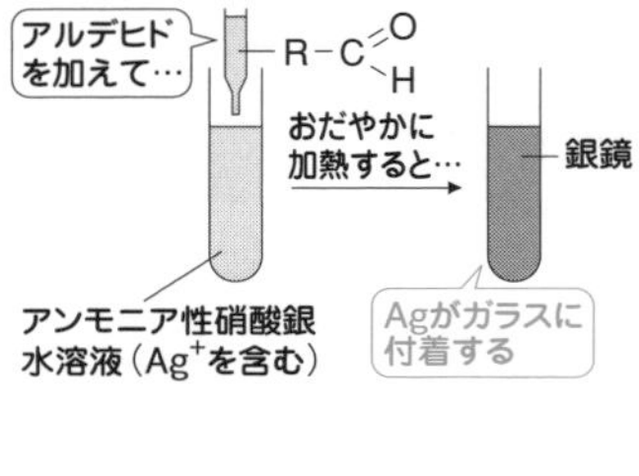

❷ フェーリング液の還元（フェーリング反応）

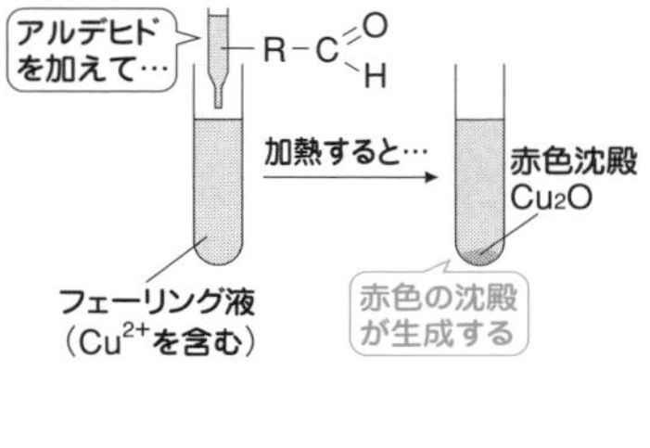

よって，aの記述は(正しい)とわかる。また，Cu_2Oは赤色なので，dの記述の黒色の酸化銅は(誤り)である。

b　(正しい)　ホルムアルデヒドは，加熱した銅Cuなどの触媒を使って，メタノールの蒸気を空気中のO_2で酸化するとつくることができる。

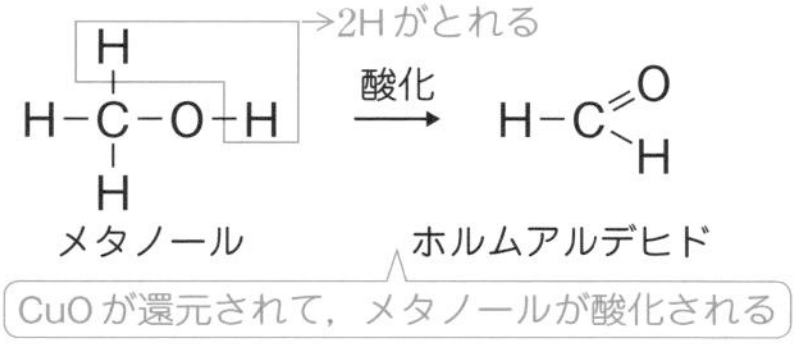

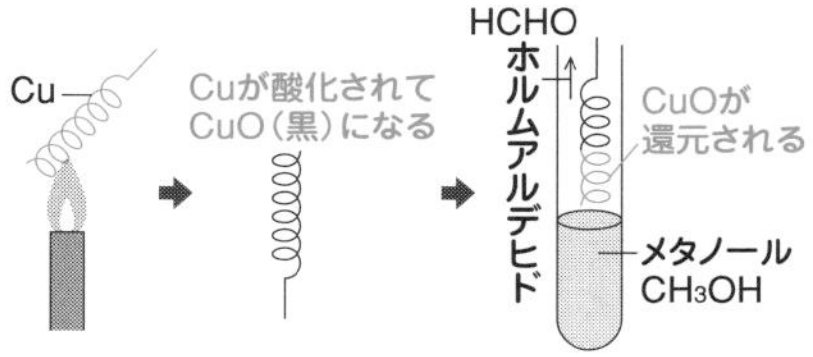

c　(正しい)　アセトンにNaOH水溶液とI_2を加えて温めると，特有のにおいをもったヨードホルムCHI_3の黄色沈殿を生じる。この反応をヨードホルム反応という。

$$CH_3-\overset{\overset{\displaystyle O}{\|}}{C}-CH_3 + 3I_2 + 4NaOH \longrightarrow CHI_3\downarrow + CH_3COONa + 3NaI + 3H_2O$$

Point　ヨードホルム反応

ヨードホルム反応は

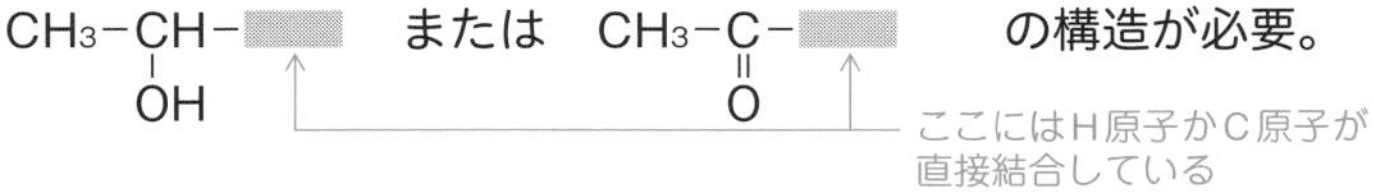

e　(誤り)　酢酸カルシウムを空気を遮断(しゃだん)して加熱分解すること(乾留(かんりゅう))でアセトンをつくることができる。

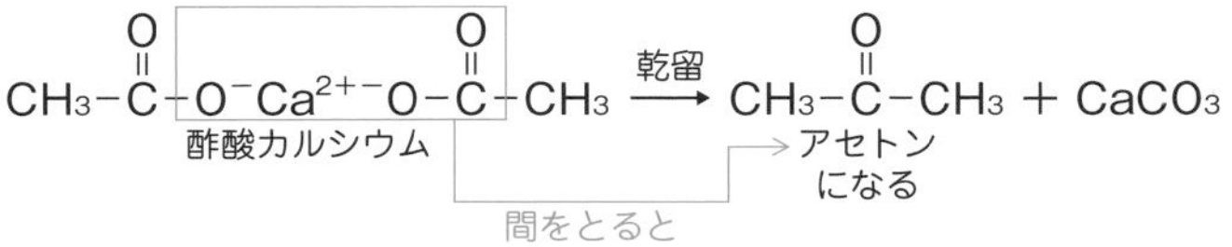

よって，アセトアルデヒドではなくアセトンが正しい。

a(正しい)，b(正しい)，c(正しい)，d(誤り)，e(誤り)なので⑩が答え。

答　⑩

問題 118 カルボン酸

☑ 1回目 月 日
☑ 2回目 月 日

次の文章を読み，文中の[　]にあてはまるもっとも適当な語句を下の①～ⓑから選べ。

一般に，典型的な有機酸である脂肪酸は，カルボキシ基が水溶液中で電離して[1]酸性を示すが，[2]性はもたない。脂肪酸の中で[3]は，分子中に[2]性を示す[4]基をもつので，例外的に[2]性を示す。[3]は，脂肪酸の中ではもっとも[5]酸性を示す。

① 強い	② 弱い	③ リノール酸	④ 酢酸
⑤ ギ酸	⑥ カルボキシ	⑦ ホルミル	⑧ メチル
⑨ アセチル	⓪ ケトン	ⓐ 酸化	ⓑ 還元

（東北工業大）

解説 $-COOH$**(カルボキシ基)をもつもの**を**カルボン酸**という。カルボン酸としては，$-COOH$**を1個もつモノカルボン酸**や$-COOH$**を2個もつジカルボン酸**を覚えておこう。

● **モノカルボン酸**

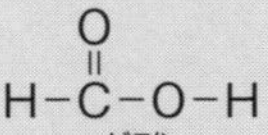
ギ酸

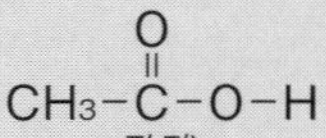
酢酸

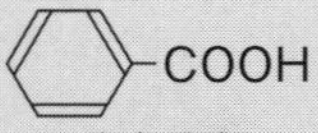
安息香酸

● **ジカルボン酸**

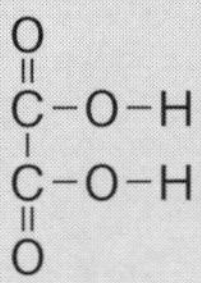
シュウ酸

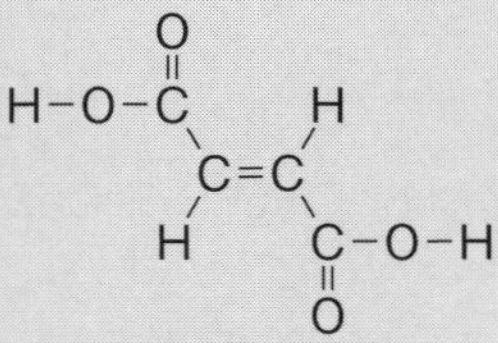
フマル酸
（トランス形）

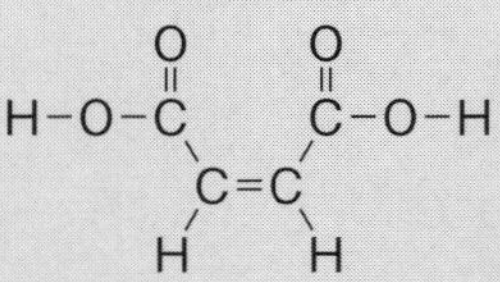
マレイン酸
（シス形）

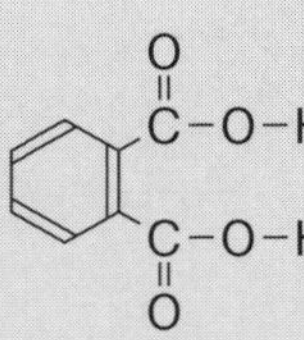
フタル酸

ギ酸や酢酸のように**「鎖式」**で**「モノカルボン酸」であるもの**を**脂肪酸**（しぼうさん）といい，安息香酸（あんそくこうさん）やフタル酸のように**ベンゼン環(⌬)の炭素原子に直接**$-COOH$**が結合した構造をもつカルボン酸**を**芳香族カルボン酸**（ほうこうぞく）という。

カルボン酸は，カルボキシ基が水溶液中で電離し[弱い]₁酸性を示す。

$$R-COOH \rightleftarrows R-COO^- + H^+$$

脂肪酸の中で ギ酸 [3] $H-\overset{\overset{\large O}{\|}}{C}-O-H$ は，分子中に 還元 [2] 性を示す ホルミル [4] 基(アルデヒド基)をもつために，還元性を示す。ギ酸は，脂肪酸の中ではもっとも 強い [5] 酸性を示す。

また，乳酸のようにヒドロキシ基をもつカルボン酸を**ヒドロキシ酸**という。

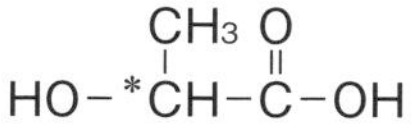

乳酸

ジカルボン酸の中には加熱するだけで酸無水物に変化するものがある。次の2つを覚えておこう。

Point **ジカルボン酸と酸無水物**

2つのカルボキシ基が近くにあり，できる酸無水物(さんむすいぶつ)が構造上無理のない五員環になるため，マレイン酸やフタル酸は，加熱すると容易に脱水して環状化合物の無水マレイン酸や無水フタル酸になる。

5つの原子からなる環構造

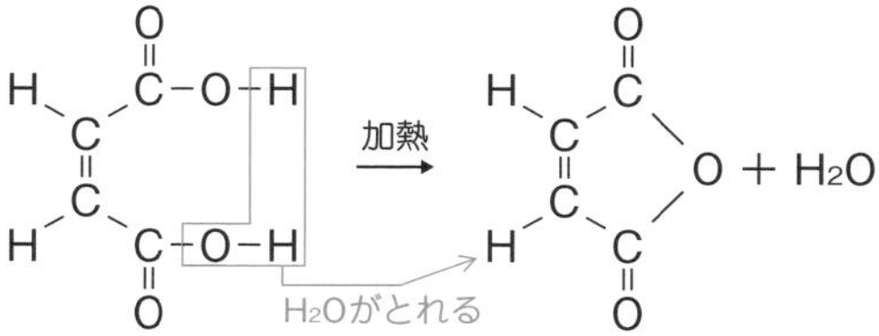

マレイン酸 $C_4H_4O_4$　　無水マレイン酸 $C_4H_2O_3$

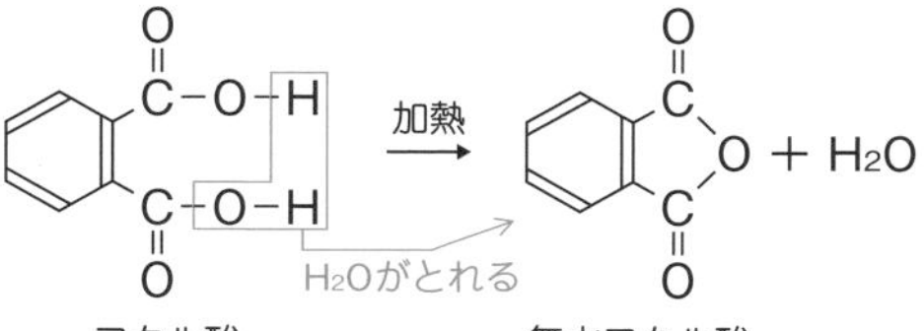

フタル酸 $C_8H_6O_4$　　無水フタル酸 $C_8H_4O_3$

答 1：② 2：ⓑ 3：⑤ 4：⑦ 5：①

問題 119 エステル

1回目 □月□日
2回目 □月□日

次の文章を読み，文中の□にあてはまるもっとも適当な語句を下の①〜⑨から選べ。

カルボン酸とアルコールとの[1]反応によって生成する化合物をエステルという。エステルが生成する反応をエステル化反応といい，その逆反応を加水分解という。とくに[2]によるエステルの加水分解を[3]という。

① 付加　② 縮合　③ 縮合重合　④ アルコール
⑤ 酸　⑥ 塩基　⑦ 酸化　⑧ 乳化　⑨ けん化

（東北工業大）

解説

カルボン酸である酢酸CH_3COOHとアルコールであるエタノールCH_3CH_2OHの混合物に，濃硫酸H_2SO_4を加えて加熱すると，縮合(しゅくごう)[1]反応によって酢酸エチル$CH_3COOCH_2CH_3$が生成する。この**酢酸エチル**を**エステル**といい，エステルは $-C(=O)-O-$ のエステル結合をもつ。このように，**エステルが生成する反応**を**エステル化**という。

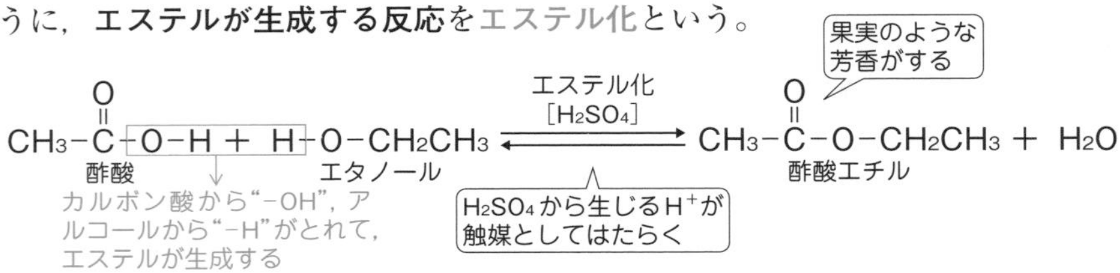

Point　エステルの名前のつけ方

エステル "$R-C(=O)-O-$▒" の名前は，

まず "$R-C(=O)-O-H$"（カルボン酸）の名前，次に "▒" の名前をつける。

$CH_3-C(=O)-O-CH_2CH_3$ ➡ 酢酸 エチル
（酢酸 → CH_3COOH，エチル → CH_3CH_2-（エチル基））

$H-C(=O)-O-CH_3$ ➡ ギ酸 メチル
（ギ酸 → $HCOOH$，メチル → CH_3-（メチル基））

エステルに希硫酸などの強酸を加えて加熱すると，エステルを加水分解することができる。これは可逆反応である。

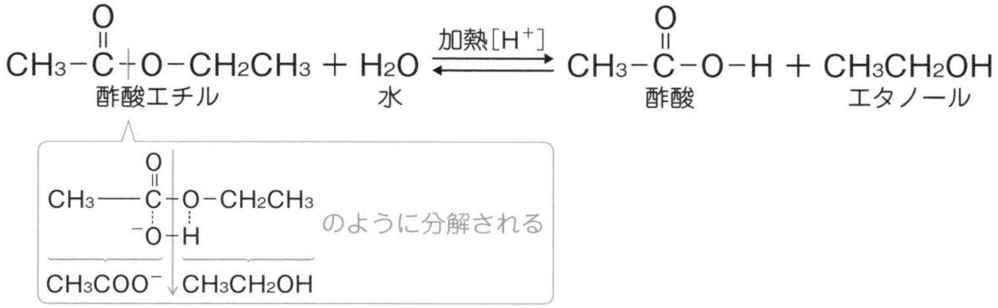

Point　エステル化と加水分解は逆の反応

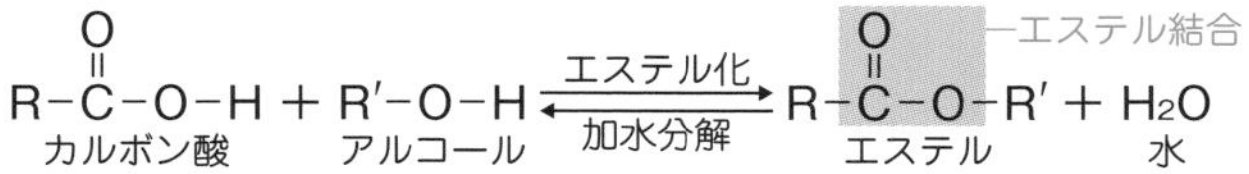

エステルは，水酸化ナトリウムなどの塩基を加えて加熱することでも，加水分解できる。これは不可逆反応である。

とくに強塩基[2]による加水分解は，セッケン（p.200参照）をつくるときに使われるのでけん化[3]ともいう。

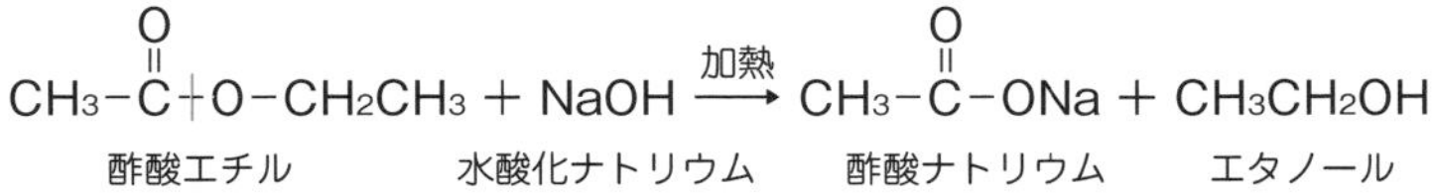

答　1：②　2：⑥　3：⑨

第10章 脂肪族化合物

問題 120

エステルの加水分解

1回目 月 日
2回目 月 日

エステルXを加水分解したところ，カルボン酸AとアルコールBが生成した。Bを酸化したところAが生成した。Aは銀鏡反応を示した。このエステルの化学式として正しいものを，次の①～⑤から1つ選べ。

① $HCOOCH_3$　② CH_3COOCH_3　③ $HCOOCH(CH_3)_2$

④ $CH_3COOCH_2CH_3$　⑤ $CH_3CH_2COOCH_2CH_3$

（獨協医科大）

解説　まず，①～⑤の示性式を構造式に直してみる。

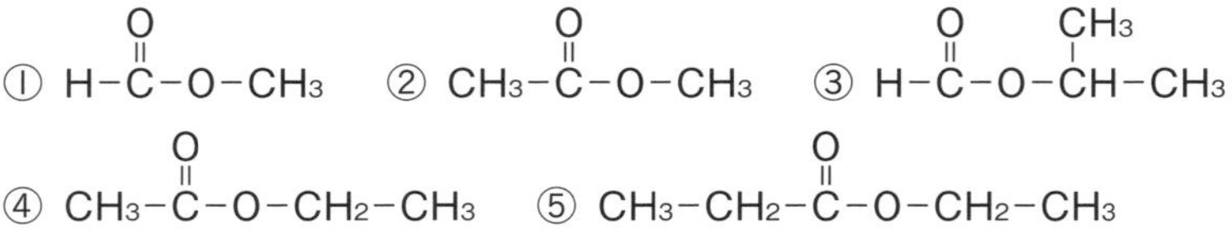

エステルを加水分解してできるカルボン酸とアルコールは，次の手順で考えるとよい。

❶ **エステル結合 −C(=O)−O− の下に，H−O−H を書く。**

❷ **−C(=O)↓O− の矢印部分（↓）を切る。**

❸ **切れた部分を，HO↓H とつなぐ。**

よって，①のエステルを加水分解すると，

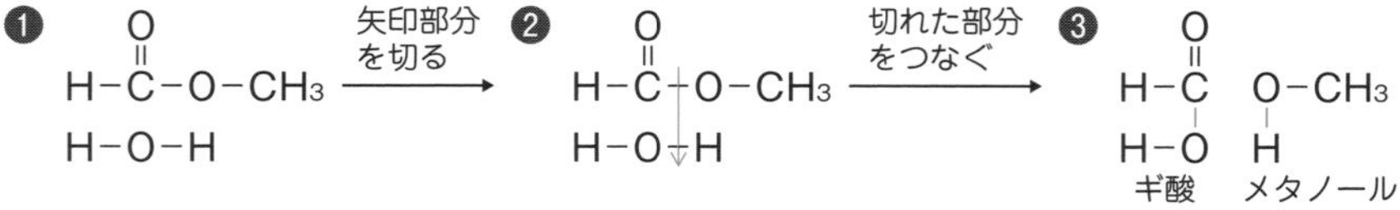

ギ酸 $HCOOH$ とメタノール CH_3OH が得られる。

同様に考えると，②～⑤のエステルから生じるカルボン酸とアルコールは，

② CH_3COOH 酢酸　CH_3OH メタノール

③ $HCOOH$ ギ酸

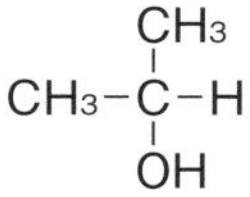

2-プロパノール

④ CH_3COOH 酢酸　CH_3CH_2OH エタノール

⑤ CH_3CH_2COOH プロピオン酸　CH_3CH_2OH エタノール

となる。

カルボン酸Aは銀鏡反応を示すとあるので，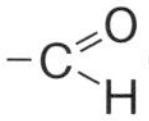(ホルミル基)をもつギ酸

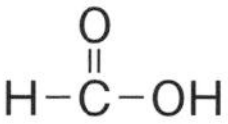

とわかる。

さらに，ギ酸エステルである①と③を加水分解して得られるアルコールをそれぞれ酸化すると次のように構造が変化する。

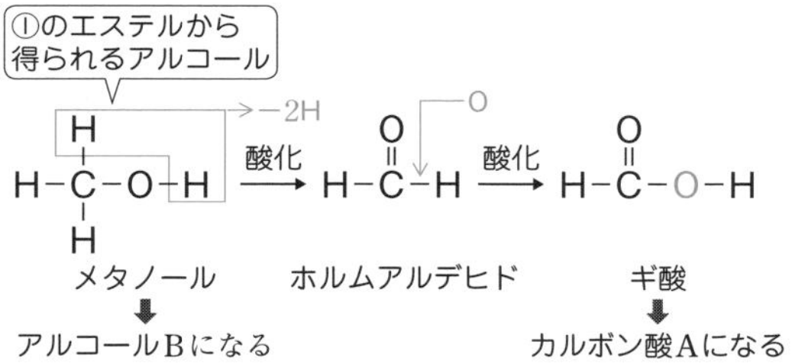

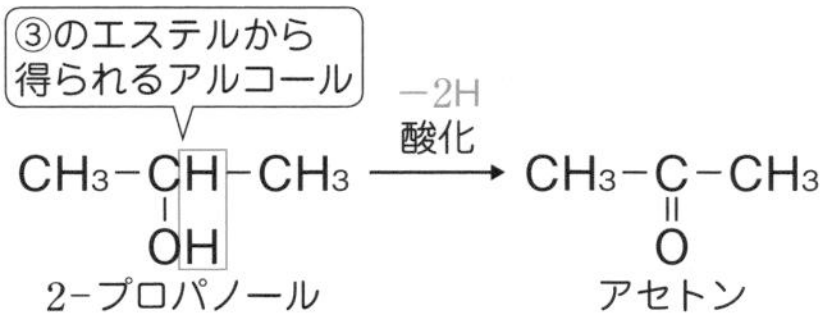

メタノール(アルコールB)を酸化するとギ酸(カルボン酸A)が生成するので，エステルXは①である。

第10章 脂肪族化合物

答 ①

問題 121

1回目 月 日
2回目 月 日

油脂

次の文章を読み，文中の[　]にあてはまる語を入れよ。

動物や植物の体内に広く分布する油脂は，3価アルコールであるグリセリンに高級脂肪酸が結合したものである。油脂のうち，高級[A]脂肪酸を多く含む油脂を脂肪といい，常温で[B]である。また，低級[C]脂肪酸や高級[D]脂肪酸を多く含む油脂を脂肪油といい，常温で[E]である。脂肪油から硬化油が生成され，硬化油は[F]などの原料となる。

（札幌医科大）

解説

油脂(ゆし)は，**3価のアルコールであるグリセリン**$C_3H_5(OH)_3$**とふつう炭素原子の数が多い1価カルボン酸（高級(こうきゅう)脂肪酸）からできた構造をもつエステル**である。

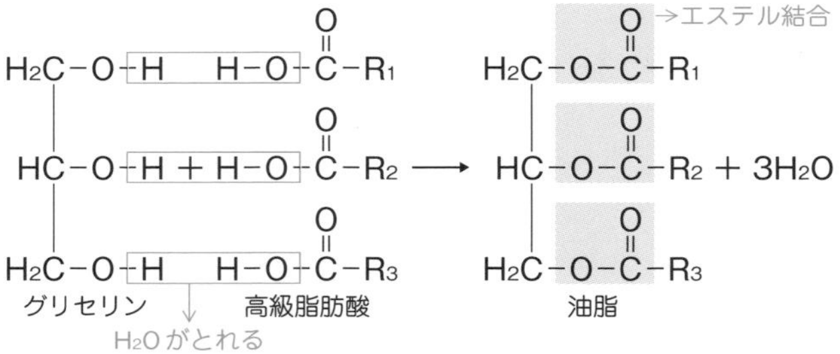

油脂をつくっている高級脂肪酸には，C原子間の結合がすべて単結合の高級飽和脂肪酸やC=C結合をもつ高級不飽和脂肪酸がある。

天然の油脂に含まれる脂肪酸は炭素数16と18のものが多い。

炭素数	化学式	C=C	名前
16	$C_{15}H_{31}COOH$	0	パルミチン酸
18	$C_{17}H_{35}COOH$	0	ステアリン酸
	$C_{17}H_{33}COOH$	1	オレイン酸
	$C_{17}H_{31}COOH$	2	リノール酸
	$C_{17}H_{29}COOH$	3	リノレン酸

高級[飽和]A脂肪酸を多く含む油脂を脂肪(しぼう)といい，常温で[固体]Bである。また，**低級[飽和]C脂肪酸や高級[不飽和]D脂肪酸を多く含む油脂**を脂肪油(ゆ)といい，常温で[液体]Eである。

Point 脂肪酸

● **高級飽和脂肪酸**

例 ステアリン酸 $C_{17}H_{35}COOH$

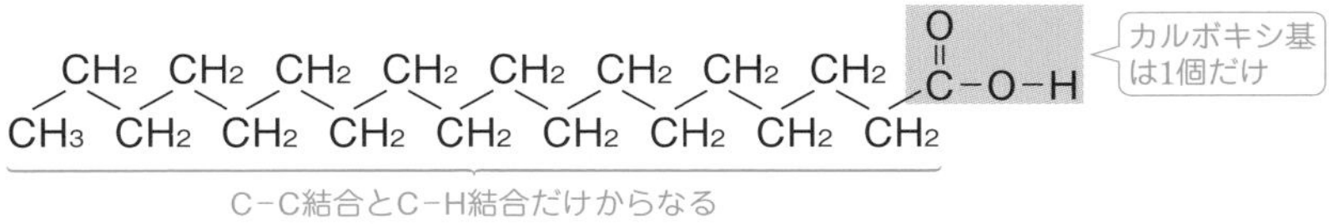

● **高級不飽和脂肪酸**

例 オレイン酸 $C_{17}H_{33}COOH$

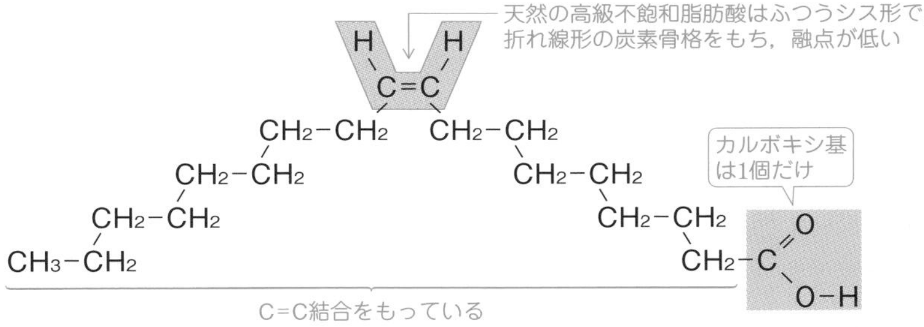

C=Cを多く含む**脂肪油に，Niを触媒としてH_2を付加すると，C=C結合が減少して融点が高くなり，固化してくる**。こうしてできた油脂を**硬化油**(こうかゆ)といい，［マーガリン］(F)などの原料となる。

答 A：飽和　B：固体　C：飽和　D：不飽和　E：液体
F：マーガリン

問題 122 セッケン

☑ 1回目　　月　　日
☑ 2回目　　月　　日

次の文章を読み，文中の［　　］にあてはまる語句を記せ。

油脂に水酸化ナトリウム水溶液を加えて加熱すると，分解され，脂肪酸のナトリウム塩である［ア］と［イ］が生じる。［ア］の水溶液は，弱い［ウ］性を示し，［エ］溶液を加えると赤変する。また，［ア］の水溶液は，繊維などの固体表面を水にぬれやすくする。このような作用を示す物質を界面活性剤という。界面活性剤は，水溶液中では，油になじみやすい［オ］性部分を内側に，水になじみやすい［カ］性部分を外側にし，多数集まって集団を形成する。このような集団を［キ］という。また，油脂は水に溶けにくいが，［ア］の水溶液を加えると，［ア］の［オ］性部分に囲まれ細かい粒子になって水の中へ分散し，一様な乳濁液になる。この作用を［ク］作用という。［ア］は［ケ］イオンなどを多く含む水の中では，難溶性の塩を生じる。

（金沢大）

解説　エステルである油脂にNaOH水溶液を加えて加熱すると，油脂がけん化されて高級脂肪酸のナトリウム塩である［セッケン］(ア)と［グリセリン］(イ)ができる。

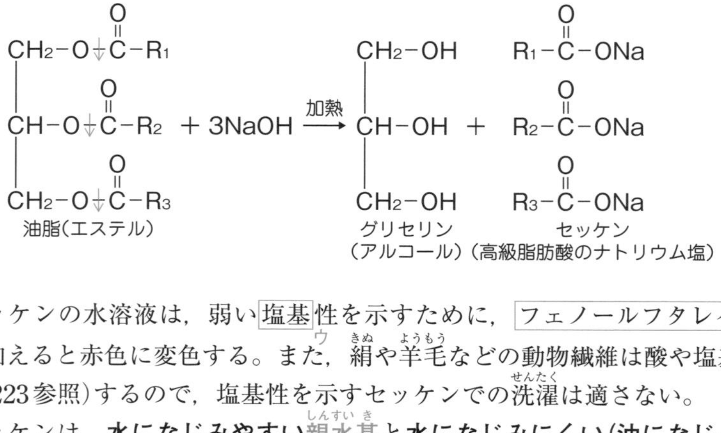

セッケンの水溶液は，弱い［塩基］(ウ)性を示すために，［フェノールフタレイン］(エ)溶液を加えると赤色に変色する。また，絹(きぬ)や羊毛(ようもう)などの動物繊維は酸や塩基で変性(p.223参照)するので，塩基性を示すセッケンでの洗濯(せんたく)は適さない。

セッケンは，**水になじみやすい親水基**(しんすいき)と**水になじみにくい(油になじみやすい)疎水基**(そすいき)**(親油基**(しんゆき)**)**とからできている。セッケン水をつくると，セッケンは疎水基(親油基)を空気中に，親水基を水中に向けて，空気と水の境界面(きょうかいめん)つまり界面(かいめん)にならぶ。

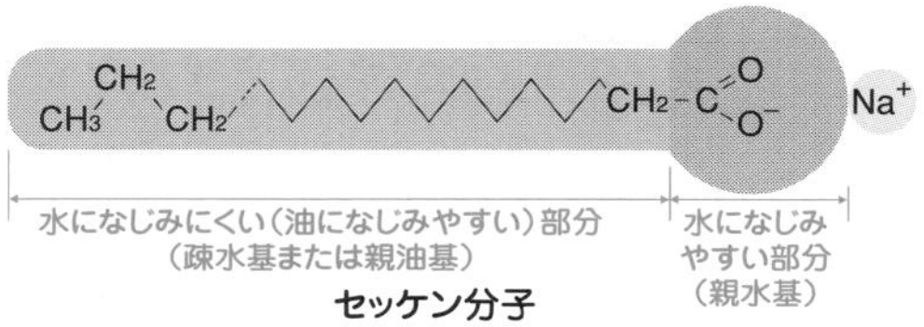

セッケン分子

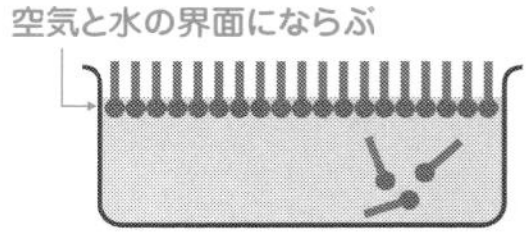

界面活性剤(かいめんかっせいざい)であるセッケンの水溶液つまりセッケン水の濃度が大きくなると，セッケンは油になじみやすい疎水(親油)オ性部分を内側に，水になじみやすい親水カ性部分を外側にして，**球状の粒子の集まりである**ミセルキをつくり，水中に細かく分散する。ミセルをつくるコロイドをミセルコロイド(会合コロイド)という。

また，**油脂は**水に溶けにくいが，**セッケンの水溶液を加えると**，セッケンの疎水(親油)性部分に囲まれ細かい粒子となって**一様な乳濁液(にゅうだくえき)になる。この作用**を乳化(にゅうか)ク作用という。

Point セッケンの乳化作用

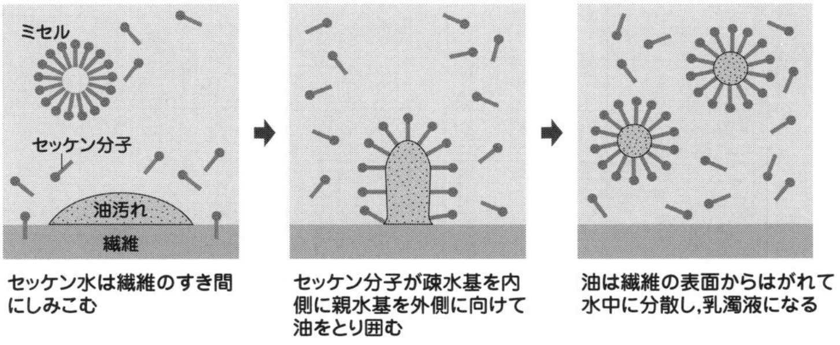

セッケンはカルシウムケイオンCa^{2+}やマグネシウムケイオンMg^{2+}を多く含む水である硬水や海水中では，水に溶けにくい$(RCOO)_2Ca$や$(RCOO)_2Mg$が沈殿するため，セッケンの泡立ちが悪くなり，洗浄力が低下する。

答

ア：セッケン　イ：グリセリン　ウ：塩基
エ：フェノールフタレイン　オ：疎水 または 親油
カ：親水　キ：ミセル　ク：乳化
ケ：カルシウム または マグネシウム

第11章 芳香族化合物

問題 123

ベンゼンの反応

☑ 1回目 月 日
☑ 2回目 月 日

次の(1)〜(4)で示したベンゼンの置換反応および付加反応により，できる物質の名称とその構造式を示せ。

(1) ベンゼンに濃硫酸を加えて加熱する反応

(2) ベンゼンに濃硝酸と濃硫酸の混合物を作用させる反応

(3) ベンゼンに白金を触媒として水素ガスを付加させる反応

(4) ベンゼンに鉄粉を触媒として塩素を置換させる反応

（長崎総合科学大）

解説 ベンゼンC_6H_6は6個の炭素原子が正六角形の環状に結合した平面状分子である。この環をベンゼン環といい，エネルギー的に安定で付加反応が起こりにくい。

Point ベンゼンの構造

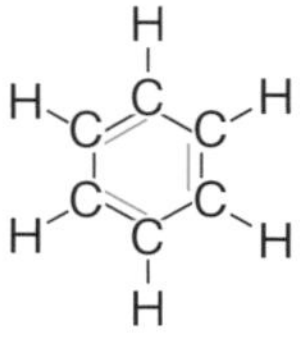

構造式

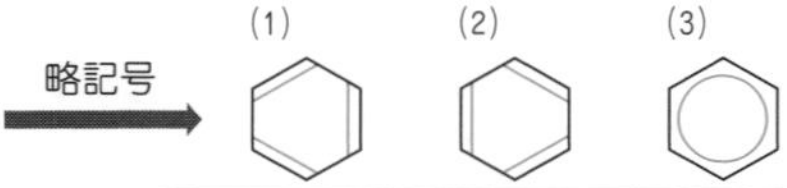

略称記号で(1)〜(3)のように表す。
炭素原子間の二重結合の位置が固定されているわけではない。
すべての炭素原子間の結合の長さは等しく，C−C結合とC=C結合の中間的な状態である。

(1) ベンゼンに濃硫酸H_2SO_4を加えて加熱すると，スルホン化**が起こり，**ベンゼンスルホン酸**が生成する。**

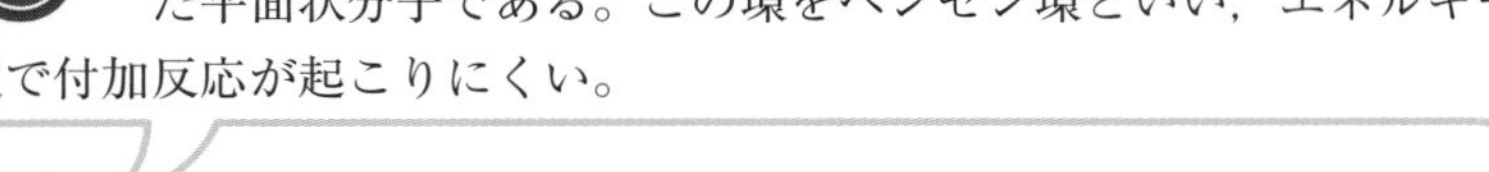

(2) ベンゼンに濃硝酸HNO_3と濃硫酸H_2SO_4の混合物（混酸(こんさん)）を約60℃で作用させると，ニトロ化**が起こり**ニトロベンゼン**が生成する。**

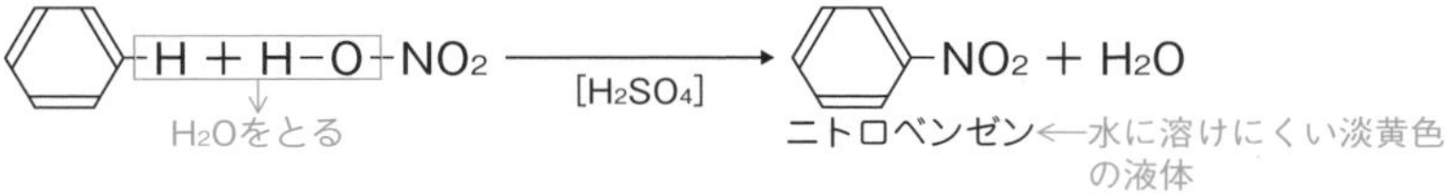

(3) ベンゼンは付加反応を起こしにくいが，白金Ptやニッケル Ni を触媒として高温高圧の水素H_2を作用させると，**付加反応が起こりシクロヘキサンが生成する。**

シクロヘキサン(C_6H_{12})

(4) ベンゼンに鉄Feや塩化鉄(Ⅲ)$FeCl_3$を触媒として塩素Cl_2を反応させると，**ハロゲン化が起こり，クロロベンゼンが生成する。**

→ 塩素化ともよぶ

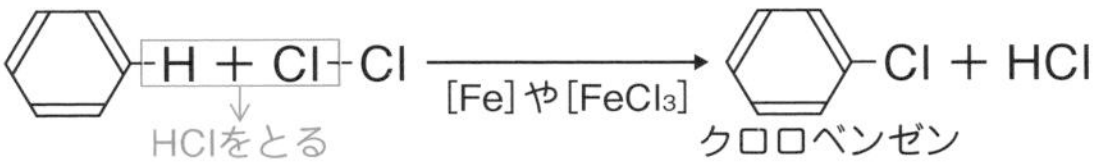

補足 ベンゼンに塩化アルミニウム$AlCl_3$を触媒としてクロロメタンCH_3Clを反応させると，メチル化が起こり，トルエンが生成する。

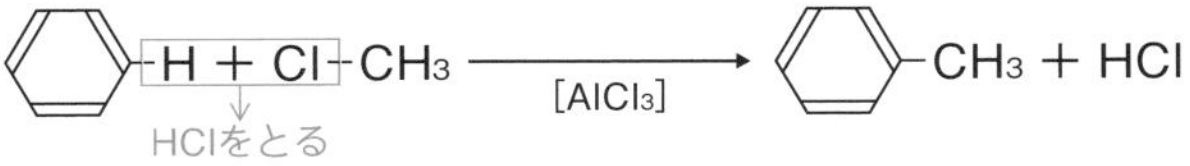

Point ベンゼンの置換反応と付加反応

●置換反応

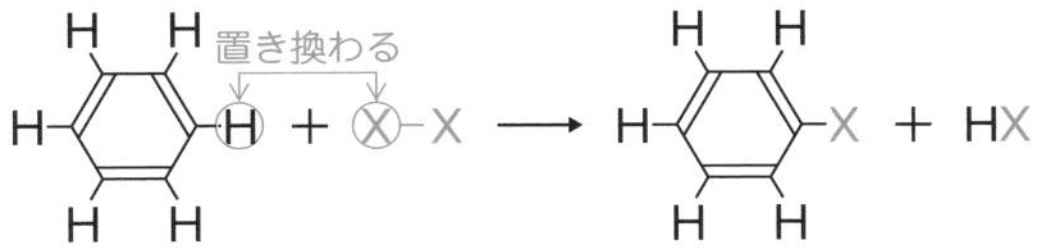

●付加反応

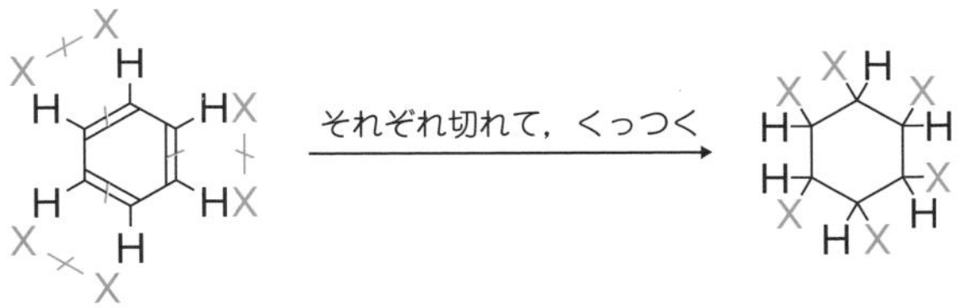

答

(1) ベンゼンスルホン酸， 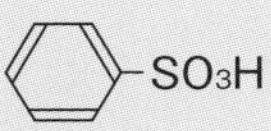

(2) ニトロベンゼン， 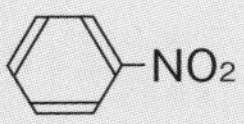

(3) シクロヘキサン， 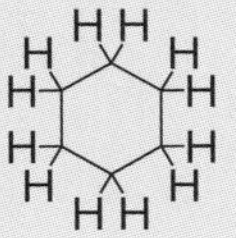

(4) クロロベンゼン， 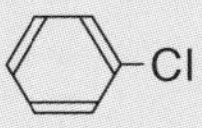

問題 124

芳香族炭化水素

1回目 月 日
2回目 月 日

次の文章を読み，文中の□にあてはまる数値および語句の組み合わせとしてもっとも適するものを，下の①～⑥から1つ選べ。

分子式C_8H_{10}で表される有機化合物には，ベンゼン環をもつ構造異性体が(A)の分子を含めて全部で ア 種類存在する。

(A) 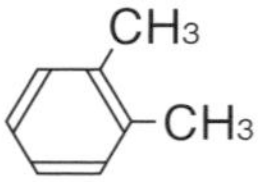

(A)の分子を過マンガン酸カリウム水溶液で酸化すると， イ が得られる。 イ を高温にすると分子内で脱水が起きる。

	ア	イ
①	3	フタル酸
②	3	マレイン酸
③	3	*o*−クレゾール
④	4	フタル酸
⑤	4	マレイン酸
⑥	4	*o*−クレゾール

（東京都市大）

解説

C_8H_{10}(＝C_6H_6＋(CH_2)×2)の分子式をもつ有機化合物には，ベンゼン環をもつ構造異性体が次の4(ア)種類存在する。

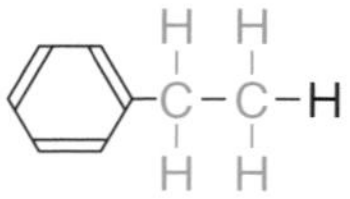
エチルベンゼン

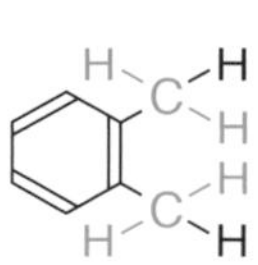
o−キシレン(A)

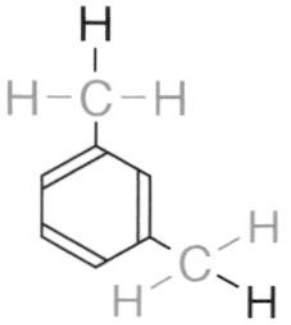
m−キシレン

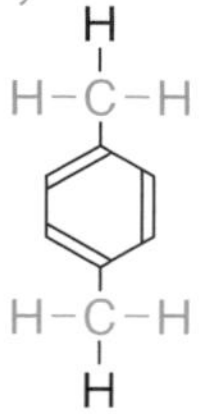
p−キシレン

Point

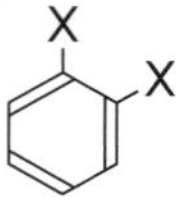
o−体（オルト）

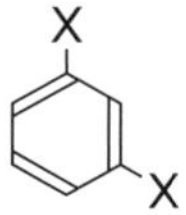
m−体（メタ）

p−体（パラ）

は，置換基の位置が異なる。

ベンゼン環に直接結合している炭素鎖は過マンガン酸カリウム$KMnO_4$で酸化されて，カルボキシ基$-COOH$に変化する。

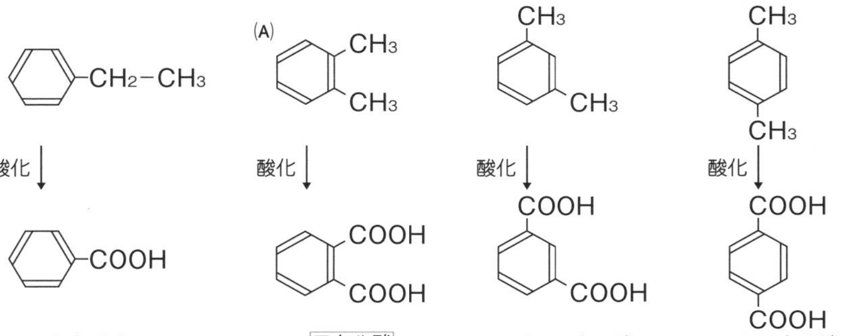

安息香酸　フタル酸 イ　イソフタル酸　テレフタル酸

フタル酸は加熱するだけで無水フタル酸となる。

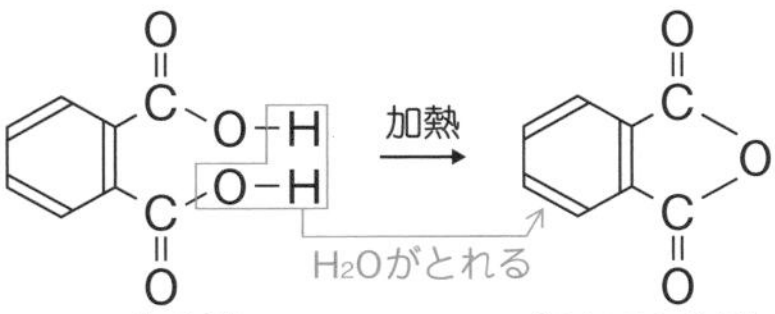

(分子内脱水)

フタル酸　無水フタル酸

Point 芳香族炭化水素の酸化

ベンゼン環に炭化水素基が直接ついている有機化合物を$KMnO_4$で酸化すると，ベンゼン環は酸化されずに，環に直接ついているC原子が酸化を受けて，カルボキシ基に変化する。

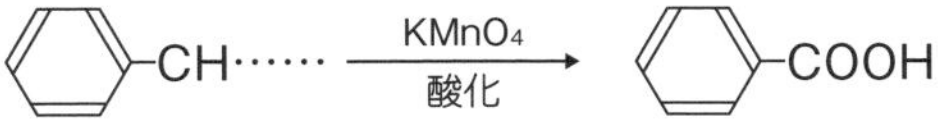

答 ④

問題 125

1回目 月 日
2回目 月 日

フェノールの合成

図は，クメン法によりベンゼンからフェノールを合成する経路を示している。図中の□にあてはまる化合物および官能基の組み合わせとしてもっとも適当なものを，下の①～⑧から1つ選べ。

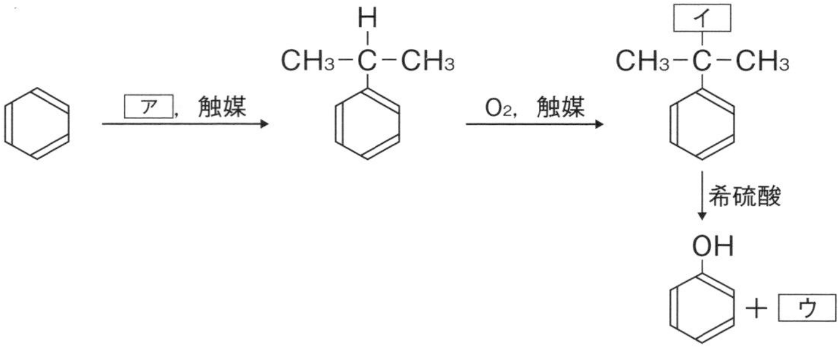

	ア	イ	ウ
①	プロパン	−OOH	2−プロパノール
②	プロパン	−OOH	アセトン
③	プロパン	−OH	2−プロパノール
④	プロパン	−OH	アセトン
⑤	プロペン(プロピレン)	−OOH	2−プロパノール
⑥	プロペン(プロピレン)	−OOH	アセトン
⑦	プロペン(プロピレン)	−OH	2−プロパノール
⑧	プロペン(プロピレン)	−OH	アセトン

（センター試験）

解説

フェノールは，工業的には**クメン法**により合成する。

❶ ベンゼンがプロペン(プロピレン)ア に付加すると(またはベンゼンの1つのHがイソプロピル基 $CH_3-CH(CH_3)-$ に置換されると)，クメンが合成される。

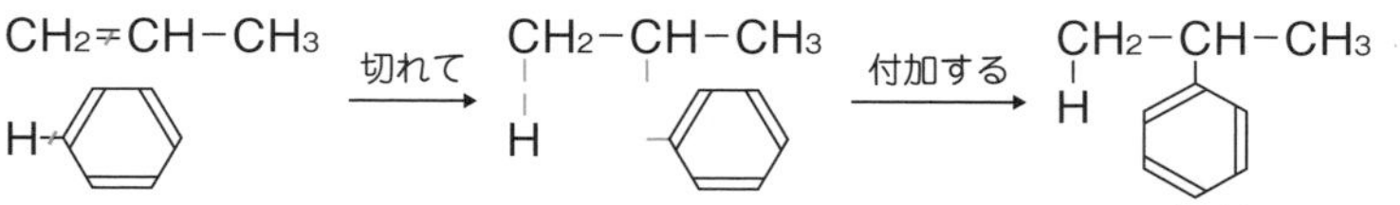

クメン
(イソプロピルベンゼン)

❷ クメンを空気中のO_2で酸化し，クメンヒドロペルオキシドとする。

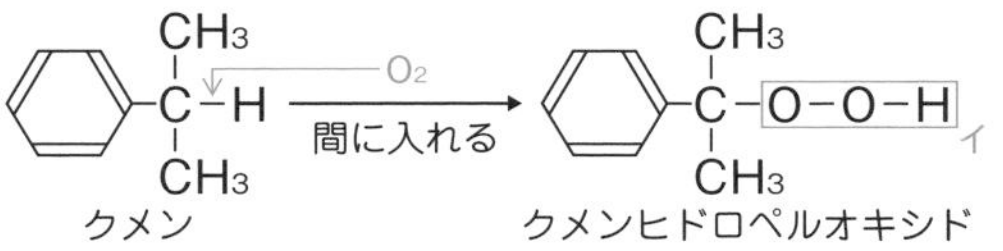

❸ クメンヒドロペルオキシドを希硫酸H_2SO_4で分解すると，フェノールと同時にアセトンが生じる。

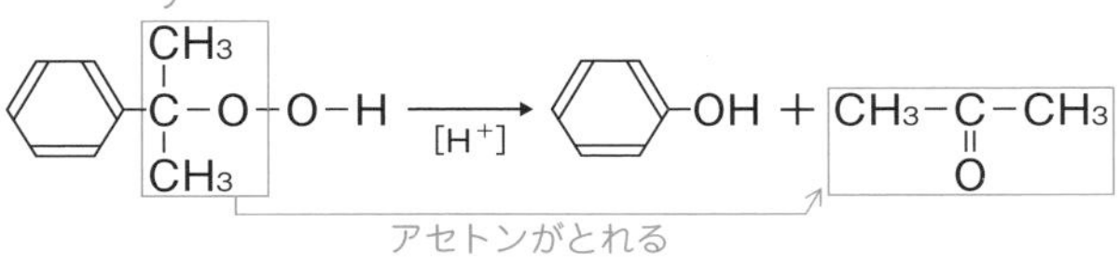

Point クメン法以外のフェノールの製法

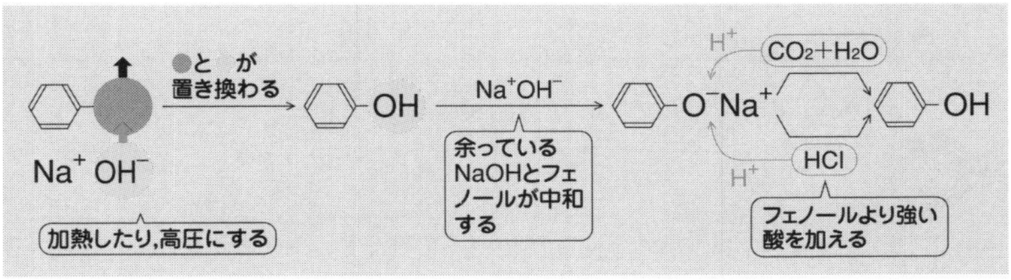

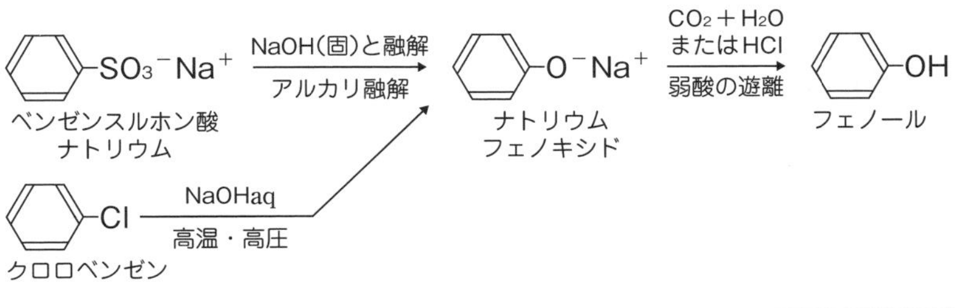

答 ⑥

問題 126　フェノールの性質

☑ 1回目　□月□日
☑ 2回目　□月□日

フェノール類に関する記述として誤っているものの組み合わせを，下の①～⑥から1つ選べ。

a　フェノールに無水酢酸を作用させるとアセチル化が起こり，酢酸フェニルを生じる。

b　サリチル酸メチルとアセチルサリチル酸は，ともに塩化鉄(Ⅲ) $FeCl_3$ の水溶液を加えると赤紫に呈色する。

c　酸の強さは，スルホン酸＞フェノール＞カルボン酸　の順である。

d　フェノールに臭素水を加えると，2, 4, 6−トリブロモフェノールの白色沈殿を生じる。

①　a・b　②　a・c　③　a・d　④　b・c　⑤　b・d　⑥　c・d

（成蹊大）

解説

Point　フェノール類の性質

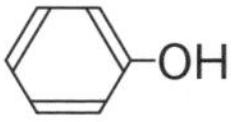

① 弱酸性を示す（炭酸よりも弱い）
② 酸無水物と反応してエステルをつくる
③ $FeCl_3$ 水溶液を加えると，青～赤紫色の呈色(ていしょく)反応を示す

a　（正しい）

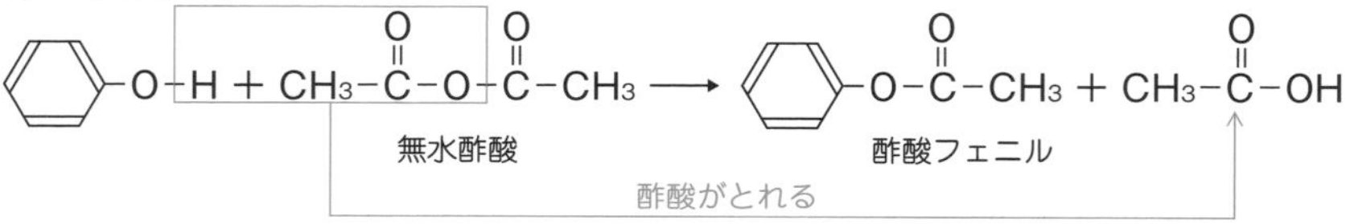

Point　アセチル化

−OHや $-NH_2$ のHがアセチル基 $CH_3-\overset{\displaystyle O}{\overset{\|}{C}}-$ で置き換わる反応を**アセチル化**といい，無水酢酸を用いたアセチル化は不可逆（一方通行）ですすむ。

b　(誤り)　塩化鉄(III)$FeCl_3$水溶液を加えると，フェノール類は呈色し，フェノールは紫色に，多くのフェノール類は青～赤紫色に呈色する。

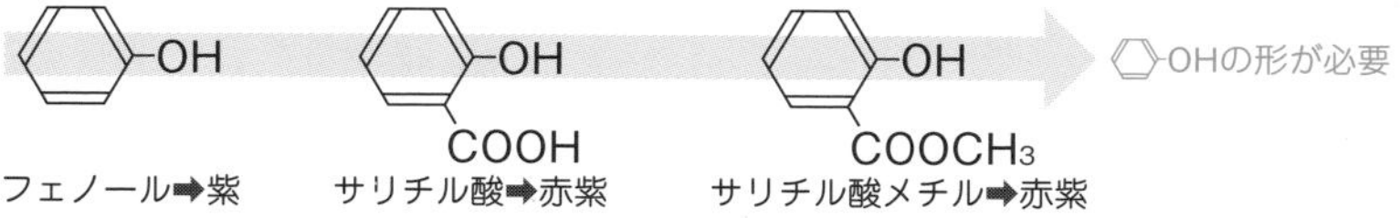

よって，サリチル酸メチルは$FeCl_3$で赤紫色に呈色するが，アセチルサリチル酸 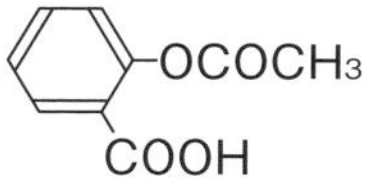 は 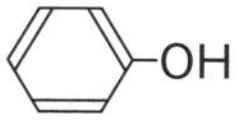 の形をもたないため呈色しない。

c　(誤り)　フェノールは水に少し溶け，水溶液中でわずかに電離して，弱酸性を示す。

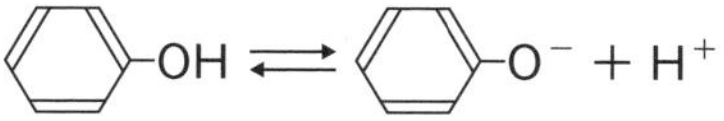
←アルコールは中性だが，フェノールは弱酸性

酸の強さは，

$HCl > R{-}SO_3H > R{-}COOH > CO_2 + H_2O >$ 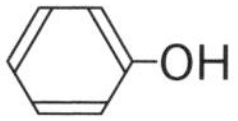

塩酸　スルホン酸　カルボン酸　炭酸　フェノール

の順が正しい。

d　(正しい)　フェノールはベンゼン環のo-位やp-位で置換反応が起こりやすい。

フェノールに臭素Br_2水を加えると，触媒がなくても2, 4, 6-トリブロモフェノールの白色沈殿が生じる。

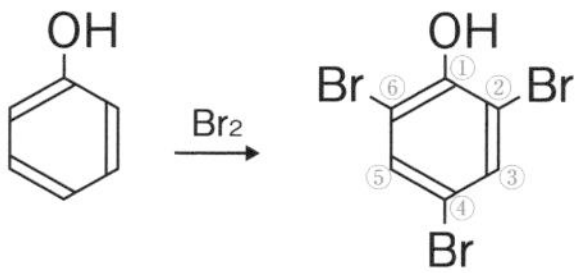

2, 4, 6-トリブロモフェノールの白色沈殿を生じるため，フェノールの検出反応に利用する

答　④

☑ 1回目 [ ]月[ ]日
☑ 2回目 [ ]月[ ]日

問題 127 サリチル酸とその誘導体

次の文章を読み，下の(1)〜(3)に答えよ。

サリチル酸は官能基として[ア]基と[イ]基の両方をもつ芳香族化合物で，室温では[ウ]色の針状結晶である。[エ]という化合物を含む黄褐色の水溶液とサリチル酸を反応させると水溶液は赤紫色に変化するが，この反応は[①]類の検出に用いられる。サリチル酸を少量の濃硫酸の存在下で無水酢酸と反応させると[ア]基がアセチル化され，アセチルサリチル酸が生成する。この化合物はアスピリンともよばれ，市販の解熱鎮痛薬として用いられている。

一方，サリチル酸に[オ]と濃硫酸を作用させると[イ]基が[②]化され，サリチル酸メチルが生成する。この化合物は炎症を抑える外用塗布薬として用いられている。

(1) 文中の[ア]〜[オ]にもっとも適切な語(化学式ではない)を記入せよ。

(2) 文中の[①]にもっとも適切な語を，次のⓐ〜ⓔから1つ選べ。

ⓐ アミン　ⓑ アルデヒド　ⓒ カルボン酸　ⓓ 炭化水素
ⓔ フェノール

(3) 文中の[②]にもっとも適切な語を，次のⓐ〜ⓔから1つ選べ。

ⓐ エステル　ⓑ ジアゾ　ⓒ 酸　ⓓ 水酸　ⓔ ニトロ

（兵庫医科大）

解説

サリチル酸は，[ヒドロキシ]基（ア）−OHと[カルボキシ]基（イ）−COOHをもつヒドロキシ酸で，室温では[無(白)]色（ウ）の結晶である。

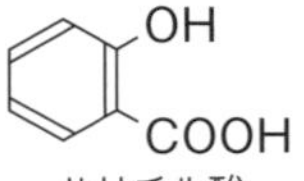

サリチル酸

➡ フェノール類とカルボン酸の両方の性質を示す

サリチル酸は  −OH の形をもっている[フェノール]類（①）であるため，[塩化鉄(III)]（エ）$FeCl_3$ 水溶液を加えると赤紫色に呈色（ていしょく）する。

サリチル酸に無水酢酸$(CH_3CO)_2O$を作用させると，フェノール性ヒドロキシ基がアセチル化されて，アセチルサリチル酸が生じる。

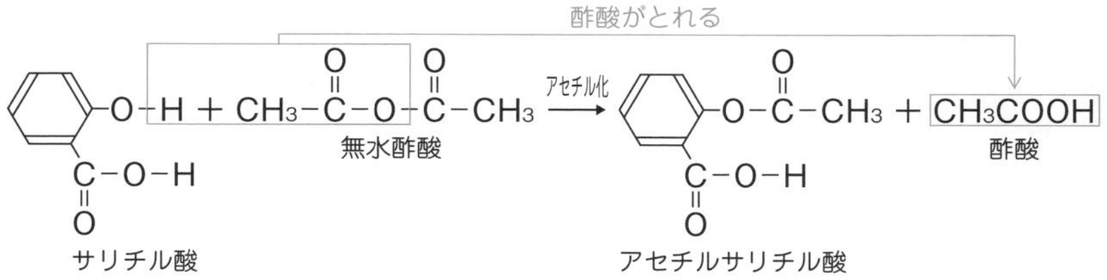

アセチルサリチル酸は**アスピリン**ともよばれ，解熱鎮痛薬(げねつちんつうやく)として用いられる。

また，サリチル酸はカルボキシ基をもつので，メタノール(オ)と少量の濃硫酸を加えて加熱すると，メタノールとのエステル②であるサリチル酸メチルが生成する。

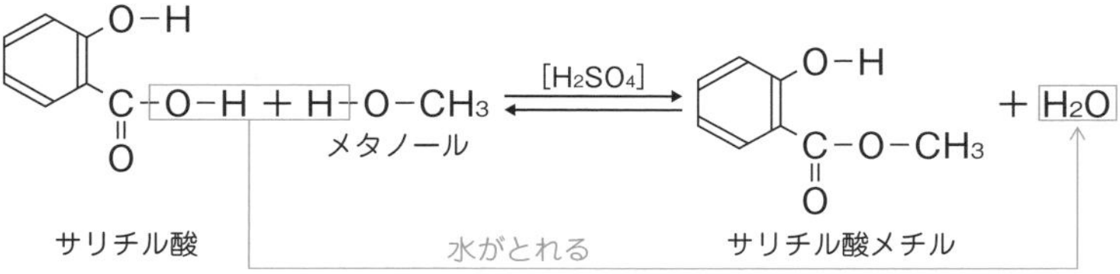

サリチル酸メチルは，炎症(えんしょう)を抑える外用塗布薬(がいようとふやく)として用いられる。

Point サリチル酸の合成

サリチル酸は，ナトリウムフェノキシドから次のように合成する。

(1) まず，高温・高圧下で，二酸化炭素CO_2と反応させる。

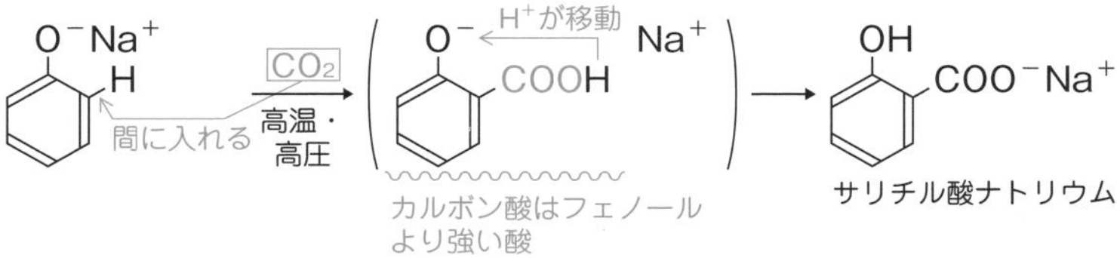

(2) 次に，強酸(塩酸HClや希硫酸H_2SO_4など)を加える。

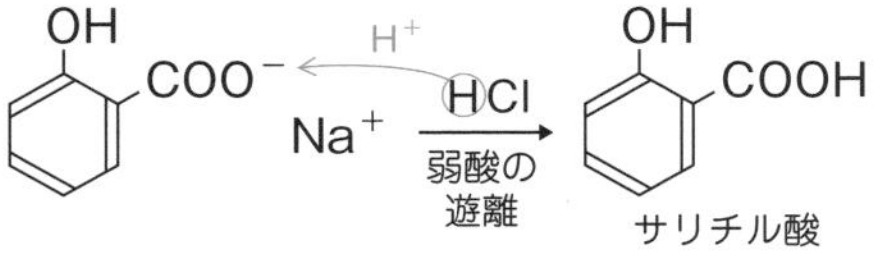

答

(1) ア：ヒドロキシ　イ：カルボキシ　ウ：無 (または白)
エ：塩化鉄(Ⅲ)　オ：メタノール

(2) ⓔ　(3) ⓐ

問題 128

アニリン

☑ 1回目 □月□日
☑ 2回目 □月□日

アニリンは，不快なにおいをもつ無色で油状の液体である。水にはわずかしか溶けないが，塩酸には［ア］を生じて溶ける。これは，アニリンの［イ］基がアンモニアと同様に弱塩基性を示すためである。

ニトロベンゼンにスズと塩酸を加えてニトロ基を還元すると［ア］が生成する。こうして得られた［ア］の水溶液に水酸化ナトリウム水溶液を加えるとアニリンが得られる。

アニリンは非常に酸化されやすく，空気中に放置すると徐々に酸化されて褐色になる。アニリンにさらし粉水溶液を加えると［ウ］色に呈色する。また，二クロム酸カリウムの硫酸酸性溶液を加えると黒色で水に不溶の染料である［エ］に変化する。

アニリンの希塩酸溶液を5℃以下に冷却しながら，亜硝酸ナトリウム水溶液を加えると塩化ベンゼンジアゾニウムが生成する。塩化ベンゼンジアゾニウムは，低温では水溶液中で安定であるが，熱すると一部分解して窒素を発生して［オ］を生ずる。

(1) 文中の［　］にあてはまる語句を入れよ。
(2) アニリンの構造式を書け。
(3) 塩化ベンゼンジアゾニウムの構造式を書け。
(4) 下線部のようなジアゾニウム塩の生成反応を何とよぶか。

（九州産業大）

解説

アニリンの［アミノ］（イ）基$-NH_2$は，弱塩基性を示す。

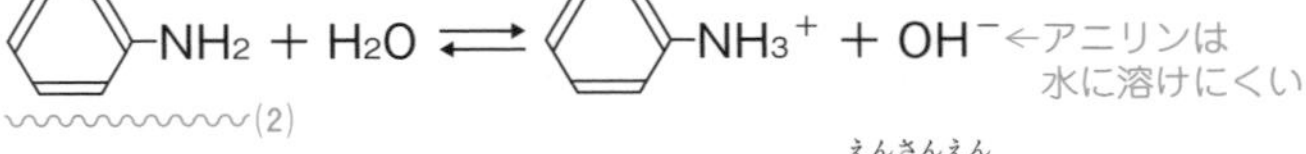

そのため，塩酸などの酸との中和反応により［アニリン塩酸塩］（ア）（えんさんえん）を生じる。

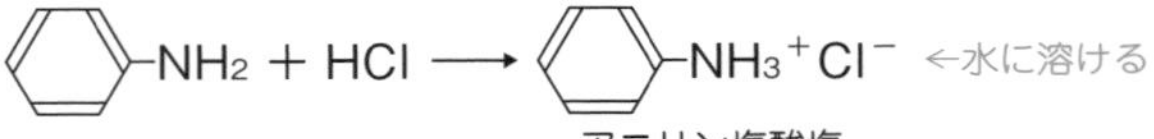

アニリン塩酸塩

また，アニリンは非常に酸化されやすいため，

① **さらし粉で酸化すると，［赤紫］（ウ）色を呈する。**
② **硫酸酸性$K_2Cr_2O_7$で酸化すると，黒色の物質（［アニリンブラック］（エ））になる。**

ニトロベンゼンにスズSn(または鉄Fe)と濃塩酸HClを加えて$-NO_2$を還元すると，アニリン塩酸塩が生じる。

アニリン塩酸塩水溶液に強塩基である水酸化ナトリウムNaOH水溶液を加えることでアニリンが得られる。

アニリンの希塩酸溶液に，冷やしながら亜硝酸ナトリウム$NaNO_2$水溶液を加えると，塩化ベンゼンジアゾニウムが生成する。この反応をジアゾ化(4)とよぶ。

Point ジアゾ化

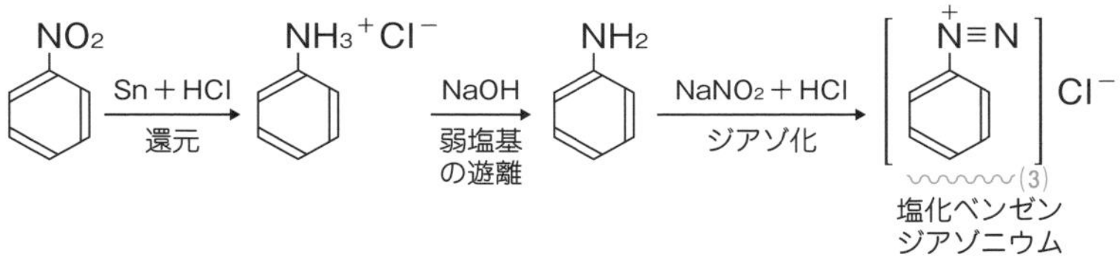

塩化ベンゼンジアゾニウムの水溶液を5℃以上にすると，不安定なベンゼンジアゾニウムイオン 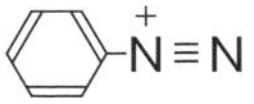 がこわれて フェノール(オ) が生成する。

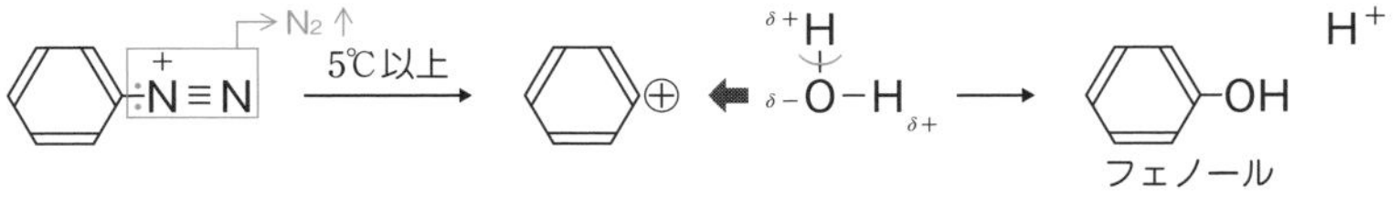

Point

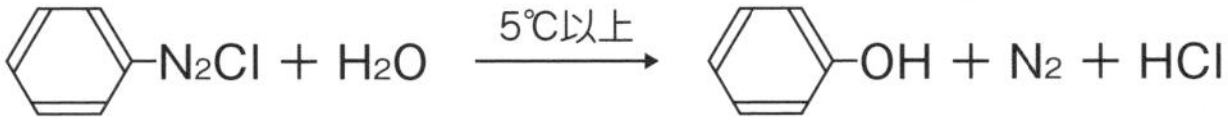

の変化が起こらないように，ジアゾ化は5℃以下に冷却して行う。

答

(1) ア：アニリン塩酸塩　イ：アミノ　ウ：赤紫
エ：アニリンブラック　オ：フェノール

(2) 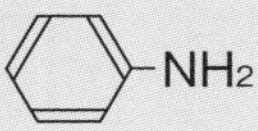

(3) 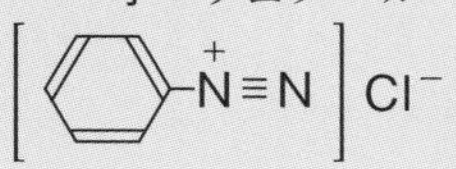

(4) ジアゾ化

問題 129

☑ 1回目 月 日
☑ 2回目 月 日

アゾ染料

芳香族化合物の反応について，次の式中の□にあてはまる化合物としてもっとも適当なものを，下のⓐ～ⓔから1つずつ選べ。

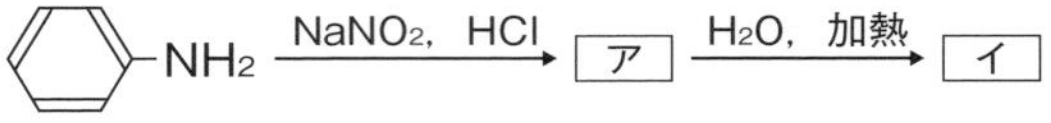

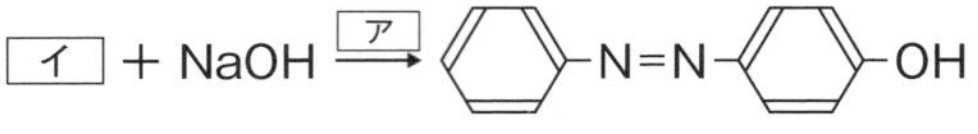

ⓐ 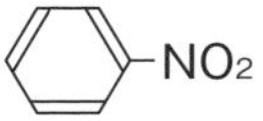

ⓑ 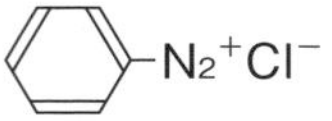

ⓒ 

ⓓ 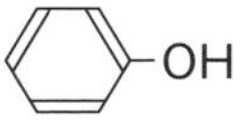

ⓔ 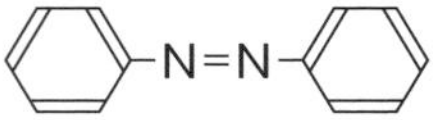

（センター試験）

解説

アニリンからフェノールまでの流れ。p.213参照。

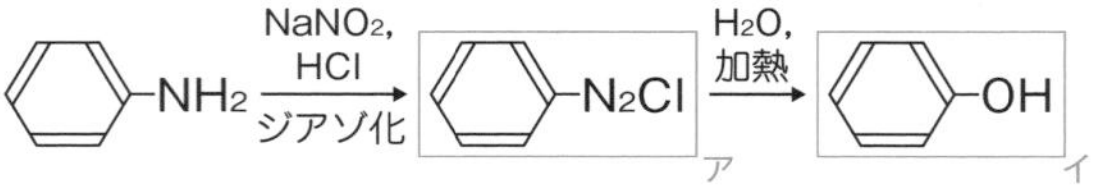

フェノールとNaOHを反応させるとナトリウムフェノキシドが生成する。

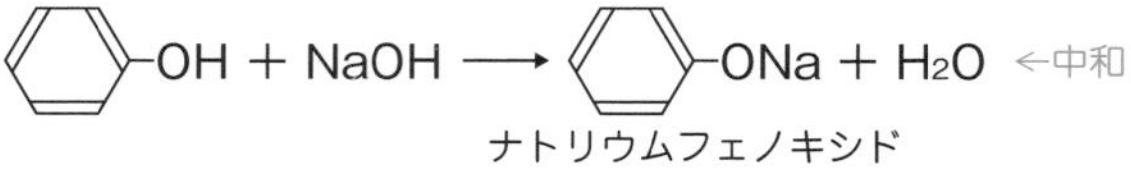

塩化ベンゼンジアゾニウムとナトリウムフェノキシドを5℃以下に冷やしながら反応させると，橙赤色の*p*-ヒドロキシアゾベンゼン（*p*-フェニルアゾフェノール）をつくることができる。このように，**アゾ化合物ができる反応**をジアゾカップリングという。次のようにとらえておこう。

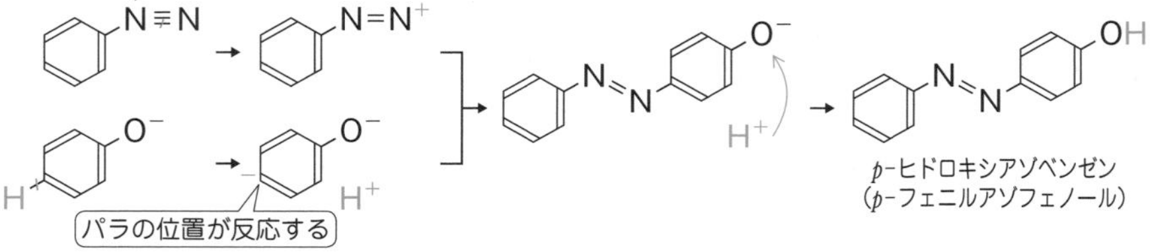

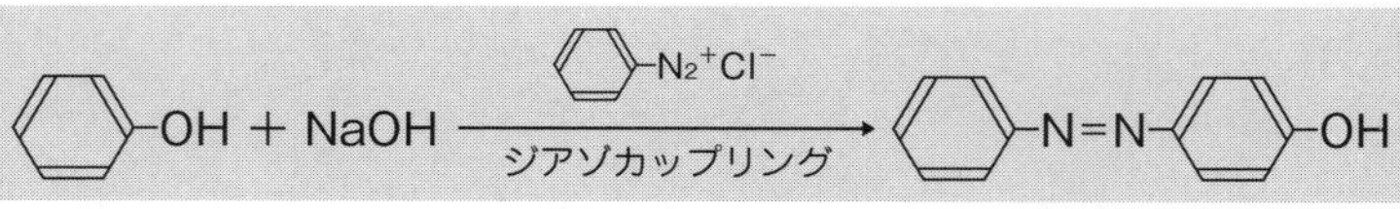

答 ア：ⓑ　イ：ⓓ

問題 130

☑ 1回目 　月　日
☑ 2回目 　月　日

抽出による有機化合物の分離

フェノールと安息香酸を含むジエチルエーテル溶液に，炭酸水素ナトリウム水溶液を加え十分に振り混ぜ静置させた。ジエチルエーテル層と水層に分離し，フェノールはジエチルエーテル層に残り，安息香酸は水層に移動する。この理由を簡潔に記しなさい。

（秋田大）

解説

溶媒への溶解性の違いを利用して分離する操作を抽出（ちゅうしゅつ）という。分液ろうとを用いて分離することが多い。

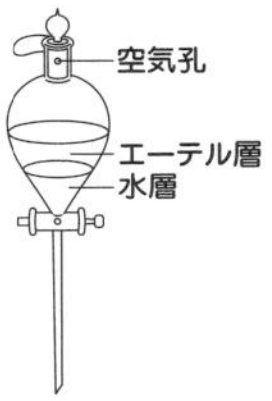

分液ろうと

一般に芳香族化合物は水よりもエーテルなどの有機溶媒によく溶ける。ただし，酸や塩基と反応して塩(イオン結合性物質)になると水によく溶ける。

Point

水に溶けにくい芳香族化合物でも塩(あるいはイオン)の形になると水によく溶けるようになる。

フェノールは炭酸より弱い酸だが，カルボン酸である安息香酸は炭酸より強い酸である。H^+は強いほうから弱いほうへ移動する。

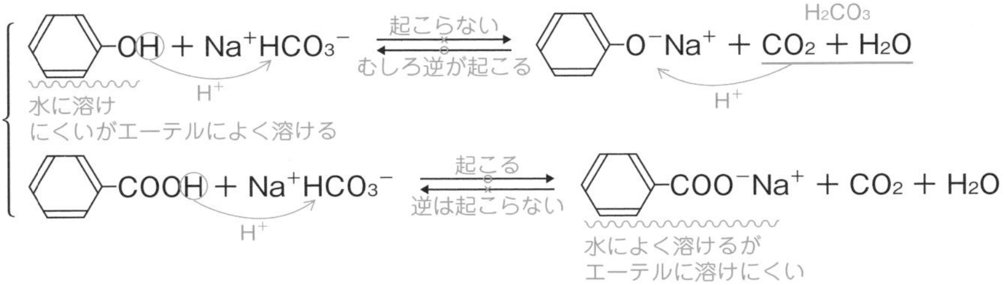

答 フェノールは炭酸より弱い酸なので炭酸水素ナトリウムと反応しないが，安息香酸は炭酸より強い酸なので反応して，安息香酸ナトリウムとなり，水によく溶けるから。

第12章 天然有機化合物

問題 131

単糖

1回目 月 日
2回目 月 日

次の文章を読み，下の(1)，(2)に答えよ。

グルコースのように炭素数が6の単糖類を[a]という。グルコースは水溶液中で，2種類の六員環構造および鎖状構造の平衡状態にある。一方，フルクトースは，五員環構造と，六員環構造および鎖状構造の間の平衡混合物として存在する。単糖類は酵母のもつ酵素群[b]によりアルコール発酵を受けて，エタノールと二酸化炭素を生じる。

(1) 文中の[ ]にあてはまる適切な語句を書け。

(2) 図はグルコースの水溶液中の平衡状態を示したものである。構造式中の[ ]にあてはまる原子または原子団を，元素記号を用いて記せ。

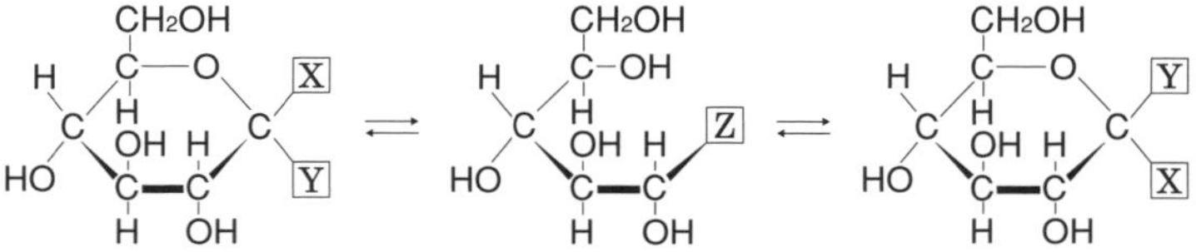

α-グルコース　　鎖状構造　　β-グルコース

（北海道大）

解説

天然に存在する単糖類(たんとうるい)には，炭素原子が6個のヘキソース（六炭糖(ろくたんとう)）[a]と炭素原子が5個のペントース（五炭糖(ごたんとう)）が多い。

ヘキソースには，グルコースやフルクトースなどがあり，いずれも分子式が$C_6H_{12}O_6$で表され，互いに異性体の関係にある。

❶ グルコース $C_6H_{12}O_6$

ブドウ糖ともいい，水溶液中では3種類の異性体が平衡状態になって存在している。グルコースの水溶液中での平衡状態は書けるようにしておくこと。

α-グルコース 約37%　　鎖状構造 微量　　β-グルコース 約63%

鎖状構造のグルコースにはホルミル基(アルデヒド基)−CHOがあるため，グルコースの水溶液は還元性を示す。
よって，銀鏡反応を示し，フェーリング液を還元する。

❷ フルクトース $C_6H_{12}O_6$

果糖(かとう)ともいい，水溶液中では五員環構造と六員環構造および鎖状構造の間の平衡混合物として存在する。フルクトースの水溶液も還元性を示す。

単糖類に酵母菌(こうぼきん)中に含まれる酵素群[チマーゼ]b を作用させると，エタノール C_2H_5OH と二酸化炭素を生じる。このような変化を**アルコール発酵(はっこう)**という。

$$C_6H_{12}O_6 \longrightarrow 2C_2H_5OH + 2CO_2$$

Point グルコースの覚え方

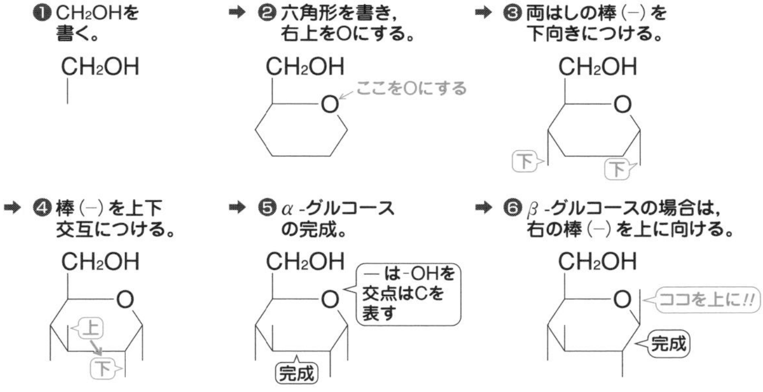

補足 テストでは，交点はC，棒(—)は−OH，Cの原子価が4であることを考えながら，次のように書くとよい。

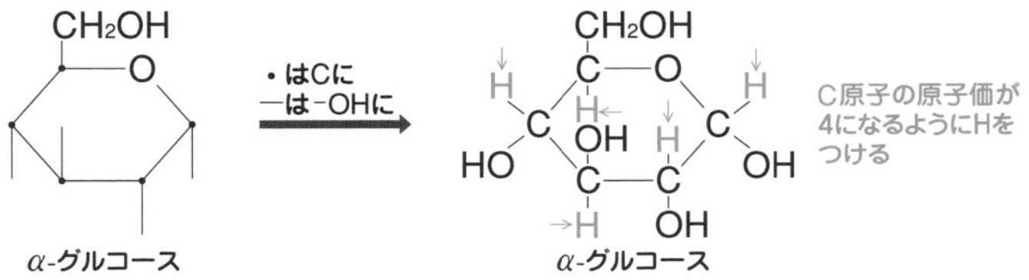

答
(1) a：ヘキソース または 六炭糖 b：チマーゼ
(2) X：H Y：OH Z：CHO

1回目 □月□日
2回目 □月□日

問題132 多糖・二糖

次の(1)～(3)の糖に関する問いに答えよ。

(1) デンプン粒は，70～80℃の温水にしばらくつけておくと，溶け出す部分と不溶性の部分に分けることができる。ヨウ素デンプン反応を調べると，溶け出す部分は青色，不溶性の部分は赤紫～紫色を示す。溶け出す部分の構造を構造式Ⅰ～Ⅳから選べ。

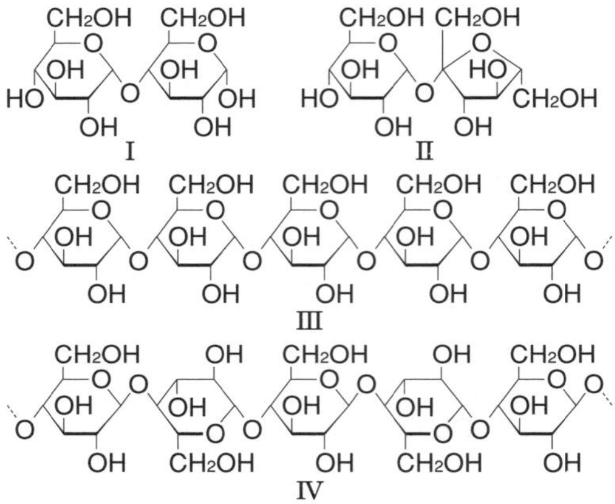

(2) サトウキビやテンサイから得られるショ糖の構造を構造式Ⅰ～Ⅳから選べ。

(3) 構造式Ⅰ～Ⅳの名称を次の㋐～㋖から選べ。

㋐ グルコース　㋑ フルクトース　㋒ マルトース
㋓ スクロース　㋔ セルロース　㋕ アミロース
㋖ アミロペクチン

（日本歯科大）

解説

単糖2分子が脱水縮合（分子間でH_2Oがとれる）したものを二糖類という。

マルトースは，α-グルコース2分子が，1位と4位の-OHの間でH_2Oがとれて縮合した構造をもっている。よって，構造式Ⅰである。(3)

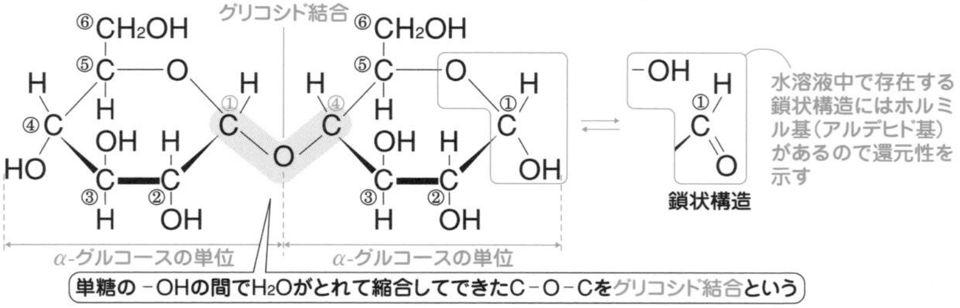

スクロースはショ糖ともいい，サトウキビなどの植物に存在する。スクロースは，α−グルコースの1位の−OHとβ−フルクトース(五員環構造)の2位の−OHとの間でH_2Oがとれて縮合した構造をもっているので，構造式Ⅱである。(2)，(3)

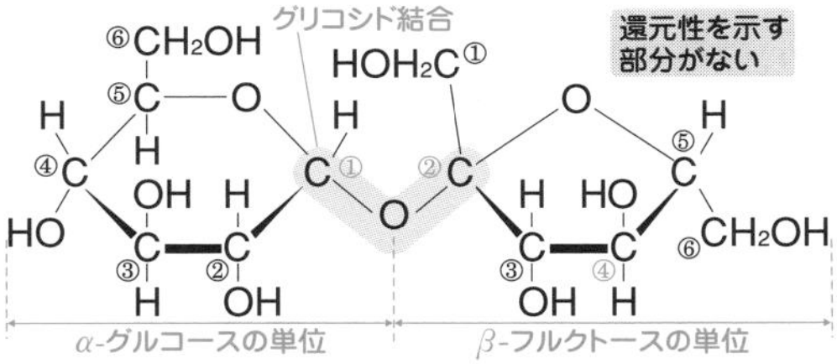

Point 分子式$C_{12}H_{22}O_{11}$の二糖類とその性質

名称	構成単糖と縮合する位置	還元性
マルトース(麦芽糖)	α−グルコース ①―④ (α−)グルコース	あり
セロビオース	β−グルコース ①―④ (β−)グルコース	あり
スクロース(ショ糖)	α−グルコース ①―② β−フルクトース	なし
ラクトース(乳糖)	β−ガラクトース ①―④ (β−)グルコース	あり

多数の単糖が脱水縮合してできた多糖類には**デンプン**(アミロースとアミロペクチンの混合物)やセルロースなどがあり，分子式は$(C_6H_{10}O_5)_n$と表される。

Point グルコースからなる多糖類とその性質

名称		構成単糖と縮合する位置	形	性質
デンプン	アミロース	α−グルコースが1位と4位	直鎖らせん	温水には溶ける
デンプン	アミロペクチン	α−グルコースが1位と4位だけでなく1位と6位でも	枝分かれらせん	水に溶けにくい
セルロース		β−グルコースが1位と4位	直鎖状	水に溶けにくい

直鎖状：さらに分子間の水素結合で集まって，束状になる

デンプン水溶液にヨウ素溶液を加えると，ヨウ素デンプン反応により青紫〜赤紫色を示す。この反応は，アミロースの場合は青色，アミロペクチンの場合は赤紫色になる。

温水に溶け出すアミロースの構造式はⅢ，(1)，(3) セルロースの構造式はⅣ(3)である。

答 (1) Ⅲ　(2) Ⅱ　(3) Ⅰ：ウ　Ⅱ：エ　Ⅲ：カ　Ⅳ：オ

第12章 天然有機化合物

問題 133　α−アミノ酸

☑ 1回目　　月　　日
☑ 2回目　　月　　日

次の文章を読み，文中の［　　］にあてはまる語句または数字を書け。

アミノ酸は［ア］化合物である。アミノ酸を含む水溶液を［イ］にするとアミノ酸は陽イオンになり，［ウ］にすると陰イオンになる。カルボキシ基とアミノ基が同一の炭素原子に結合しているアミノ酸は［エ］とよばれる。タンパク質を構成するアミノ酸はすべて［エ］で，約［オ］種類ある。この中で［カ］以外には［キ］原子があり，［ク］が存在する。

（早稲田大）

解説　アミノ酸は，分子内に塩基性の官能基であるアミノ基$-NH_2$と酸性の官能基であるカルボキシ基$-COOH$をもつ［両性］(ア)化合物である。**カルボキシ基とアミノ基が同一の炭素原子に結合しているアミノ酸**は［α−アミノ酸］(エ)とよばれる。結晶中では$-COOH$から$-NH_2$へH^+が移動して**双性イオン**となっている。

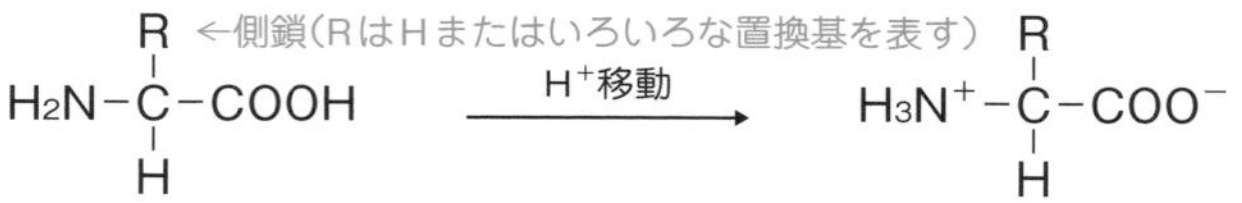

α−アミノ酸　　　　双性イオン

α−アミノ酸の水溶液では，陽イオン，双性イオン，陰イオンが平衡状態にあり，水溶液のpHによってその比率が変化する。

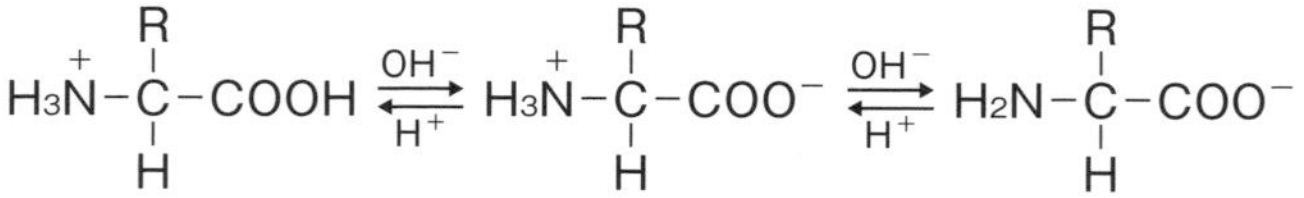

陽イオン　　　双性イオン　　　陰イオン

この水溶液を［酸性］(イ)にすると陽イオンの比率が大きくなり，［塩基性］(ウ)にすると陰イオンの比率が大きくなる。陽イオン，双性イオン，陰イオンの電荷の総和が全体として0になるpHをそのアミノ酸の**等電点**といい，アミノ酸の種類によって値が異なる。

タンパク質をつくっているα−アミノ酸は約［20］(オ)種類が知られていて，側鎖(R−)の違いで分類することができる。

分子内に$-COOH$と$-NH_2$を1個ずつもつものを**中性アミノ酸**，**側鎖に$-COOH$**

をもつものを酸性アミノ酸，**側鎖に**$-NH_2$**をもつもの**を塩基性アミノ酸という。

R=Hの グリシン（カ） 以外のα−アミノ酸には 不斉炭素（キ） 原子があり， 鏡像異性体（または光学異性体）（ク） が存在する。

Point　おもなα−アミノ酸

$$H_2N-\underset{\substack{|\\ R}}{CH}-COOH$$

α−アミノ酸

R	名称
$-H$	グリシン
$-CH_3$	アラニン
$-CH_2-S-H$	システイン
$-CH_2-$	フェニルアラニン
$-CH_2-$$-OH$	チロシン
$-CH_2-COOH$	アスパラギン酸（酸性アミノ酸）
$-(CH_2)_2-COOH$	グルタミン酸（酸性アミノ酸）
$-(CH_2)_4-NH_2$	リシン（塩基性アミノ酸）

中性アミノ酸の等電点は約6，酸性アミノ酸の等電点は約3，塩基性アミノ酸の等電点は約10である。

アミノ酸は，等電点より小さなpHではおもに陽イオン，等電点より大きなpHではおもに陰イオンになっている。

答

ア：両性　イ：酸性　ウ：塩基性　エ：α−アミノ酸
オ：20　カ：グリシン　キ：不斉炭素
ク：鏡像異性体（または　光学異性体）

☑ 1回目
□月□日
☑ 2回目
□月□日

問題 134 タンパク質

次の文章を読み，文中の□にあてはまる数字または語句を書け。

タンパク質は約［A］種類のα-アミノ酸がペプチド結合により多数連なった分子で，α-アミノ酸だけで構成されている単純タンパク質と，色素や糖などα-アミノ酸以外も含んでいる［B］タンパク質に分類することができる。また，その形状から，ケラチンやコラーゲンのような［C］タンパク質と，アルブミンやグロブリンのような［D］タンパク質に分類することができる。一般に，［D］タンパク質のほうが水に溶けやすいが，その水溶液に硫酸アルミニウムなどの電解質を多量に加えるとタンパク質は沈殿する。ペプチド結合によって連なったα-アミノ酸の配列順序をタンパク質の一次構造という。ほとんどのタンパク質は，分子内や分子間でのさらなる結合によって複雑な高次構造をとっており，その高次構造がタンパク質の機能に重要である。

（徳島大）

解説

タンパク質は約［20］(A)種類のα-アミノ酸がペプチド結合により多数連なったポリペプチドである。ポリペプチドのα-アミノ酸の配列をタンパク質の**一次構造**という。

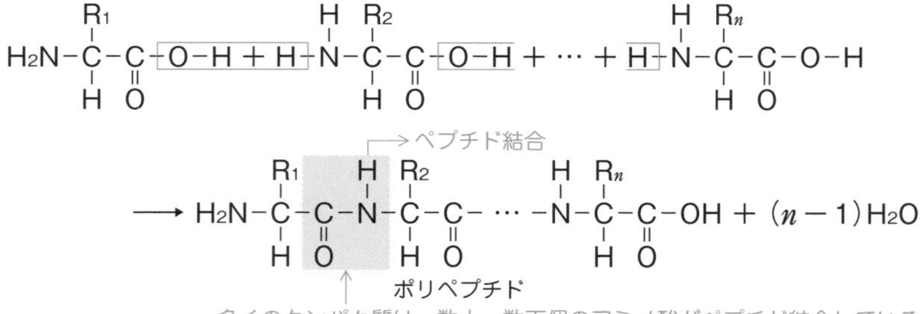

タンパク質は，その組成によって分類することができる。

タンパク質
- **単純**(たんじゅん)**タンパク質**…α-アミノ酸だけからできている
- ［**複合**］(B)(ふくごう)**タンパク質**…α-アミノ酸以外に糖，脂質，リン酸，核酸，色素なども含むまた，タンパク質はその形によっても分類できる。

タンパク質
- 繊維状タンパク質(C)…水に溶けない
  - 例 ケラチン，コラーゲン
- 球状タンパク質(D)…水に溶けるものが多い
  - 例 アルブミン，グロブリン

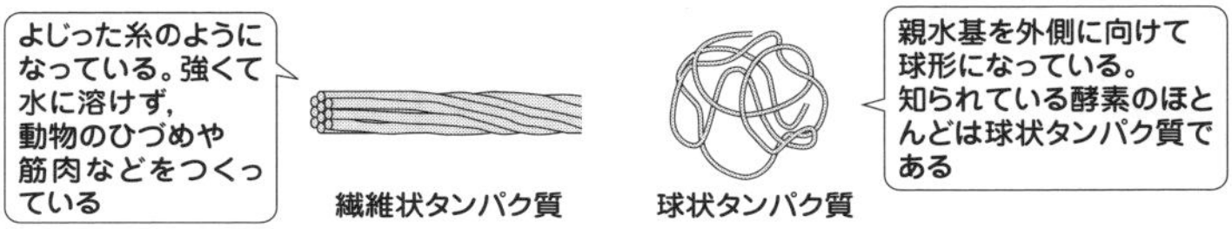

タンパク質のポリペプチド鎖は，>C=O と >N−H との間で >C=O…H−N< のような水素結合を形成し，らせん状に巻いたα−ヘリックス構造やジグザグした面状のβ−シート構造をつくる。これをタンパク質の二次構造という。

さらに，ポリペプチド鎖の側鎖の相互作用やシステイン側鎖の間につくられるジスルフィド(−S−S−)結合などによって，特有の立体構造をとる。これをタンパク質の三次構造という。

ある種のタンパク質では，三次構造をとったポリペプチド鎖がいくつか集合して1つのユニットをつくることがある。これをタンパク質の四次構造という。

Point タンパク質の変性

タンパク質の水溶液に，熱・強酸・強塩基・重金属イオン(Cu^{2+}，Hg^{2+}，Pb^{2+}など)・有機溶媒(アルコールなど)を作用させると，タンパク質の立体構造が変化し凝固したり沈殿したりする。この反応はタンパク質の変性とよばれ，変性を起こしたタンパク質は元の立体構造に戻らない。

正常なインスリンの立体構造　　変性したインスリン

答 A：20　B：複合　C：繊維状　D：球状

1回目 □月□日
2回目 □月□日

問題135 アミノ酸やタンパク質の検出反応

3種類の化合物A, B, Cがある。これらはすべてα-アミノ酸であり，側鎖(置換基)の構造は次のとおりである。

A：$-CH_2COOH$　　B：$-CH_2SH$　　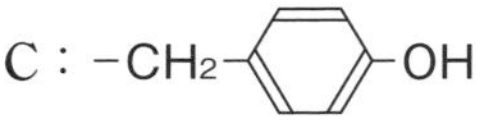

さらにA, B, Cがある順序で結合した鎖状のトリペプチドDがある。次の(1)～(3)に答えよ。

(1) A～Dのうち，ニンヒドリンを加え，煮沸し冷却すると青紫色を示すものはどれか，すべて答えよ。

(2) A～Dのうち，濃硝酸を加えて熱すると黄色になり，さらにアンモニア水を加えて塩基性にすると橙黄色に変わるものはどれか，すべて答えよ。また，この反応を何とよぶか答えよ。

(3) A～Dのうち，水酸化ナトリウム水溶液を加えて塩基性にしたあと，硫酸銅(II)水溶液を加えると赤紫色を呈するものはどれか，すべて答えよ。また，この反応を何とよぶか答えよ。

(鹿児島大)

解説

A～Cのα-アミノ酸の構造式と名称は次のとおり。

A　$H_2N-CH(CH_2COOH)-COOH$
アスパラギン酸

B　$H_2N-CH(CH_2SH)-COOH$
システイン

C 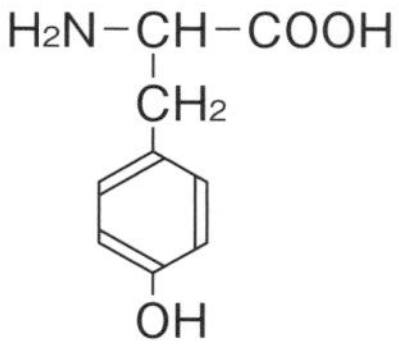
チロシン

Dは，A, B, Cからなるトリペプチドなので，

→ペプチド結合$-C(=O)-N(H)-$が2つ存在する

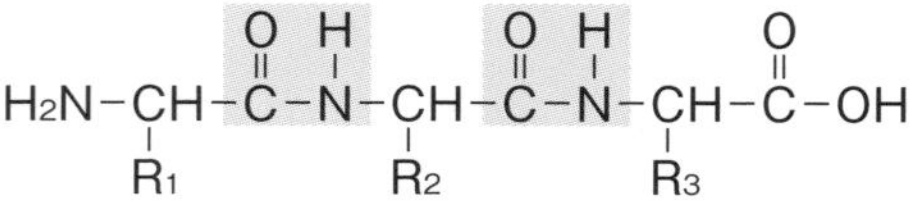

(R₁～R₃はA～Cの側鎖である)

と表すことができる。

Point タンパク質やアミノ酸の検出反応

❶ ニンヒドリン反応（➡アミノ基$-NH_2$の検出）

アミノ酸やタンパク質にニンヒドリン水溶液を加えて温めると紫色になる。

❷ ビウレット反応

（➡ペプチド結合を2つ以上もつトリペプチド以上で起こる）

水酸化ナトリウム水溶液を加え塩基性にしたあと，少量の硫酸銅(Ⅱ) $CuSO_4$水溶液を加えると，赤紫色になる。

❸ キサントプロテイン反応

（➡ベンゼン環をもつアミノ酸やタンパク質の検出）

濃硝酸を加えて加熱すると，ベンゼン環がニトロ化されて黄色になり，冷却後，さらに濃アンモニア水などを加えて塩基性にすると橙黄色になる。

❹ 硫黄の検出（➡硫黄Sを含むアミノ酸やタンパク質の検出）

水酸化ナトリウム水溶液を加えて加熱した後に，酢酸鉛(Ⅱ) $(CH_3COO)_2Pb$水溶液を加えると，硫化鉛(Ⅱ)PbSの黒色沈殿が生成する。

(1) Pointより，$-NH_2$をもつA，B，C，Dはすべてニンヒドリン反応を示す。

(2) 側鎖にベンゼン環をもつCとDは，濃硝酸を加えて加熱するとベンゼン環がニトロ化され，キサントプロテイン反応を示す。

(3) ペプチド結合を2つもつトリペプチドのDは，2つのペプチド結合がCu^{2+}をはさみ込むようにして錯イオンを形成し，ビウレット反応を示す。

答

(1) A，B，C，D

(2) C，D　キサントプロテイン反応

(3) D　ビウレット反応

☑ 1回目 月 日
☑ 2回目 月 日

問題 136 酵素

体内では様々な化学反応が起き，各反応において酵素が［ア］として機能している。酵素が働きかける物質を［イ］といい，特定の［イ］にだけ作用する性質を酵素の［ウ］という。例えば，酵素のカタラーゼは過酸化水素に働く。

それぞれの酵素には反応速度が最大となる温度があり，通常35～40℃である。酵素は［エ］からなるため，高温下では［エ］の［オ］構造が変化し反応が進みにくくなる。pHも反応速度に影響を与える因子である。［エ］を分解する胃液中の［カ］はpHが2付近で，すい液に含まれるトリプシンはpHが7～8付近で最大の反応速度を示す。

問１　文中の［ア］～［カ］にもっとも適する語句を書け。

問２　下線部について，この反応で過酸化水素はどのように変化するか，化学反応式で示せ。
（名城大）

解説

問１　**触媒**（ア）作用をもつタンパク質を**酵素**（こうそ）という。酵素は活性部位とよばれる特定の構造をもち，これが**基質**（きしつ・イ）とよばれる**反応の相手物質**と結合する。その後，基質が生成物に変わり酵素から離れる。

酵素は，白金などの無機物の触媒と次の3つの点で大きく異なる。

①基質特異性（ウ）　②最適温度をもつ　③最適pHをもつ

特定の基質としか結合できない

酵素はタンパク質（エ）であり，温度やpHによって立体（オ）構造が変化してしまう

例えば胃液に含まれるペプシン（カ）とよばれる酵素は，タンパク質中のペプチド結合を分解する性質をもち，最適温度は35～40℃，最適pHは約2である。

問２　カタラーゼは肝臓や血液に含まれる酵素で，過酸化水素H_2O_2を分解して水H_2Oと酸素O_2が生じる。

$$2H_2O_2 \longrightarrow 2H_2O + O_2$$

答

問１　ア：触媒　イ：基質　ウ：基質特異性　エ：タンパク質　オ：立体　カ：ペプシン　**問２**　$2H_2O_2 \longrightarrow 2H_2O + O_2$

問題137 核酸

1回目 月 日
2回目 月 日

次の文章を読み，下の(1)，(2)に答えよ。

核酸は，C，H，O，N，元素記号aの5種類の元素から構成されており，語句1と糖が結合したヌクレオシドがリン酸を介して鎖状に語句2重合した高分子である。核酸は大別すると語句3と語句4の2種類がある。語句3の糖は数字ア位にヒドロキシ基をもたず，語句1は語句5，アデニン，語句6，グアニンの4種類である。一方，語句4の糖は数字ア位にヒドロキシ基をもち，語句1は語句7，アデニン，語句6，グアニンの4種類である。

一般には語句3から語句4へ情報が転写され，さらにタンパク質が合成されるが，この過程では語句1間の水素結合が重要である。アデニンと語句5または語句7の間には2つの水素結合，グアニンと語句6の間には数字イつの水素結合が形成される。

(1) 文中の□にそれぞれ適切な語句，元素記号，数字を入れて文章を完成させよ。なお，語句1～語句7に関しては，次の語句群から選べ。

〈語句群〉 高エネルギー　低エネルギー　上げる　下げる
酵素　脂質　反応速度　基質特異性　安定性　失活
増幅　RNA　DNA　縮合　付加　ATP　グリコーゲン
ウラシル　シトシン　チミン　セルロース　核酸塩基
炭水化物

(2) 語句4を構成する糖の構造式を書け。

（鹿児島大）

解説

生物をつくっている高分子に**遺伝情報を担う**核酸がある。

核酸には**DNA**[3](デオキシリボ核酸)と**RNA**[4](リボ核酸)の2種類があり，その基本構造は窒素Nを含む核酸塩基[1]と糖が結合したヌクレオシドがリン酸と結合したヌクレオチドである。

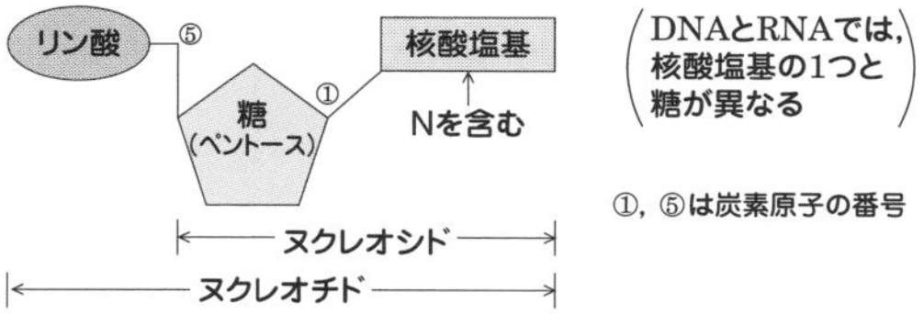

このヌクレオチドどうしが，糖の$-OH$とリン酸の$-OH$間で鎖状に縮合[2]重合した高分子をポリヌクレオチドといい，このポリヌクレオチドが核酸である。よって，核酸を構成している元素は，C，H，O，N，P[a]とわかる。

↑ リン酸H_3PO_4を含むため

DNAやRNAを構成している糖は炭素数が5個のペントース（五炭糖）であり，次のような構造をもつ。

(a) DNAを構成するペントース

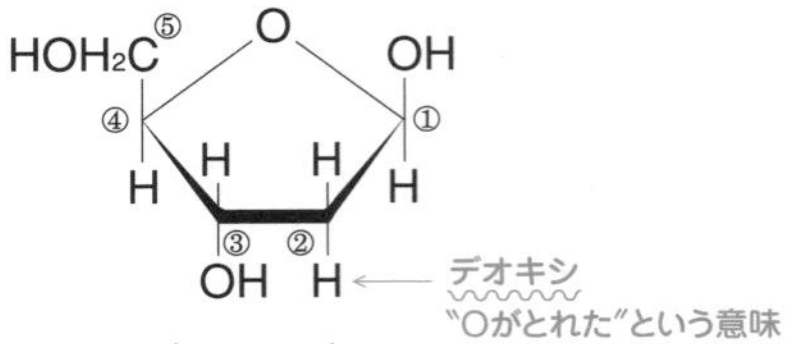

デオキシリボース

(b) RNAを構成するペントース

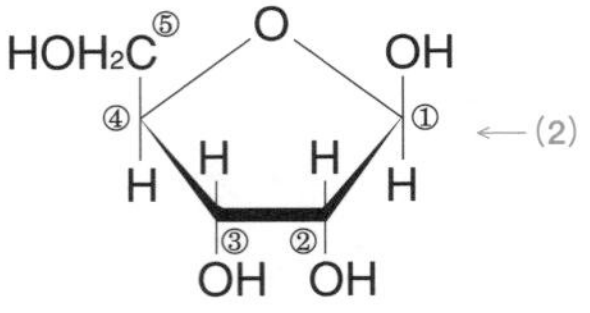

リボース

(a)と(b)の違いは，DNAを構成している糖は2[ア]位に$-OH$基をもたない点である。

また，DNAやRNAを構成している核酸塩基はそれぞれ4種類あり，そのうち1種がチミン[5]（DNA）とウラシル[7]（RNA）の違いをもつ。

(a) DNAを構成する塩基

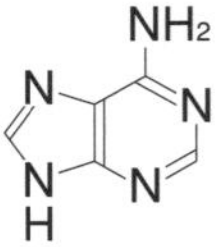
アデニン(A)

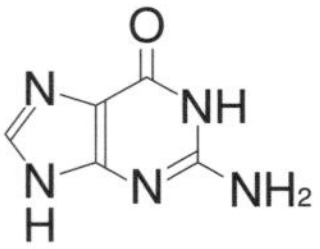
グアニン(G)

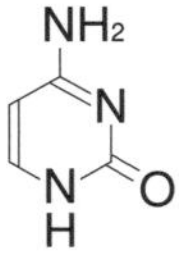
シトシン[6](C)

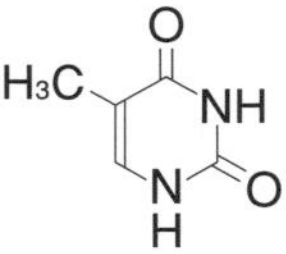
チミン(T)

ここが違う!!

(b) RNAを構成する塩基

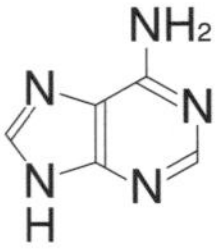
アデニン(A)

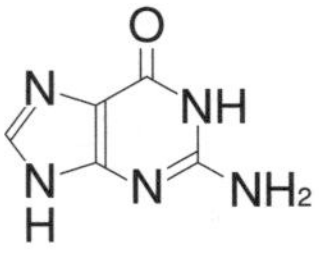
グアニン(G)

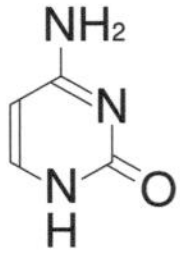
シトシン(C)

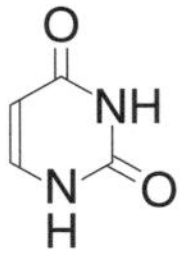
ウラシル(U)

Point　DNAとRNAの構造

❶ DNAの構造

二重らせん構造を形成している。核酸塩基アデニン(A)，チミン(T)，グアニン(G)，シトシン(C)が水素結合によって対をなしている。

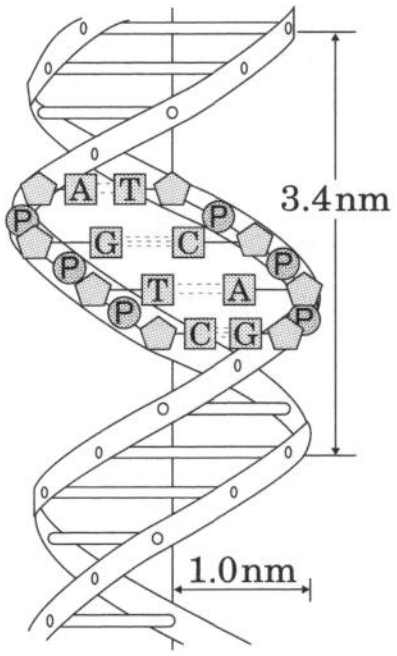

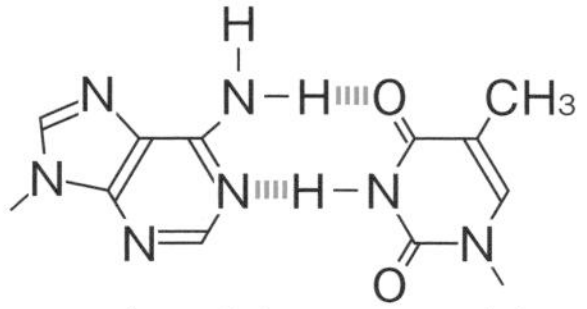

アデニン(A)　チミン(T)

アデニンとチミンの間は2つの水素結合ができる。

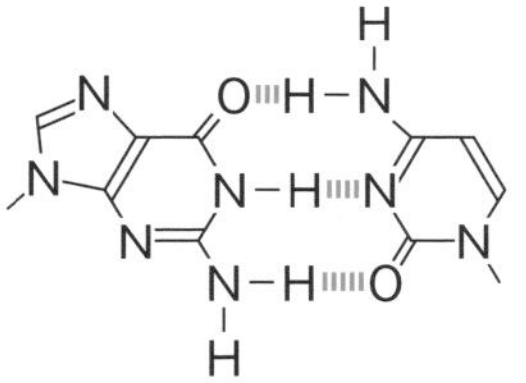

グアニン(G)　シトシン(C)

グアニンとシトシンの間は[3]イつの水素結合ができる。

対をつくる組み合わせのAとT，GとCはそれぞれ同じ数ずつ含まれる。

❷ RNAの構造

通常は1本鎖で存在。DNAの塩基配列に基づき，タンパク質合成に関与する。

答

(1)　1：核酸塩基　2：縮合　3：DNA　4：RNA
5：チミン　6：シトシン　7：ウラシル　a：P
ア：2　イ：3

(2)

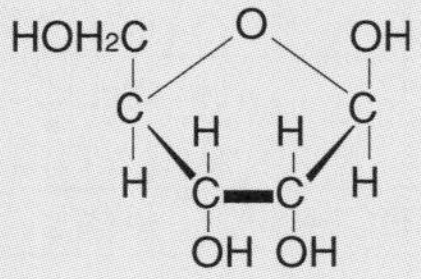

第13章　合成高分子化合物

問題 138

1回目　□月□日
2回目　□月□日

合成高分子化合物(1)

次の文章を読み，下の(1)〜(4)に答えよ。

アセチレンに塩化水素を付加させると[a]を生じる。同様に，シアン化水素を付加させると[b]が生じ，酢酸を付加させると[c]が生じる。これらを単量体(モノマー)として，適当な条件で反応させると，次々と付加反応を起こして重合し，高分子化合物となる。

[b]を重合して得られる高分子からつくられた繊維は，[d]繊維として知られ羊毛に似た風合いをもつ。一方，[c]を重合して得られる高分子は水に溶けないが，(ア)水酸化ナトリウムのような強い塩基の水溶液を加えて加熱する加水分解により，水溶性の高分子化合物Aが得られる。得られた高分子には(イ)多数のヒドロキシ基があり，その一部をホルムアルデヒドと反応させると，水に溶けない高分子化合物Bが生成する。この高分子からつくられた繊維は，吸湿性に優れているため木綿に似た風合いをもつ。

(1)　文中の[　]にあてはまるもっとも適当な語句を記せ。
(2)　下線部(ア)の加水分解反応をとくに何というか。その名称を記せ。
(3)　下線部(イ)の反応の名称を記せ。
(4)　高分子化合物AおよびBの名称を記せ。

（甲南大）

解説

C=C結合などの不飽和結合をもつ**単量体**（たんりょうたい）が次々に付加反応を繰（く）り返しながら結びつく重合反応を**付加重合**という。

Point　付加重合の例

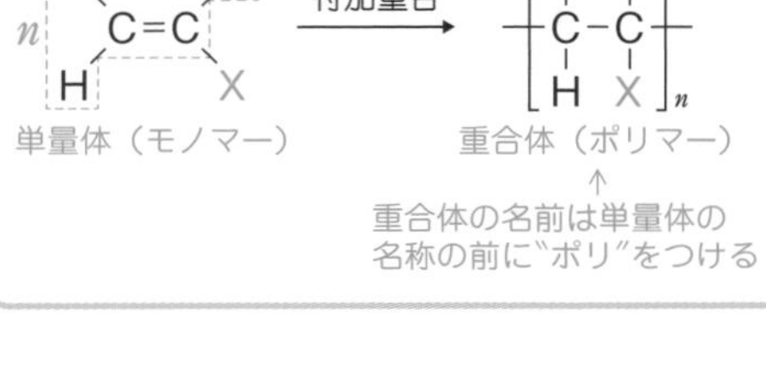

X	名称
−H	エチレン
$-CH_3$	プロピレン(プロペン)
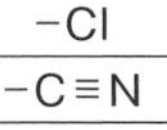	スチレン
−Cl	塩化ビニル
−C≡N	アクリロニトリル
$-OCOCH_3$	酢酸ビニル

アセチレンに酸HXを付加させると，ビニル基をもつ化合物が得られる。

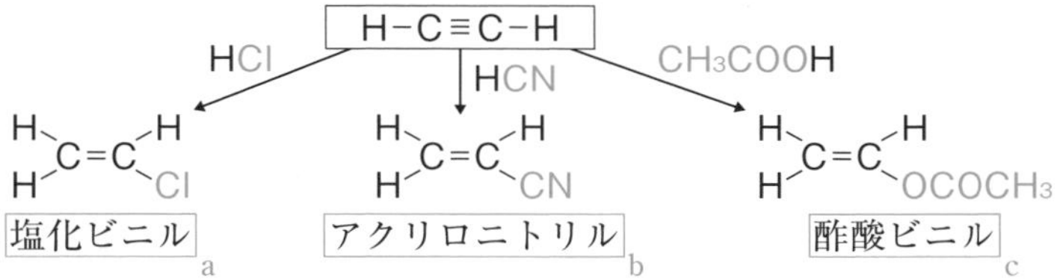

ポリアクリロニトリルを主成分とする繊維をアクリル繊維といい，軽くてやわらかく，肌触りが羊毛に近いので，セーターや毛布などに使われる。

また，酢酸ビニルを付加重合して得られるポリ酢酸ビニルを水酸化ナトリウムNaOH水溶液で加水分解(けん化)(2)し，ポリビニルアルコール(4)化合物Aを得る。

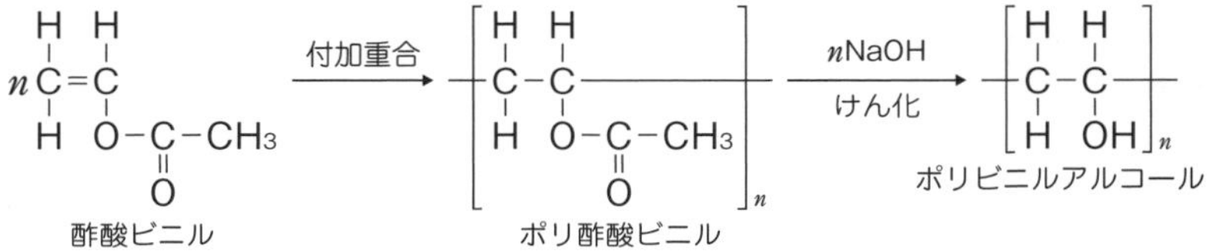

ポリビニルアルコールの多数の−OHの一部をホルムアルデヒドHCHOと反応させる(アセタール化)(3)とビニロン(4)化合物Bが生成する。

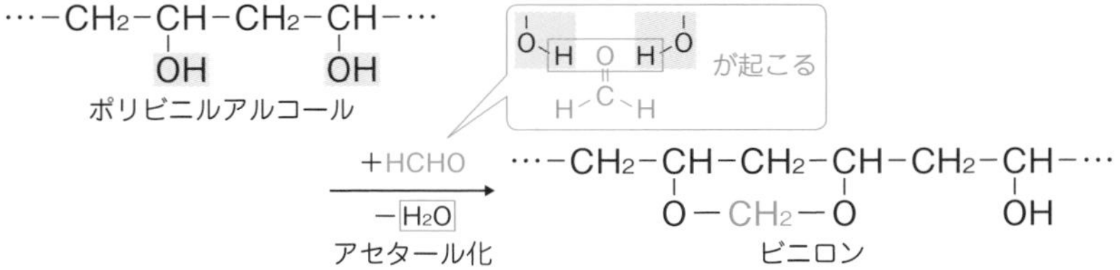

Point ビニロン

ビニロンは，木綿(もめん)によく似た感触をもつ日本で開発された合成繊維である。ポリビニルアルコールの−OHの約3分の1がアセタール化されているので，分子中に親水性の−OHが残っていて吸湿性(きゅうしつせい)をもつ。

答

(1) a：塩化ビニル　b：アクリロニトリル　c：酢酸ビニル
d：アクリル

(2) けん化　(3) アセタール化

(4) A：ポリビニルアルコール　B：ビニロン

問題 139

合成高分子化合物(2)

☑ 1回目　□月□日
☑ 2回目　□月□日

次の文章を読み，文中の□にあてはまる化合物名あるいは語句を入れよ。

ナイロン66は，アミド結合でつながっているので，[1]といい，[2]と[3]の[4]重合で合成される。66の意味は，単量体である[2]と[3]の[5]の数に由来する。ポリエチレンテレフタラートは[6]とエチレングリコールの[4]重合で合成され，多数のエステル結合をもつため[7]という。

（大阪歯科大）

解説　おもに石油から得られる単量体(たんりょうたい)を重合させてつくった繊維を合成繊維という。次の3つを覚えておこう。

❶ ナイロン66(6, 6−ナイロン)　←“66”は単量体の[炭素]5の数に由来している

単量体どうしが縮合(H₂Oなどがとれる)して進む重合反応を**縮合重合**という。

ナイロン66は，次の二種類の単量体が[縮合]4重合して多数のアミド結合でつながった[ポリアミド]1である。アミド結合どうしで水素結合を形成するので，引っ張りに強い。

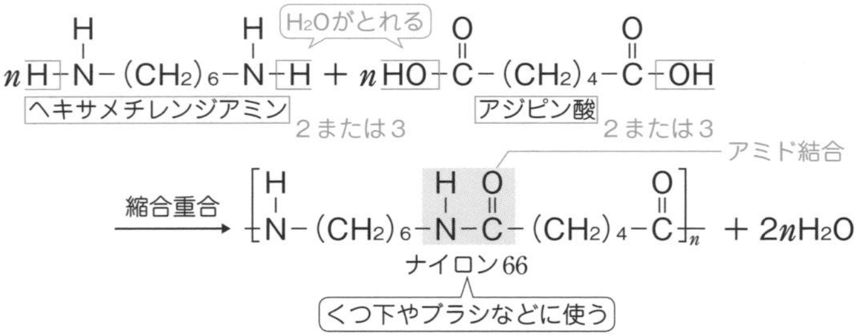

❷ ナイロン6(6−ナイロン)

環状の(ε−)(イプシロン)カプロラクタムに少量の水を加え，加熱すると，環状構造が切れて，次のような開環重合(かいかんじゅうごう)が進んでナイロン6が生じる。

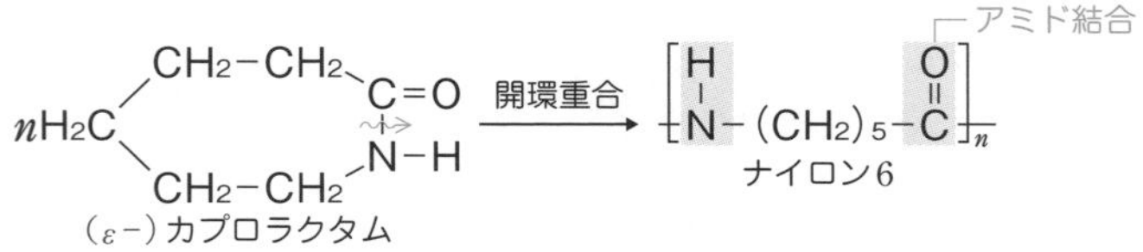

❸ ポリエチレンテレフタラート(略称PET)

テレフタル酸(6)のカルボキシ基$-COOH$とエチレングリコールのヒドロキシ基$-OH$との間の縮合重合により合成され，エステル結合を多数もつためにポリエステル(7)という。

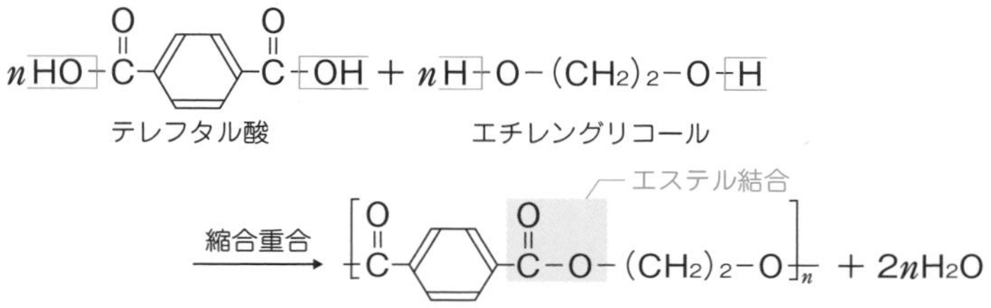

ポリエチレンテレフタラート(PET)

PETボトルやワイシャツなどに使う

PETボトルには，ポリエチレンテレフタラートを樹脂に加工したものを用いている。

補足 その他の繊維

① 天然繊維

木綿や麻(セルロース)，羊毛や絹(タンパク質)

② 再生繊維

レーヨン(再生させたセルロース)

セルロースをNaOH，CS_2と反応させ，ビスコースを経由してつくるビスコースレーヨン，セルロースをシュワイツァー試薬($Cu(OH)_2$にアンモニア水を加えた液)と反応させてつくる銅アンモニアレーヨンなどがある

③ 半合成繊維

アセテート(ジアセチルセルロース)

セルロースのβ-グルコース単位に残る3個の$-OH$のうち2個をアセチル化したもの

答

1：ポリアミド　2：ヘキサメチレンジアミン　3：アジピン酸
4：縮合　5：炭素　6：テレフタル酸
7：ポリエステル　(2，3は順不同)

問題 140

合成高分子化合物(3)

☑ 1回目 月 日
☑ 2回目 月 日

次の文章を読み，下の(1)，(2)に答えよ。

合成樹脂は，熱に対する性質の違いにより［ア］性樹脂と［イ］性樹脂に分類される。［ア］性樹脂は，一般に一次元［ウ］構造をもち，温度の上昇にともない軟化して流動性を示すが，冷えるとふたたび固まる性質をもつ。一方，［イ］性樹脂は，一般に三次元［エ］状構造をもち，温度が上昇しても軟化せず，それ以上に加熱すると分解する性質をもつ。耐熱性の高い接着剤には，強固な立体構造をもつ［イ］性樹脂が向いている。

(1) 文中の［　］にあてはまる適当な語を記せ。

(2) 次の㋐～㋔のうち，熱硬化性樹脂はどれか。あてはまるものの記号をすべて答えよ。

㋐ 尿素樹脂　㋑ フェノール樹脂

㋒ ポリエチレンテレフタラート　㋓ メタクリル樹脂

㋔ メラミン樹脂

((1)名古屋工業大，(2)香川大)

解説

プラスチック(合成樹脂)は，熱による性質の違いによって次のように分類できる。

力を加えると変形し，力を除いても変形したまま残る性質を“可塑性”という

プラスチック(合成樹脂)
- **熱可塑(ねつかそ)性樹脂(せいじゅし)**(ア)：加熱すると軟らかくなり，冷えると固まる
- **熱硬化(ねつこうか)性樹脂**(イ)：加熱すると硬くなり，最後は分解する

❶ 熱可塑性樹脂

一般に，一次元鎖状(ウ)のポリマーからなる樹脂は熱可塑性樹脂が多い。

例

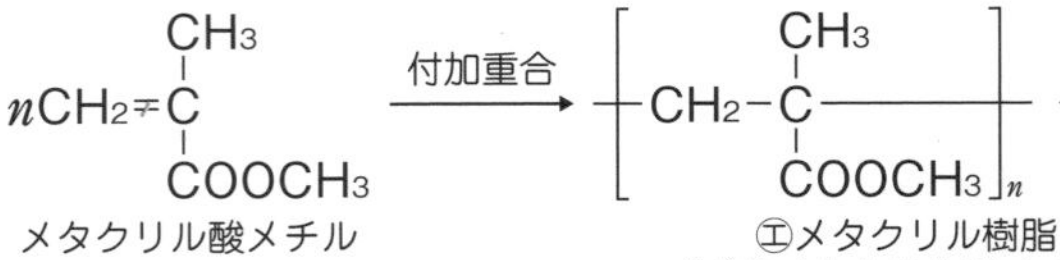

←強化ガラスなどに利用

メタクリル酸メチル　㋓メタクリル樹脂(ポリメタクリル酸メチル)

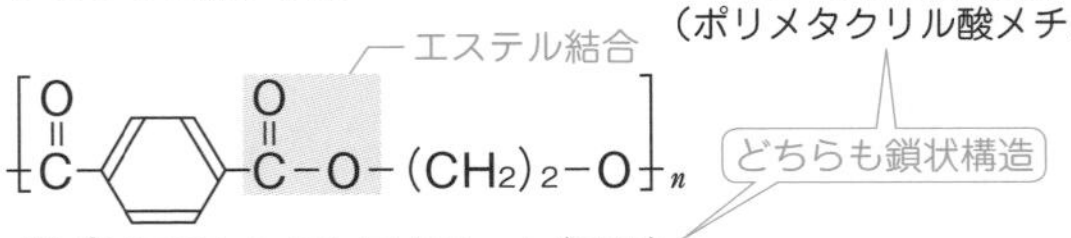

㋒ポリエチレンテレフタラート(PET)

p.233参照

❷ 熱硬化性樹脂

一般に，㋑フェノール樹脂，㋐尿素樹脂，㋔メラミン樹脂のような三次元網目（あみめ）構造をもつ高分子からなる樹脂は，熱硬化性樹脂である。これらはホルムアルデヒドHCHOを用いて，付加と縮合を繰り返す，付加縮合でつくられる。

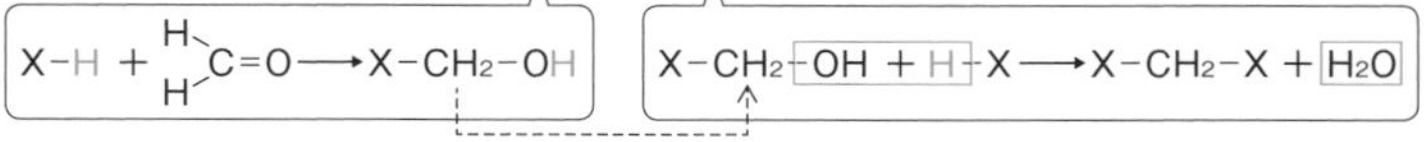

フェノール樹脂はフェノールの*o*-位と*p*-位のH，尿素樹脂とメラミン樹脂はアミノ基のNのHの部分がメチレン基$-CH_2-$でつながった三次元網目状構造をもつ。

例

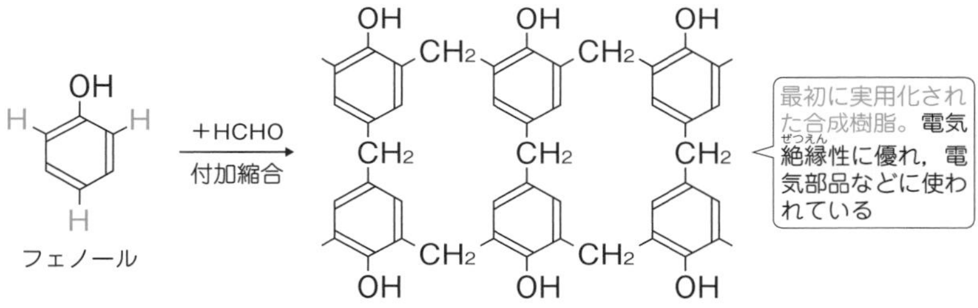

フェノール

㋑フェノール樹脂（ベークライト）

↑発明者がベークランドなので

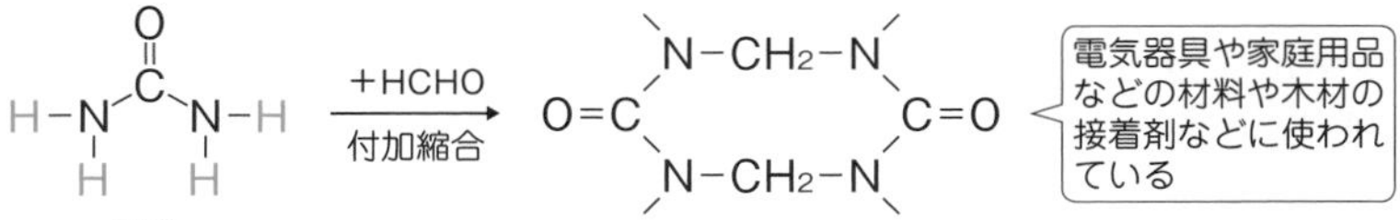

尿素（にょうそ）

㋐尿素樹脂（ユリア樹脂）

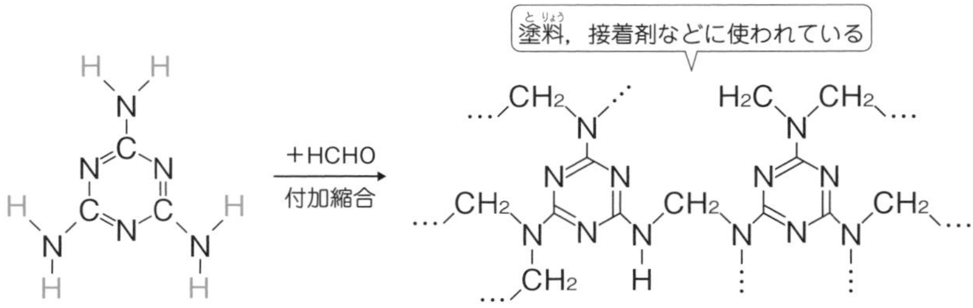

メラミン

㋔メラミン樹脂

答
(1) ア：熱可塑　イ：熱硬化　ウ：鎖状　エ：網目
(2) ㋐，㋑，㋔

問題 141

ゴム

1回目 月 日
2回目 月 日

熱帯地方に多く産出するゴムの木の樹皮を傷つけると，乳白色の液体が採取される。これはラテックスとよばれ，ゴムの主成分であるポリ［ア］分子が，液体中に微粒子状に安定して存在している。ラテックスに酢酸などを加えると沈殿ができるので，これを水洗，乾燥すると天然ゴムが得られる。しかし，そのままの天然ゴムは，弾性は示すものの摩擦や熱に弱く実用性に乏しい。そこで，［イ］を加えて加熱することで，ゴム分子鎖の間に橋かけ(架橋)構造を形成し，より実用に適した高い弾性と強度を確保することができる。これを［ウ］という。

(1)　［ア］および［イ］にあてはまる適切な物質名を記せ。

(2)　［ウ］にあてはまるもっとも適切な化学用語を記せ。

（岡山大）

解説

ゴムノキの樹皮から得られる乳白色の液体をラテックスという。これに酢酸を加えて凝固，乾燥させたものを生ゴム(天然ゴム)という。主成分はポリ［イソプレン］(ア)であり，イソプレン単位にある二重結合はシス形なので丸まった形をしており，引っぱると伸びる。こうしてゴム特有の弾性が生まれる。生ゴムを乾留(かんりゅう)(空気を断って加熱すること)するとイソプレンが得られる。

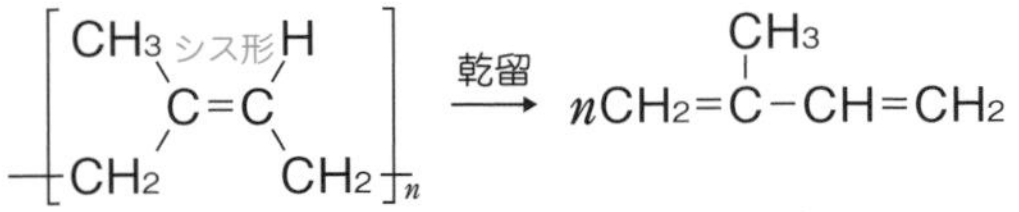

ポリイソプレン
(生ゴムの主成分)　　　イソプレン

生ゴムに数％の［硫黄］(イ)を加えて加熱すると，鎖状のポリイソプレン分子の間が硫黄原子でつながって架橋(かきょう)構造となり，弾性が増す。この操作を［加硫］(ウ)(かりゅう)という。

Point　天然ゴム

生ゴムの主成分はポリイソプレン(シス形)であり，加硫によって弾性や強度が増す。

生ゴムに似た弾性をもつ合成高分子化合物を合成ゴムという。

●ジエン系

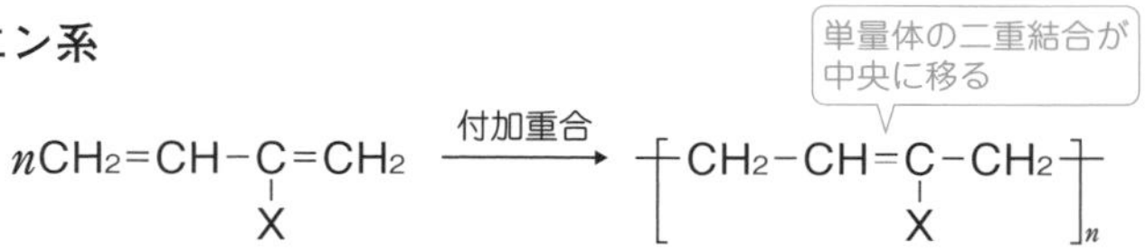

	単量体名	重合体名
X=−H	1,3-ブタジエン	ポリブタジエン
X=−Cl	クロロプレン	ポリクロロプレン

●共重合ゴム

2種類以上の単量体を混ぜて行う重合

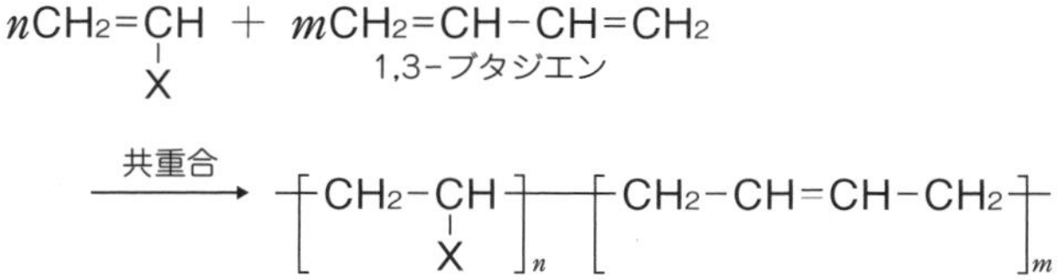

	重合体名
X=$-C_6H_5$(スチレン)	スチレン−ブタジエンゴム(SBR)
X=−CN(アクリロニトリル)	アクリロニトリル−ブタジエンゴム(NBR)

●シリコーンゴム

ジクロロジメチルシラン$(CH_3)_2SiCl_2$を加水分解して縮合重合することでつくられる。耐熱性，耐寒性，耐薬品性などに優れている。

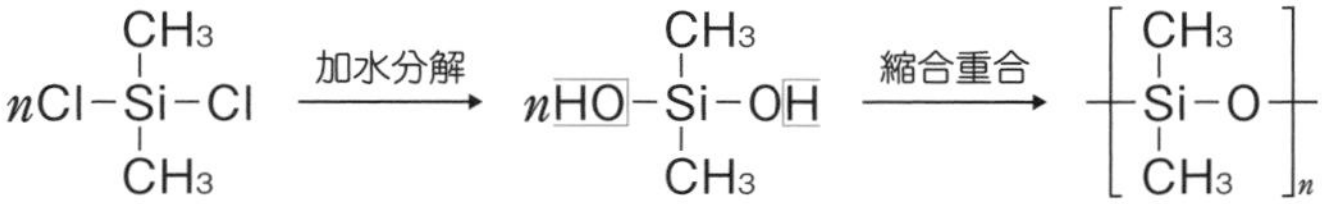

答

(1) ア：イソプレン　　イ：硫黄

(2) 加硫

問題 142

1回目 月 日
2回目 月 日

イオン交換樹脂

海水を淡水化するモデル実験として，塩化ナトリウムと塩化マグネシウムのうすい濃度の試料溶液(溶液L)をつくり，下図のA，Bのような装置を組み立てた。図中の(**ア**)は，溶液を滴下させるためのコックつきの容器，(**イ**)は粒状の物質をつめたコックつきのガラス管，(**ウ**)は三角フラスコである。Aで得られた溶液Mは，Bの(**ア**)の容器に移される。図中，支持器具は省略してある。

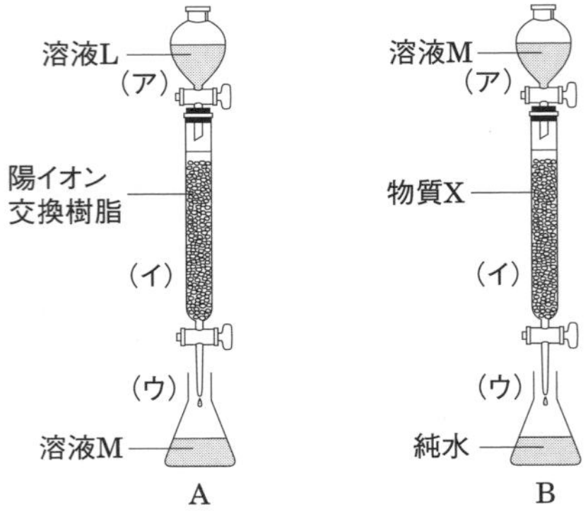

問1　Aのガラス管につめた陽イオン交換樹脂により，溶液Lから除去できるイオンの組の正しいものを，次の①～⑥のうちから1つ選べ。

①　Na^+とCl^-　②　Mg^{2+}とCl^-　③　Cl^-とOH^-

④　Mg^{2+}とH^+　⑤　Na^+とMg^{2+}　⑥　Na^+とH^+

問2　純水を得るために，Bのガラス管につめるのにもっとも適当な物質Xを，次の①～⑦のうちから1つ選べ。

①　活性炭　②　砂　③　シリカゲル　④　フェノール樹脂

⑤　陽イオン交換樹脂　⑥　陰イオン交換樹脂　⑦　メタクリル樹脂

(センター試験)

解説

スチレンとp－ジビニルベンゼンの共重合体のような多孔質(たこうしつ)(穴がたくさんあいたような構造体のこと)の合成樹脂に，化学処理して電離性の置換基を導入し，**電解質水溶液中のイオンと樹脂の電離によって生じるイオンが入れかわる機能をもつもの**を**イオン交換樹脂**(こうかんじゅし)という。

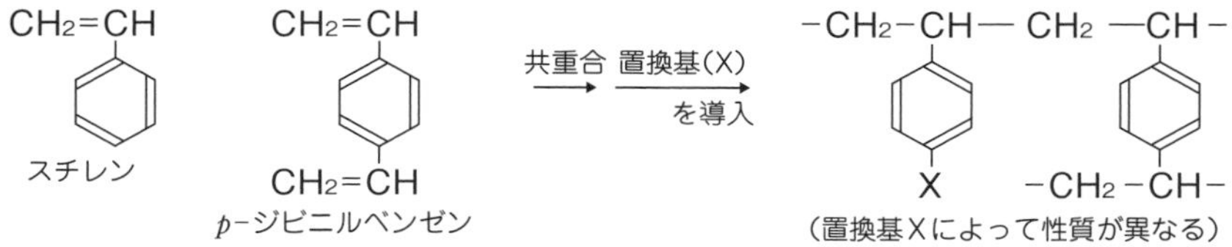

〈陽イオン交換樹脂〉

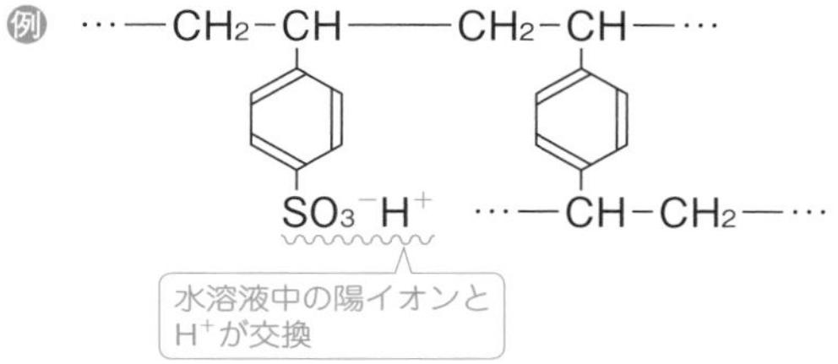

〈陰イオン交換樹脂〉

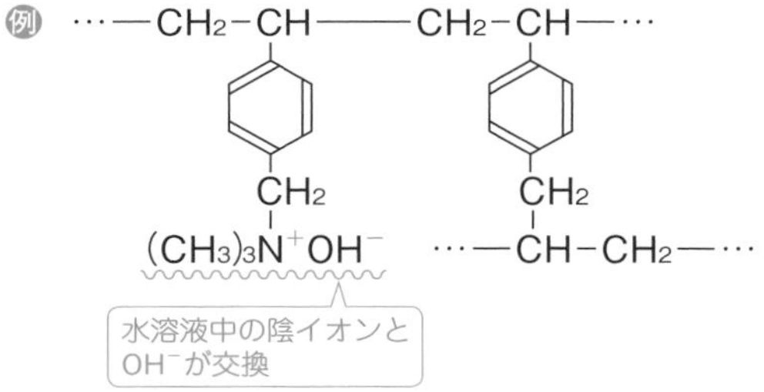

海水中の陽イオンを樹脂のH^+と交換し，陰イオンを樹脂のOH^-と交換すれば，中和反応$H^+ + OH^- \longrightarrow H_2O$によって水になるので淡水化する。

問1　まずスルホ基$-SO_3^-H^+$をもつ陽イオン交換樹脂に通すと，次の交換反応が起こる。

$$\begin{cases} R-SO_3^-H^+ + Na^+ \longrightarrow R-SO_3^-Na^+ + H^+ \\ 2R-SO_3^-H^+ + Mg^{2+} \longrightarrow (R-SO_3^-)_2Mg^{2+} + 2H^+ \end{cases}$$

溶液L中のNa^+とMg^{2+}⑤は樹脂に吸着し，H^+とCl^-を含む水溶液，すなわち塩酸HClが得られる。これが溶液Mである。

問2　溶液MはHCl水溶液である。$-N^+(CH_3)_3OH^-$などの塩基性基をもつ陰イオン交換樹脂⑥に通すと，次の交換反応と中和反応が起こり，純水H_2Oが得られる。

$$\begin{cases} R-N^+(CH_3)_3OH^- + Cl^- \longrightarrow R-N^+(CH_3)_3Cl^- + OH^- \\ H^+ + OH^- \longrightarrow H_2O \end{cases}$$

答　**問1**　⑤　**問2**　⑥